高等职业教育教材

Tumu Gongcheng Jiegou Jiance yu Ceshi

土木工程结构检测与测试

龙建旭 主 编

马国峰 李 杰 应江虹 副主编

吴佳晔 主 审

人民交通出版社股份有限公司

China Communications Press Co.,Ltd.

内 容 提 要

本书为高等职业教育教材。全书共9章，主要内容包括：绪论、检测与测试的基础、混凝土材料及结构、基桩和锚杆的检测技术、岩土材料、预应力结构、现场试验检测、现代信息技术、远程监测，系统介绍了国内外土木工程检测与测试的基础理论及技术、方法，在阐明技术原理的基础上，着重介绍典型工程检测与测试技术及方法在具体工程中的实践应用。本书紧密结合理论与实际，内容精炼，重点突出，为加强实践，在附录中还提供了相关试验指导书。

本书可作为高等职业院校土木工程专业的教材，也可供土木工程检测人员参考使用。

本教材配套多媒体课件，可通过加入职教路桥教学研讨群（QQ561416324）索取。

图书在版编目（CIP）数据

土木工程结构检测与测试／龙建旭主编．—北京：人民交通出版社股份有限公司，2017.8（2025.4重印）

高等职业教育教材

ISBN 978-7-114-14035-8

Ⅰ．①土…　Ⅱ．①龙…　Ⅲ．①土木工程-工程结构-检测-高等职业教育-教材　Ⅳ．①TU317

中国版本图书馆CIP数据核字（2017）第204142号

高等职业教育教材

书　　名：土木工程结构检测与测试
著 作 者：龙建旭
责任编辑：刘　倩
出版发行：人民交通出版社股份有限公司
地　　址：（100011）北京市朝阳区安定门外外馆斜街3号
网　　址：http://www.ccpcl.com.cn
销售电话：（010）85285911
总 经 销：人民交通出版社股份有限公司发行部
经　　销：各地新华书店
印　　刷：北京印匠彩色印刷有限公司
开　　本：787×1092　1/16
印　　张：11.75
字　　数：286千
版　　次：2017年8月　第1版
印　　次：2025年4月　第11次印刷
书　　号：ISBN 978-7-114-14035-8
定　　价：32.00元

本书编委会

主　编:贵州交通职业技术学院　龙建旭

副主编(按姓氏拼音排序)

新疆交通职业技术学院　李　杰

山西交通职业技术学院　马国峰

贵州交通职业技术学院　应江虹

编　委(按姓氏拼音排序)

陈　强　崔　磊　邓　立　韩　军　华容如　黄伯太

贾文君　雷彤彤　李昆华　梁　冰　罗技明　马志才

潘　威　盛海洋　涂国强　王　涛　王连威　王陆峰

韦生根　温永华　肖玉德　徐凯燕　闫玉民　杨　森

姚　鑫　张可峰　张玉杰　张远军　朱纪刚

序

土木工程广泛渗透于建筑、水利、交通等诸多领域，为严格控制工程质量，在施工、验收、运营、养护等各个工程质量管理阶段均存在众多的工程测试与检测需求，因而需要大量具有从事土木工程材料及结构检测、工程质量控制等职业技能的高素质技术应用型人才。伴随现代高新技术的迅速发展和国家基础设施的大规模建设，对土木工程检测技术专业的人才培养提出了更新、更高的要求。

《国民经济和社会发展第十三个五年规划纲要》《国家中长期教育改革和发展规划纲要(2010~2020年)》等政策文件将“完善现代职业教育体系，加强职业教育基础能力建设。推动具备条件的普通本科高校向应用型转变。推行产教融合、校企合作的应用型人才和技术技能人才培养模式”“优化学科专业和层次、类型结构，重点扩大应用型、复合型、技能型人才培养规模”等作为十三五教育现代化的重点工作。

在此新形势下，本书的编写出版，是校企合作的新成果，体现了编者与时俱进的高度责任感。高校教师教学经验与一线试验检测工程师的实践经验相结合，体现了突出培养专业技能应用型人才创新和实践能力的教学设计思路，构建了以试验检测为主的多层次教学模式。本书知识系统，重视实践，适用性强，可作为高等职业院校土木工程类专业及相关专业的教学用书，也可供工程技术人员参考。

吴佳晔

2017年5月于四川理工学院

前　言

近年来，我国基础设施迅速发展，涌现了大批如三峡工程、京沪高铁、港珠澳大桥等举世瞩目的重大基建工程。土木工程检测与测试作为保证工程质量及安全的重要手段，得到了社会各界的广泛关注和应用。建设工程质量检测属于国家法规强制规定的检测领域，为加强计量、检测技术、检测装备研发等基础能力建设，党中央、国务院陆续发布了《中国制造 2025》等系列大力发展检测行业的指导性文件。国家将检验检测确定为生产性服务业、高技术服务业、科技服务业的重要门类，检验检测作为国家质量技术基础，为产业转型升级、提升供给质量以及实现“中国制造 2025”等战略目标提供有力支撑的积极作用。

检测行业属于人才、技术密集型产业，其专业人才相对缺乏。同时，由于检测行业的快速发展，对具备较强技术理论水平、技术综合运用能力和实际操作经验等的高素质专业人才的需求日益增长。

为适应当代高校土木工程检测与测试专业的设置需求，满足工程检测高素质应用型人才的培养要求，我们联合贵州交通职业技术学院、山西交通职业技术学院、新疆交通职业技术学院等 20 所职业院校及四川升拓检测技术股份有限公司共同编写了此书。

全书参与编写的人员如下：

第一章　绪论：李昆华（云南交通职业技术学院）

第二章　检测与测试的基础：韦生根（贵州交通职业技术学院），王连威（吉林交通职业技术学院），涂国强（四川交通职业技术学院），罗技明（四川升拓检测技术股份有限公司）

第三章　混凝土材料及结构：韩军（湖北交通职业技术学院），温永华（江西交通职业技术学院），马国峰（山西交通职业技术学院），王陆峰（内蒙古交通职业技术学院），黄伯太（四川升拓检测技术股份有限公司）

第四章　基桩和锚杆的检测技术：张玉杰（贵州交通职业技术学院），闫玉民（辽宁水利职业学院），杨森、王涛（四川升拓检测技术股份有限公司）

第五章　岩土材料：徐凯燕（广东交通职业技术学院），盛海洋（福建船政交通职业学院），张可峰（重庆水利水电职业技术学院），张远军（四川升拓检测技术股份有限公司）

第六章　预应力结构：应江虹（贵州交通职业技术学院），潘威（河南交通职业技术学院），姚鑫、朱纪刚（四川升拓检测技术股份有限公司）

第七章　现场试验检测：梁冰（天津交通职业技术学院）

第八章　现代信息技术：龙建旭（贵州交通职业技术学院），贾文君（甘肃交通职业技术学院），李杰（新疆交通职业技术学院），雷彤彤（四川升拓检测技术股份有限公司）

第九章　远程监测：肖玉德（安徽交通职业技术学院），陈强（湖南城市学院），崔磊（山东交通职业技术学院），马志才（北京交通运输职业学院）

试验指导书：龙建旭、应江虹（贵州交通职业技术学院），罗技明、邓立（四川升拓检测技术股份有限公司）

全书由贵州交通职业技术学院龙建旭主编，四川升拓检测技术股份有限公司华容如统稿，四川理工学院吴佳晔主审。

本书结合多年来的教学和检测实践经验，既注重基础理论，又注重从实际出发，由浅入深。在工程实践方面，结合具体的工程案例，着重阐述典型的现场检测与测试技术和方法的适用条件、应用特点。此外，伴随科技进步，现代高新技术日益广泛应用于工程检测与测试，书中也对一些前沿技术做了介绍。为便于老师实践教学及学生的实践操作，本书在附录中还提供了具有较强操作性的试验指导书。

本书承蒙四川理工学院吴佳晔教授作序、审阅，并提出许多宝贵意见，在此谨表示诚挚的谢意。

在本书的编写过程中，参阅了大量国内外著作和资料，在此向这些作者表示衷心的感谢。

由于水平有限，书中错漏和不妥之处在所难免，恳请广大读者批评指正。

编者

2017 年 5 月

目　　录

第一章　绪　　论

学习指南

本章主要介绍工程检测与测试的现实意义、发展历程以及相关工程检测技术。为了更好地学习本课程，需要了解工程结构的特点，本书采用检测技术理论与实际相结合的方法。

第一节　工程检测与测试的意义及发展历程

一、工程检测的意义

工程检测是发现工程质量问题的重要有效手段。这项工作的目的是通过对相应的仪器设备对工程的质量问题进行检测与分析，通过检测结果来判断工程质量是否符合现行有关技术标准的规定。可靠的工程检测数据能为工程的管养等工作提供客观依据。检测工作作为工程质量评定验收及工程管理的重要环节，其重要性和必要性体现在如下几个方面：

(1)可确定当地出产的材料(如建设地点的砂石、填料等)是否满足施工技术规定的要求，有利于就地取材，降低工程造价。

(2)可以实时反馈新技术、新工艺及新材料的使用情况，对其可行性、适用性、有效性、先进性进行评估，加快其改进及推广速度。

(3)有利于科学客观地评价过程中的施工质量，为竣工后的评定验收提供重要依据，因此，工程检测无疑是一种科学有效的工程质量评定方法和手段。

(4)随着在役时间的推移，各类工程结构、建筑物将会出现各种降低结构运行能力的病害，可以通过具有针对性的工程检测，为结构的安全评估及加固提供重要依据。

工程检测会对降低造价、推动施工技术进步、控制工程质量、保障工程安全、维护工程的性能等方面起到重要作用，因此，工程检测被工程界广泛关注。在我国，不仅建立了以国家、省、地市乃至区县级的质监体系，还建立了较为完善的分级检测体系。

随着对工程结构性能要求的提高，在工程中使用到的新材料、新技术、新工艺等也相应增加，这给工程检测提出了新的挑战。如高性能混凝土、预应力张拉技术、智能灌浆技术、钢结构混凝土施工技术等，需要在现有的检测技术基础上进行改进，并在检测评定过程中，结合多种检测方式及手段，得出能客观、全面、准确反映工程结构真实状况的检测数据。然而，对于不少新结构，现有的检测手段已经很难达到准确检测结构的目的，进而影响对工程质量的监督。特别是运用了新技术的隐蔽工程，对现有的检测手段提出了更高的要求。

另一方面，随着工程检测手段的不断丰富和技术提升，对操作人员技术水平的要求也越来越高。特别是现场检测工作,影响检测的因素众多,这给检测人员提出了更高的要求,如坚实的理论基础、丰富的实践经验、现场处理问题的能力以及较强的意志力。

二、检测与测试的概念

测量是按照某种规律,用数据来描述观察到的现象,即对事物做出量化描述;计量是基于单位统一和量值准确可靠的测量;试验是指在已知某种事物的前提下,为了获知其性能或者结果而进行的,对处于某种客观或人为环境的被研究对象或系统进行试验性质的探索,基于试验数据,对试验对象进行性能研究的过程;测试是指具有试验性质的测量,或者是测量和试验的结合,是依托一定的科学技术手段来准确地获取某种研究对象原始信息的过程。

工程检测与测试的基本原则,包括:明确的测试目的,根据被测结构的特征,选择与规范要求匹配的抽检方案、数量和合适的检测方法。

三、工程无损检测技术的发展历程

早在20世纪30年代,人们就着手探讨工程结构无损检测技术。其中,主要探讨的内容之一就是针对混凝土结构的无损检测。1948年,第一台回弹仪在瑞士科学家施密特(E. Schmidt)的主导下研制成功;1949年,超声脉冲被成功用于混凝土的检测;60年代,声速、回弹综合法被费格瓦洛(I. Facaoaru)提出用来推算混凝土强度;80年代中期,弹性波(也称为机械波)反射法被美国的Mary Sansalone等用来进行混凝土无损检测;90年代以来,国外在混凝土无损检测这方面的研究工作方兴未艾。值得一提的是,随着社会进步与科技的发展,无损检测技术(如红外谱、脉冲回波、微波吸收、雷达扫描等)也取得了突破性的进展。常用的强度推定及内部缺陷检测被用于更深入的领域,且其应用功能也由事后质量检测,发展到了事前的质量控制评估。

工程无损检测的发展历经以下几个阶段:

第一阶段,无损探伤(Non Destructive Inspect,简写NDI):主要用于对结构内部的缺陷、损伤进行探测。

第二阶段,无损测试(Non Destructive Test,简写NDT):除了对结构内部的缺陷、损伤进行探测外,还对材料的性质、构件的几何尺寸、位置等进行测试。

第三阶段,无损评估(Non Destructive Evaluate,简写NDE):在上述无损测试(NDT)的基础上,增加了对结构质量、安全、健康状态的评估等功能。

工程无损检测技术的发展速度快慢不定,但由于工程建设的巨大需求,它始终具有较强的生命力。与钻孔取芯等破损检测技术相比,无损检测技术具有以下优点:

(1)低成本、高效率,适用于普遍性检测,从而提高了结构检测的代表性和检测覆盖率。

(2)对结构损伤小,不影响结构的耐久性、强度等。

(3)可以通过连续的定点检测,判断测试对象的劣化趋势和速度,达到对结构监测的目的。

由于具有上述优点,无损检测技术的应用日益广阔。检测项目从混凝土结构强度、缺陷等检测发展到对有效预应力、锚杆锚固质量、基桩健全性等的检测,检测领域延伸至建筑、大坝、桥梁、隧道、道路、铁路、港口等几乎所有的工程领域。

第二节　工程检测技术概述

本书所包括的检测技术，按照项目、被测对象不同主要分为：

(1)混凝土材料及结构检测技术。

(2)桩、杆检测技术。

(3)岩土工程及材料检测技术。

(4)预应力结构检测技术。

以上的检测、测试技术采用了多种传播媒介，包括弹性波、超声波、电磁波等。其中，基于以冲击、声响、振动、波动等作为测试和监测媒介的技术所占的比重较大。利用各种媒介对测试对象进行激励，依据其内部或表面产生的波动现象(如反射、透过、衰减、振动等)，可分为多种测试技术及方法。此外，本书还对相关的信息技术以及远程监测技术进行了介绍。

一、混凝土材料及结构检测技术

混凝土是最重要的工程材料之一，其质量与整个工程的安全息息相关。如何控制混凝土的质量，必要的检测方法是必不可少。一般情况下，混凝土的检测方法是在浇筑地点随机抽取材料，并制成试样进行试验，根据试验结果来评定混凝土质量。但是，这种方法不仅取样数量少，而且费工费时，特别是很难真实反映混凝土的即时状态和变化过程。无损检测技术能够有效地弥补这一不足，长期以来得到了广泛的关注。

混凝土材料和结构具有以下特点：

(1)结构形状多样。有块、柱、板以及异形结构。

(2)被测结构尺寸范围变化很大。覆盖的范围从最薄厚度 0.1m 的板结构到数百米长的梁体、大坝等。

(3)材质差异变化大。主要包括沥青砂浆混凝土、普通混凝土、高强混凝土，其强度可差别数倍以上甚至更高。

(4)检测作业面不同。检测作业面包括平行或垂直的两个检测作业面，而隧道、路面等仅有一个检测作业面，部分结构没有检测作业面。

混凝土材料和结构在服役过程中出现的主要问题有：

(1)混凝土的抗压强度、刚度不足。

(2)由于振捣不足、配比不良、钢筋锈蚀等原因产生的内部缺陷。

(3)由于施工质量等问题导致的尺寸不符合要求。

(4)因地基的不均匀沉降、应力分布不均、环境温度变化巨大、浇筑层间产生脱空等导致的各种裂缝。

(5)结构中的钢筋直径、位置不合格以及钢筋锈蚀。

由于混凝土中普遍存在上述问题，混凝土无损检测技术得到了长足的发展。根据检测所用的媒介不同，可分为弹性波(包括冲击弹性波、超声波、AE)/诱导振动、电磁波/电磁诱导、远红外线、放射线等方法。

针对上述混凝土结构的不同特点以及出现的不同病害，采用的测试方法也不尽相同。一般情况，采用电磁波或电磁诱导对钢筋信息进行检测，远红外线可以对缺少作业面且传播媒介为空气的检测对象进行检测。而在其他情况下，一般采用弹性波检测。

二、桩、杆检测技术

该技术所包括的检测对象包括道路、桥梁、隧道、边坡等领域的一维杆件结构，主要有边坡、隧道、基坑等工程的锚杆/索等构件。该类构件具有以下特点：

（1）均为细长杆状结构。

（2）仅有一个端头露在外面。

这类结构出现的问题主要有：

（1）隐蔽部分的长度不足。

（2）结构存在缺陷。对于基桩，有断桩、夹泥层、缩径、扩径等情况；对于岩锚等，存在灌浆不密实、长度不足的问题。

上述结构特点决定了检测方法只能采用弹性波（有时也被称作声波）反射法，由于长度远大于直径/宽度，因而符合一维波动理论。对一维结构的长度和缺陷测试，一般采用基于弹性波的反射原理进行测试。另一方面，基桩和锚杆、锚索之间，由于结构特点、截面积的不同，其检测方法也不尽相同。

1.基桩检测技术

桩基工程质量的影响因素较多，主要有岩土工程条件、桩土体系相互作用、施工以及专业技术水平等因素，加上桩的施工具有高隐蔽性，因此，基桩检测工作应贯穿整个桩基施工期间。只有通过提高基桩检测工作的质量和检测评定结果的可靠性，才能真正做到确保桩基工程质量。

基桩检测技术自20世纪70年代发展至今，具有历史悠久、成熟度较高、应用较广泛的特点。在发展中，逐渐形成了对不同的基桩检测的相应方法，如低应变、高应变以及跨孔声波等。其中，低应变检测技术由于具有测试方便、效率高等优点，得到了较为广泛的应用。

2.锚杆、锚索长度及灌浆密实度检测技术

在隧道、边坡工程建设中，大量用到锚杆、锚索，由于锚杆的隐蔽性强，保证其施工质量极其重要。但是，受到岩体的风化、地下水、岩体错动等诸多因素影响，锚杆、锚索不可避免地会出现各种老化、劣化现象（如预应力松弛等）。另一方面，由于锚索、锚杆具有高隐蔽性特点，如张力不足、灌浆不密实，甚至长度不够时，将造成边坡、隧道的稳定性降低，从而造成社会经济的重大损失。

锚杆、锚索的截面积比基桩桩径要小，长细比更大，因此激发的弹性波的频率应高于基桩低应变检测所用的弹性波频率，相应地使其逸散、衰减更大，很难有效识别杆底反射信号。而对长度更长的锚索，则更难检测。

自20世纪50年代末开始，国内外开始研究检测锚杆锚固质量的检测方法，取得了一定效果，特别是国内研究人员以三峡工程为契机，在国外技术和PIT技术的基础上研发了锚杆无损检测技术，并于2010年前后达到了工程应用水平。

三、岩土工程及材料检测技术

岩土工程主要包括基础工程（如道路路基、铁路路基、建筑物基础等）、隧道工程、土石坝、堤防等水利工程等。岩土材料一般包括岩石、土石等非常重要的工程材料。岩土工程和材料

具有以下特征：

（1）具有天然性、多样性、复杂性等。

（2）材料的力学特性受碾压情况、环境条件（如水分等）等影响大。

（3）填土铺装工程一般可分为填方和挖方两大类，体积、面积往往很大。

岩土工程和材料在铺装的过程中常出现的问题则主要体现在：

（1）变形。路基、地基中出现概率较大的不均匀沉降。

（2）强度不足。如因挖方工程中材料的强度不足造成的滑坡、隧道塌方等事故。

（3）渗透。由于施工、雨季、地质、材料、施工缺陷等原因造成大渗透。

经过国内外研究者的共同努力，已经形成了较完善的检测方法及相关室内外试验检测的方法、仪器和标准，积累了大量丰富的工程经验。本书的相关章节中将着重对材料力学特性的检测手段予以介绍。

四、预应力结构检测技术

所谓预应力，即在结构受外力之前对结构人为预先施加反向应力，以减小或抵消外荷载所引起的应力。在生活中，锯子、木桶等都是传统的预应力结构。在土木工程中，预应力混凝土结构非常普遍，其主要以张拉钢绞线的方法来产生预应力，达到推迟受拉区结构开裂的目的。由于其具有卓越的经济性和维护性，使得预应力混凝土桥梁占据了目前新建桥梁的90%以上。

预应力结构的特点如下：

（1）结构复杂。增加了预应力体系（包括锚具、钢绞线、孔道等）。

（2）材料受力较大。由于预应力结构具有大跨度、小截面面积等特点，材料所承受的应力相对较大。

（3）对结构承载力有直接的影响。

预应力结构易出现的问题：

（1）预应力张拉控制不严，出现欠张或超张的情况。

（2）因钢绞线疲劳松弛、锈蚀等情况导致预应力降低。

（3）预应力结构发生突然性和脆性的破坏。

五、现代信息技术

现代信息技术是计算机技术和电信技术结合而形成的手段，是对声音、图像、文字、数字和各种传感信号信息进行获取、加工、处理、储存、传播和使用的技术。它的核心是信息学。现代信息技术包括ERP、GPS、RFID等。现代信息技术是一个内容十分广泛的技术群，它包括微电子技术、光电子技术、通信技术、网络技术、感测技术、控制技术、显示技术等，以及以这些技术为基础的升级版现代信息技术，如数据库技术、物联网技术、BIM（Building Information Modeling）技术等。

数据库技术是现代信息科学与技术的重要组成部分，是计算机数据处理与信息管理系统的核心。数据库技术研究和解决了计算机信息处理过程中大量数据有效组织和存储的问题，在数据库系统中减少数据存储冗余、实现数据共享、保障数据安全以及高效地检索数据和处理数据。

数据库技术是通过研究数据库的结构、存储、设计、管理以及应用的基本理论和实现方法，并利用这些理论来实现对数据库中的数据进行处理、分析和理解的技术。

物联网,其英文名称是"The Internet of things"。由此,顾名思义,"物联网就是物物相连的互联网"。这里有两层含义:第一,物联网的核心和基础仍然是互联网,是在互联网基础上延伸和扩展的网络;第二,其用户端延伸和扩展到了任何物品与物品之间,进行信息交换和通信。物联网通过智能感知、识别技术与普适计算、泛在网络的融合应用,被称为继计算机、互联网之后世界信息产业发展的第三次浪潮。物联网是互联网的应用拓展,与其说物联网是网络,不如说物联网是业务和应用。

BIM 即建筑信息模型,早先是采用塑料、木料等材料做成的实体模型,可以让人对建筑物有一个感性认识。近年来,随着计算机技术的飞速发展,特别是以 3DMAX 为代表的可视化技术的诞生与发展,使其成为 BIM 技术的核心和基石。BIM 技术是以建筑工程项目的各项相关信息数据作为模型的基础,进行建筑模型的建立,通过数字信息仿真模拟建筑物所具有的真实信息。它具有可视化、协调性、模拟性、优化性和可出图性 5 大特点。同时,BIM 与 CAD 融为一体的管理模式正成为工程信息化管理的发展方向。

六、远程监测

远程监测是结合传感、数据通信等手段,对施工现场对象的状态进行实时的监测。适合远程监测的对象较为广泛,在工程领域主要有岩土工程远程监测(包括边坡失稳、沉降等)、结构健康远程监测(如桥梁远程监测)。

其中代表性较强的是桥梁远程监测,其基本内涵是通过对桥梁结构状况的监控与评估,为桥梁在各种气候条件、交通条件或桥梁运营状况异常严重时发出预警信号,为桥梁的维护维修和管理决策提供可靠的依据。

近年来,通信网络、信号处理、人工智能等技术不断深入发展,加速了桥梁监测系统的实用化进程。业界纷纷着手研究和开发各种长期监测方法或技术,这些技术具有灵活、高效、廉价并且不影响桥梁结构正常使用的特点。桥梁健康监测系统的部署和应用具有重要的现实意义和研究价值,主要在推动和发展智能化、数字化以及信息化桥梁工程中起到了重要作用。为了更深入地介绍远程监测技术,本书将加以详细介绍。

第三节　本课程的学习

本课程是一门实践性很强的学科,为了更好地学习、掌握相关知识,应当注意以下几个方面:

1.正确认识各种检测方法的优缺点

无损检测技术是检测工程质量安全的重要手段,在工程质量管理中占有重要地位。目前无损检测技术得到迅速发展,其诸多优点得到了业界的广泛认可。但在实际应用中,也具有一定局限性,如检测结果的直观性、检测精度相对较差,有些方法的检测结果多依赖于检测人员的经验判断,并具有多歧性等。如果选用的检测方法或操作不当,可能得出错误的检测结果,进而导致错误的工程养护决策,造成一定的社会经济损失。因此,对待无损检测技术,需要正确认识各种检测方法的优缺点,一方面对检测结果需要客观、慎重考虑,另一方面也不能因为存在一定误差而全部否定。在进行无损检测时,需要根据测试条件、测试对象的特点等诸多要素,正确选择无损检测实施的时机,选用适当的无损检测方法。

2.加强理论联系实践

本书涉及的无损检测方法及技术均具有相应的理论体系,了解其发展背景和研究对象,理解和熟悉其基本原理,对掌握和应用该技术都是非常必要的。本课程也是一门实践性非常强的课程,在明确相关测试技术原理的同时,利用相关设备进行现场检测、数据分析等也是十分必要的。

不同的检测方法具有不同的技术特点及相应的适用范围,在工程实践中均具有各自的缺陷和不足。在现场检测时,应充分考虑结构特征、检测条件及检测环境等因素,选择合适的检测方法,保证测试结果的可靠性。同时,伴随科技进步,土木工程检测与测试领域的相关技术与现代高新技术日益紧密结合,也正在发生日新月异的快速发展,因而在学习中善用辩证思维,以发展的眼光看待问题也是极为有益的。

第二章　检测与测试的基础

学习指南

本章主要介绍常用的无损检测的主要方法及其技术原理、技术特点，包括信号采集、分析和数字成像技术。在学习过程中，需要掌握超声波和弹性波的技术特点和区别，以及以振动、波动为核心的基本理论。同时，掌握提高信噪比的主要手段及弹性波数字成像的技术原理。

第一节　主要检测方法简介

一、电磁波(微波)

电磁波无损检测是无损检测技术中的重要组成部分，其是利用材料在电磁场的作用下出现的电学或磁学特性变化，来判断材料内部情况及有关性能的检测方法。电磁波检测主要包括有微波检测、磁粉检测、涡流检测和漏磁检测等多种检测技术。

微波(雷达波)是电磁辐射的一种形式，其电磁频谱中所占频带为300MHz～300GHz，波长为1～1000mm，属超高频及其以上的无线电波。微波无损检测技术是以微波电子学、物理学、微波测量技术和计算机技术为基础的一门微波技术应用学科，是以微波为信息载体对各种适合其检测的材料和构件进行无损检测和材质评定的技术，见表2-1。

各类微波检测方法的物理现象和用途　　表2-1

方法	物理现象	用途
穿透法	在材料内传输的微波，依照材料内部状态和介质特性不同而相应发生透射、散射和部分反射等变化	测厚、密度、湿度、介电常数、固化度、热老化度、化学成分、混合物含量、纤维含量、气孔含量、夹杂以及聚合、氧化、酯化、蒸馏、硫分的测量
反射法	由材料表面和内部反射的微波，其幅度、相位或频率随表面或内部状态(介质特性)变化而相应变化	检测各类玻璃钢材料，宇航防热用铝基厚聚氨酯泡沫、胶接工件等的裂纹、脱黏、分层、气孔、夹杂、疏松；测定金属板材、带材表面的裂纹，划痕深度；测厚、测位移距离、方位以及测湿、测密度、测混合物含量
散射法	贯穿材料的微波随材料内部散射中心(气孔、夹杂、空洞)而随机地发生散射	检测气孔、夹杂、空洞、裂纹
干涉法	两个或两个以上微波波束同时以相同或相反方向传播，彼此产生干涉，监视驻波相位或幅度变化，或建立微波全息图像	检测不连续性缺陷(如分层、脱黏、裂缝等)，图像显示

续上表

方法	物 理 现 象	用　　途
涡流法	利用入射极化波、微波电桥或模式转换系统，测定散射、相位信号，探知裂缝	检测金属表面裂缝，其深度取决于频率和传播微波的模式
层析法	利用透射材料的微波在介质内部的衰减、反射、衍射、色散、相速等物理特性的改变，测定多个方向的投影值，并将它与核函数卷积，再进行反投影，用计算机重建图像	检查非金属材料及其复合结构件断层剖面质量和加速器粒子束或等离子体的状态，用于射电天文，电磁探矿和地层分布测绘等。反映物体内不同部位的大小形态、成分及其变化过程

二、X 射线

射线检测是常用无损检测技术之一，是利用射线穿透物质和在物质中的衰减特性来对物质的质量、尺寸及特性等作出判断的一种无损检测方法。

该方法可以检测金属和非金属材料及其制品的内部缺陷，如焊缝中的夹渣、气孔及未焊透等体积性缺陷。其主要特点为检验结果直观、准确、可靠，且得到的射线底片可长期保存。但X射线检测技术存在着设备复杂、使用成本高、检测过程中需要对射线进行防护等缺点。各类X射线检测方法的检测原理及特点见表2-2。

各类 X 射线检测方法的检测原理及特点　　　　表 2-2

方法	检 测 原 理	特　　点
照相法	将感光材料置于被检测试件后面，来接收透过试件的不同强度的射线。根据影像的形状和黑度情况评定材料中有无缺陷及缺陷的形状、大小和位置	灵敏度高，直观可靠，而且重复性好
电离检测法	当射线通过气体时，与气体分子撞击，产生电离。电离效应会产生电流，其大小与射线强度有关，根据电流大小便可判断试件的完整性	自动化程度高，成本低，但对缺陷性质的判别较困难，只适用于形状简单、表面平整的工件
荧光屏直接观察法	将透过试件的射线投射到涂有荧光物质（如ZnS/CaS）的荧光屏上时，荧光屏会发出不同强度的荧光，利用荧光屏上的可见影像直接辨认缺陷	成本低，效率高，可连续检测，适用于形状简单、要求不严格产品的检测
电视观察法	电视观察法是荧光屏直接观察法的发展，实际上就是将荧光屏上的可见影像通过光电倍增管来增强图像，再通过电视设备进行显示	自动化程度高，但灵敏度较低，对形状复杂的零件检查也比较困难

射线在物质中的衰减是按照射线强度的衰减呈负指数规律变化的，以强度为 I_0 的一束平行射线束穿过厚度为 δ 的物质为例，穿过物质后的射线强度为：

$$I=I_0e^{-\mu\delta} \tag{2-1}$$

式中：I——射线透过厚度 δ 的物质的射线强度；

I_0——射线的初始强度；

e——自然对数的底；

δ——透过物质的厚度；

μ——衰减系数。

三、红外线

1672 年英国科学家牛顿首次使用三棱镜将太阳光分解成红、橙、黄、绿、青、兰、紫七色，开始了可见光光谱学的研究。英国天文学家赫胥尔在研究单色光的热效应时，发现最大的热效应是出现在红色光谱以外，从而发现了红外线的存在。英国物理学家马克斯威尔在研究电磁理论时，证实了可见光及看不见的红外线、紫外线等均属于电磁波段的一部分，从而把人们的认识带进了电磁波理论中。

根据红外辐射与物质作用时各波长的响应特性和在大气中传输吸收特性，把红外线按波长划分为 4 部分：

近红外线——波长为 0. 76 ~ 3μm；

中红外线——波长为 3 ~ 6μm；

远红外线——波长为 6 ~ 15μm；

超远红外线——波长为 15 ~ 1000μm。

目前，600℃以上的高温红外线仪表多利用近红外波段。600℃以下的中、低温测温仪表面热成像系统多利用中、远红外线波段，而红外线加热装置则主要利用远红外线波段。超远红外线的利用尚在开发研究中。

红外检测属于无损检测的范畴。红外检测是利用红外辐射原理对设备或材料及其他物体的表面进行检测和测量的专门技术，也是采集物体表面温度信息的一种手段。发展到现在，红外检测技术早已不再局限于无损检测的最初意义，而成为红外诊断技术的组成部分，红外检测是红外诊断技术的基础。

红外检测的基本原理：当一个物体本身的温度和周围环境温度存在温差时，不论物体的温度高于还是低于环境温度，也不论物体的温度来自外部注入还是其内部自己产生，都会在物体内形成热量的流动。热流在物体内扩散和传递的路径中，将会由于材料或设备的热物理性质不同，或受阻堆积，或通畅无阻传递，最终会在物体表面形成相应的“热区”和“冷区”，这种由里及表出现的温差现象称为红外检测的基本原理。

相对其他的无损检测方法，红外检测具有以下优势：

(1)非接触性。红外检测的实施不需要接触被测目标，被测物可移动也可保持静止，同时被测物所处环境也无要求。

(2)安全性极强。检测过程对人员和设备材料不会构成任何伤害。

(3)检测准确。红外检测能检测出 0. 01℃的温差以及能在数毫米大小的目标上检测出其温度场的分布，温度和空间分辨率非常高，检测结果准确可靠。

(4)检测效率高。红外探测系统的响应时间都以 μs 或 ms 计，扫描一个物体只需数秒或数分钟即可完成，检测速度快。

除了上述的优点以外，目前，红外检测也存在一些待解决的问题：

(1)温度值确定存在困难。红外检测技术可以检测到设备或结构热状态的微小差异及变化，但很难精确确定被测对象上某一点确切的温度值。

(2)物体内部状况难以确定。红外检测直接测量的是被测物体表面的红外辐射，主要反映的也是表面的状况，对内部状况不能直接测量，需要经过一定的分析判断过程。

(3)价格昂贵。红外检测与其他仪器和常规检测设备相比，价格较贵。

四、超声波与弹性波

超声波、弹性波都是机械波，有声速、频率、波长等参数，在界面会发生反射、折射、衍射等现象，声波（弹性波）的频率在 20Hz～20kHz 时能够传入我们耳内听到声音，频率低于或超过上述范围时人们无法听到声音，频率低于 20Hz 的声波称为次声波，频率超过 20kHz 的声波称为超声波。

1.超声波简介

超声波为频率超过 20kHz 的声波，无损检测用的超声波频率范围为 0.2～25MHz。其中，金属结构最常用的频率是 1～5MHz；水泥构件用的频率是小于 0.5MHz，如 100kHz、200kHz；探测玻璃陶瓷中微米级小缺陷用的频率是 100～200MHz，甚至更高。

超声波是通过使用具有压电或磁致伸缩效应的材料产生的，根据超声波进入被检工件的方式分为以下 3 种：

（1）接触法。超声波探头通过薄层的液体或流体耦合介质直接与被检工件的探测面接触。

（2）液浸法。主要是指采用水作为耦合介质，俗称为水浸法，超声波探头发出的超声波经过一定厚度的水层再进入被检工件，超声波探头不与被检工件接触。在水浸法中，按照作为耦合介质的水的施加方式不同，还分为全浸没法、局部水浸法、溢水法、喷水柱法、水层或水间隙法等。接触法和水浸法是超声波检测中最主要的两种耦合方式，此外还有地毯法、滚轮法等多种特殊的耦合方式。

（3）空气耦合法。目前主要应用于飞机复合材料的低频超声检测。

超声波可检测复合板材的内部缺陷，焊缝、管材内倾斜取向的缺陷，工件的表面缺陷，以及利用超声波在混凝土中传播的时间（或速度）、接收波的振幅和频率等声学参数的相对变化来判定混凝土的缺陷。

2.弹性波简介

弹性波为在固体介质中传播的微小的粒子扰动波，频率一般在数百赫兹至 50kHz 左右。其产生一般有两种方法，即外力击打产生和由物体内部破损产生，利用冲击锤打击或钢球落下是最常见的激振方式，也被称为“冲击弹性波”。弹性波检测主要测试对象为岩土体或混凝土结构物等大型结构体以及金属杆件等。严格地讲，前述的超声波也应属于弹性波的范畴，但信号激发和接收有所不同。

利用弹性波的传播特性，可检测混凝土结构的材质、尺寸、内部及表层缺陷等梁体预应力孔道灌浆密实度、锚索（杆）的长度及灌浆密实度等，常用的方法有单面反射法、单面传播法、双面透射法等。

利用弹性波的振动特性，可测试结构物的表层脱空、锚下有效预应力以及自由锚索（杆）的张力等，常用的方法有振动法、等效质量法、频率法。

3.超声波与弹性波的不同

由于激振以及受信结构上存在差异，超声波和弹性波检测之间还是有一定的不同，主要体现在：

（1）能量：弹性波的能量远远大于超声波。

（2）激振信号的频率特性和波长：超声波波长短，一般是几厘米，而用锤击激振产生的弹性波波长为几十厘米甚至更长。因此，超声波的分辨率高，对细微的缺陷比较敏感，但衰减快，测试范围受到限制。

（3）受信信号的频率特性：超声波的探头在保持高灵敏度的同时，其频率响应特性一般较差，频率分析和振幅分析都比较困难。而冲击弹性波测试一般采用加速度传感器，传感器在各种固定方式下，其频响曲线都有较长平坦部分，有利于频谱分析和能量分析。

五、其他

常见的无损检测还有磁粉检测、渗透检测等，各种检测都有自身的特点和局限性，下面作简要介绍。

1.磁粉检测

磁粉检测的原理为，当材料或工件被磁化后，若在工件表面或近表面存在裂纹、冷隔等缺陷时，便会在该处形成漏磁场。此漏磁场将吸引、聚集检测过程中施加的磁粉，而形成缺陷显示，如图 2-1 所示。

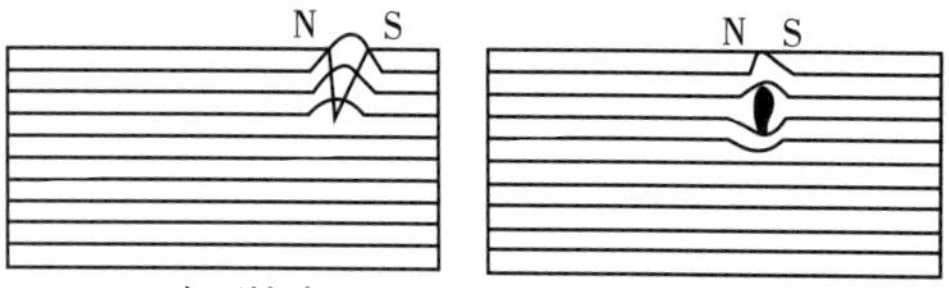

图 2-1　缺陷漏磁场的产生

磁粉检测因检测手段的特殊性，所以其适宜铁磁材料检测，不能用于非铁磁材料检验。随着缺陷的埋深增加，检测灵敏度极速下降，因此可以检出表面和近表面缺陷，而不能用于检查内部缺陷；检测灵敏度很高，可以发现极细小的裂纹以及其他缺陷；检测成本低，速度快。

2.渗透检测

渗透检测原理为利用黄绿色的荧光渗透液或红色的着色渗透液对窄狭缝隙良好的渗透性，经过渗透清洗、显示处理以后显示放大了的探伤显示痕迹，用目视法来观察，对缺陷的性质和尺寸作出适当的评价，渗透检测不受材料磁性的限制，比磁粉检测应用更广，如图 2-2 所示。

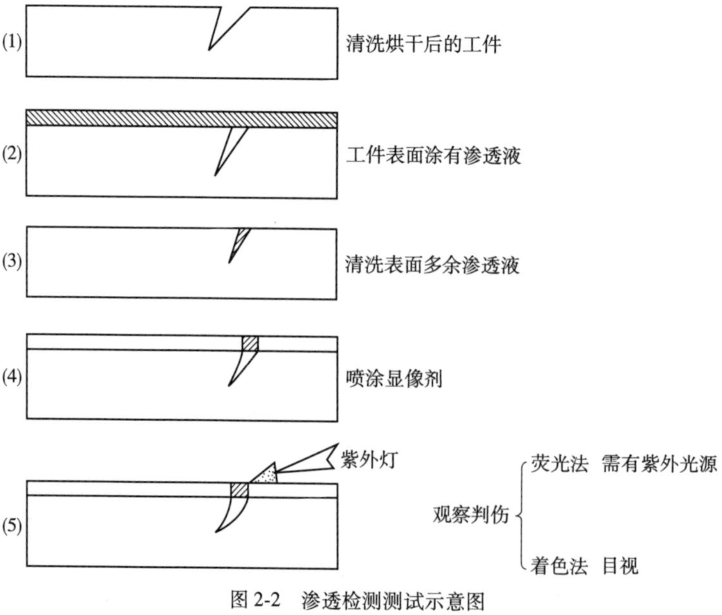

图 2-2　渗透检测测试示意图

渗透检测除了不适用于疏松多孔性材料外,其他任何种类的材料均适用,但其受被测试件表面光洁度影响较大。形状复杂且同时存在多个面缺陷的试件也可用渗透检测,并一次操作即可基本完成全面检测。渗透检测可以检出表面开口缺陷,但对埋藏缺陷或闭合型表面缺陷无法检出,检测工序多,速度慢,材料较贵,成本较高。

第二节　无损检测基本理论

一、振动基本参数及其在无损检测中的应用

振动(又称振荡)是一个状态改变的过程,即物体沿直线或曲线在平衡位置做往复运动,振动轨迹为直线时最简单,空间曲线时最复杂。

简谐运动是最基本也是最简单的机械振动。当某物体进行简谐运动时,物体所受的力与位移成正比,并且总是指向平衡位置。它是一种由自身系统性质决定的周期性运动(如单摆运动和弹簧振子运动)。

振动的基本参数如下:

(1)振幅:指振动的物理量可能达到的最大值,通常用 A 表示(图 2-3)。它是表示振动的范围和强度的物理量。

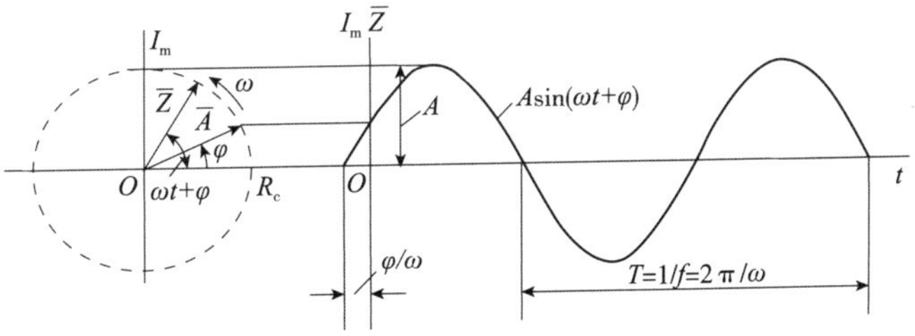

图 2-3　简谐振动曲线

在机械振动中,振幅是物体振动时离开平衡位置最大位移的绝对值,振幅在数值上等于最大位移的大小。振幅是标量,单位用米(m)或厘米(cm)表示。振幅描述了物体振动幅度的大小和振动的强弱。

简谐振动的振幅是不变的,它是由谐振动的初始条件(初位移和初速度)决定的常数。谐振动的能量与振幅平方成正比,因此,振幅的平方可作为谐振动强度的标志。强迫振动的稳定阶段振幅也是一个常数,阻尼振动的振幅是逐渐减小的。

(2)周期:粒子在往复运动过程中,其第一次开始至结束的时间就称为一个周期,一般用符号 T 表示,单位为秒(s)。

在各种周期运动或周期变化中,物体或物理量从任一状态开始发生变化,经过一个周期或周期的整数倍时间后,总是回复到开始的状态。

(3)频率:单位时间内完成周期性变化的次数,是描述周期运动频繁程度的量,常用符号 f 表示,当某物体的周期为 T 时,其频率 $f=1/T$,为每秒钟的振动次数,单位为赫兹(Hz)。

(4)圆频率:也称角频率,是指 2π 秒内振动的次数,为描述振动快慢物理量,记作 ω,单位为弧度/秒(rad/s)。圆频率和频率的关系为 $\omega=2\pi f$,周期、频率以及圆频率的关系为 $T=1/f=2\pi/\omega$。

(5)初相角：描述振动在起始瞬间的状态，记作 φ。

通过上述振动基本参数可得简谐振动的位移计算公式为：

$$x=A\sin(\omega t+\varphi) \tag{2-2}$$

式中：ω——角频率，$\omega=2\pi f$；

A——振幅；

φ——初相角。

振动过程中速度是位移对时间的变化率，即对时间求一次导数，所以振动过程也可用速度表示，当初相角 $\varphi=0$ 时可得：

$$\begin{aligned} v &= \frac{\mathrm{d}x}{\mathrm{d}t}=\omega A\cos(\omega t) \\ &=\omega A\sin\left(\omega t+\frac{\pi}{2}\right) \end{aligned} \tag{2-3}$$

加速度是速度对时间的变化率，即位移对时间求二次导数。

$$\begin{aligned} a &= \frac{\mathrm{d}v}{\mathrm{d}t}=\frac{\mathrm{d}^2x}{\mathrm{d}t^2}=-\omega^2A\sin(\omega t) \\ &=\omega^2A\sin(\omega t+\pi) \end{aligned} \tag{2-4}$$

通过上述公式可以得知，位移、速度、加速度都是同频率的简谐波，加速度领先速度 90°，速度领先位移 90°，三者的幅值依次为 A、ωA、ω^2A（图 2-4），当 ω 较大时，加速度的幅值最大，速度次之，位移最小。所以，利用加速度更有利于高频信号的检出。

然而现实生活中，永动机是不存在的，任何的振动系统都将受到摩擦和介质阻力或其他能耗而使振幅随时间逐渐衰减，这种有阻尼存在的振动我们称之为阻尼振动。

阻尼存在时的振动位移计算公式为：

$$x=A\mathrm{e}^{-\delta t}\sin(\omega t+\varphi) \tag{2-5}$$

其中，$\mathrm{e}^{-\delta t}$ 反映了阻尼对振幅的影响（图 2-5）。

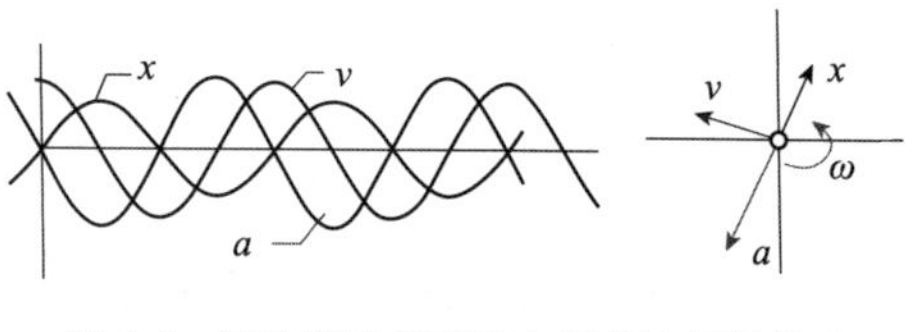

图 2-4　振动位移、速度与加速度之间的关系

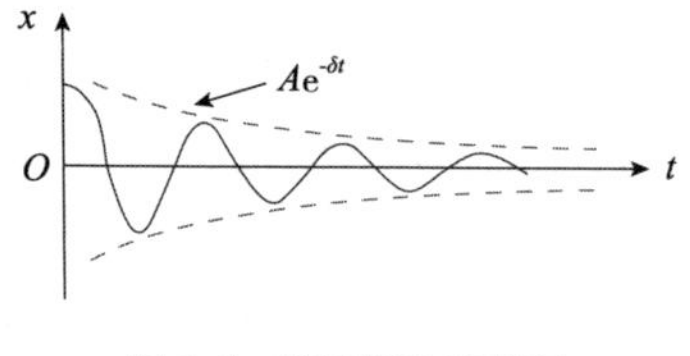

图 2-5　阻尼振动示意图

无损检测中大都需要依靠相应的介质进行测试，如电磁波、弹性波等，而这些媒介大多是具有振动性的，通过接收装置拾取被测物体的振动特性，来判断测试物是否存在缺陷。

二、波动基本参数及其在无损检测中的应用

波动与振动有着密切的关系，振动是单个粒子的往复运动，而波动则是全体粒子的合成运动。当振源激振产生扰动后，主要以波动的形式传播，而在波动范围内的各粒子都会产生振动。换句话说，振动是粒子运动的微观现象，波动则为粒子运动的宏观现象，如图 2-6 所示。

如图 2-7 所示，波动的基本参数有以下几点：

(1)波长：指波在一个振动周期内传播的距离，一般用 λ 表示。也就是沿着波的传播方向，相邻两个振动位相相差 2π 的点之间的距离。

(2)波速：单位时间内波形传播的距离，通常使用 v 表示，单位是 m/s。

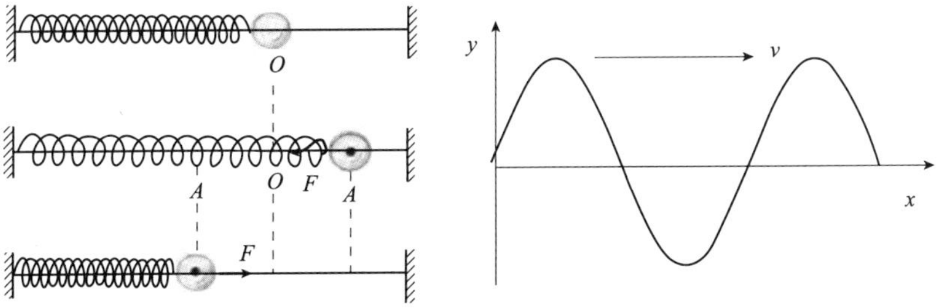

图 2-6　振动与波动示意图

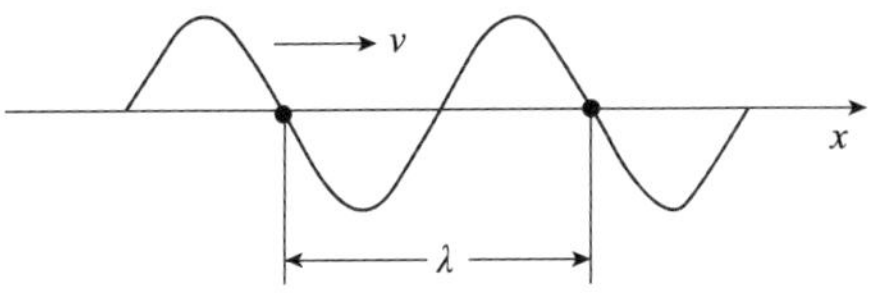

图 2-7　波动的基本要素

(3)周期:波前进一个波长的距离所需要的时间,用 T 表示,单位是 s,周期的倒数即为频率,一般用 f 表示,单位 Hz。

(4)相位:描述波变化的度量,通常以度(角度)作为单位,特定的时刻在它循环中的位置,是否在波峰、波谷或它们之间的某点的标度。

弹性波(包括超声波)是工程检测中常用的测试媒介,根据其波动的传播方向与粒子的振动方向的关系,可以将其分为 P 波和 S 波,如图 2-8 所示。

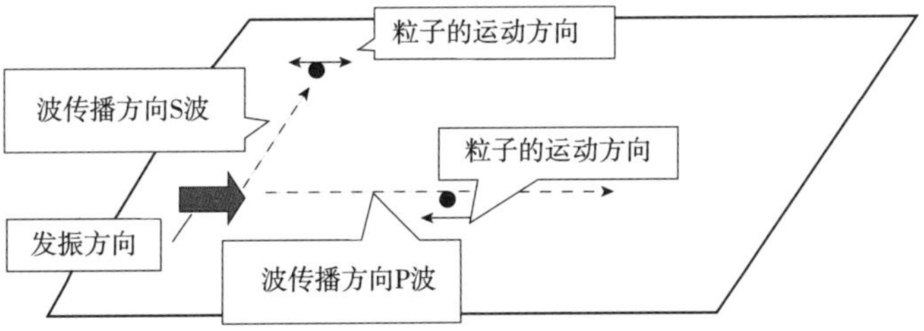

图 2-8　P 波和 S 波

(1)P 波(疏密波,又称纵波):粒子运动方向与波的传播方向平行。

(2)S 波(又称横波):粒子运动方向与波的传播方向垂直(当粒子的运动方向与结构物表面平行时,称为 SH 波;当粒子的运动方向与结构物表面垂直时,称为 SV 波)。

通常,P 波和 S 波在结构物内部传播,也称体波。同时传播的位置位于边界面附近,因此结构边界对体波具有约束作用,故而产生表面波(Rayleigh 波、Love 波、Lame 波等)。

(1)R 波(Rayleigh 波、瑞利波、雷利波):由 P 波和 SV 波合成。是具有代表性的表面波,因为主要能量集中在结构表面以下 1 个波长深度以内。由于其能量大,故而传播距离相对较远。

(2)Love 波(洛夫):当上层结构松软时且下层材料坚硬时,则由 SH 波合成产生。

(3)Lame 波:又称板波。在无限长宽的板状介质收到扰动时,由上下两面反射的波合成形成。

是否形成板波与波长和边界条件有关,当波长范围内只有一个自由面时,则产生表面波(通常是 R 波)。当波长范围内有两个平行表面时,则产生板波(也称 Lame 波),如图 2-9、图 2-10 所示。

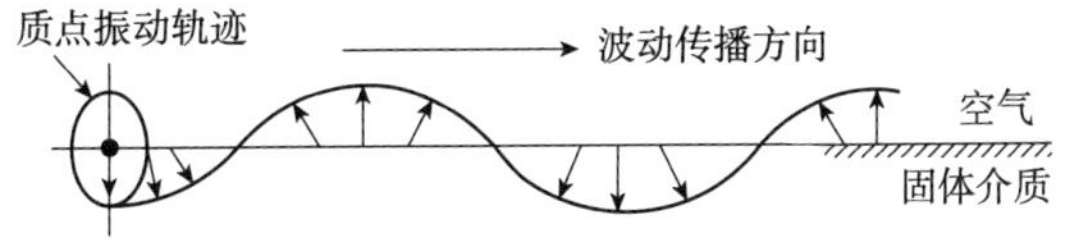

图 2-9　表面波(R 波)

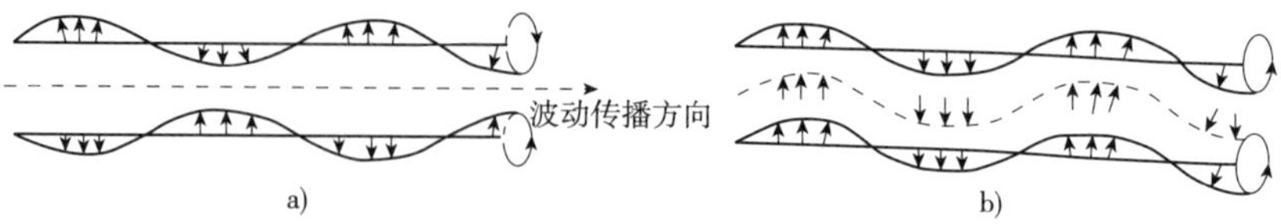

图 2-10　板波(Lame 波)

形成 R 波和板波时,其介质质点均会产生相应的纵向和横向振动。两种振动的合成,使质点做椭圆轨迹的振动并传播。而板波与表面波的不同之处主要有:

(1)当传播中的板波受到两个对称界面的约束时,将会形成对称型(S 型)和非对称型(A 型)板波。对称型板波在传播中,波的振动以板厚的中心面为对称,即板的上下表面上波动相位相反,中心面上的波动与纵波类似。非对称型板波在传播中,上下表面质点波动的相位是相同的,板的中心面上波动方式类似于横波。R 波则仅有一个模态。

(2)板波的典型特征是具有频散特性,即板波相速度随着频率的变化而变化。而 R 波不具有频散特性,即在均质弹性体中,不同波长的 R 波的波速是相同的。

三、频谱分析基础

很多测试需要我们结合多种波的信息进行分析,如振幅、波速、频谱等,其中频谱是较为重要的一个参数。

一个波动信号,往往可以分解为不同频率、不同振幅和相位的成分波。这些成分波可以是正弦波,其中,频率最低的我们称它为信号的基波,其余称为信号的谐波。基波有且只有一个,谐波可以有很多个,谐波的大小也可互不相同。以谐波的频率为 x 轴,幅值(大小)为 y 轴,绘制的系列条形图,称为频谱。

频谱分析即是将时域信号变换至频域加以分析的方法。频谱分析的目的是把复杂的合成波,经过分解变为单一的谐波分量来进行研究,以获得信号的频率结构以及各谐波和相位信息。

通过图 2-11 可以较清楚看出,在时间域方向上多个波形叠加合成的波,在频率域被分解成简单而独立的正弦或余弦波,这些正弦或余弦波的振幅和频率都不尽相同,所以在频率域的波都是分开的,前面频率最低的波为基波,其他波为谐波。这样在时间域不利于分析的波形,在频率域就显得非常简单。

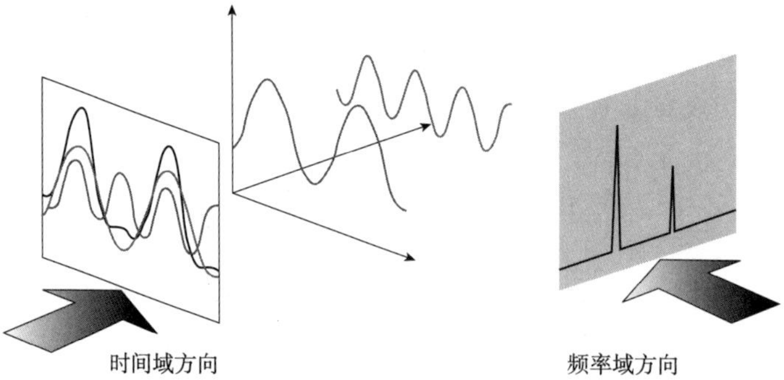

图 2-11　时间域和频率域关系示意图

现如今频谱分析的方法有很多,目前最广为人知的是快速傅里叶变换(Fast Fourier Transform,简写 FFT)。近几年,最大熵法(Maximum Entropy Method,简写 MEM)、小波变换(Wavelet Transform)等方法也得到了较快的发展。

第三节　信 号 采 集

一、信号采集设备的构成和性能

信号采集设备主要由传感器、信号调理模块、A/D 转换模块构成。

1.传感器

传感器是一种能接收到被测信息，并能将其按一定规律变换成为电信号或其他所需形式的信息输出，以满足信息的传输、处理、存储、显示、记录和控制等要求的检测装置。

(1)传感器的分类

传感器可按被测物理量分类，也可按传感器的工作原理分类，如图 2-12 所示。

按工作原理分类是以传感器对信号转换的作用原理命名的，包括振动传感器、湿敏传感器、磁敏传感器、电容式传感器、压电式传感器、电荷传感器、电学式传感器、谐振式传感器、热电式传感器等。

按传感器的被测量对象的物理量分类，可分为温度、压力、流量、物位、加速度、速度、位移、转速、力矩、湿度、黏度、浓度传感器等。

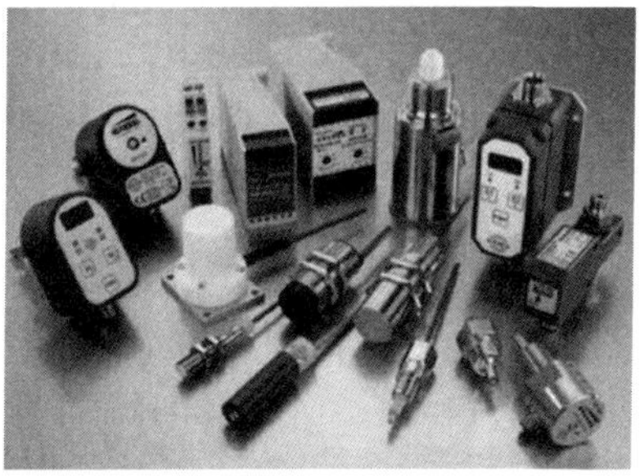

图 2-12　各式各样的传感器

(2)传感器的性能

我们一般使用数学模型研究传感器的输出/输入特性，是将检测静态量和动态量时的特性分开考虑。

(3)传感器的静态特性

传感器的静态特性参数主要有线性度、迟滞误差、重复性误差、灵敏度、分辨率、稳定性、漂移等。

①线性度。表征传感器输入/输出的实际静态标定(校准)曲线与所选参考(拟合)直线(作为工作直线)之间的偏离程度。所选拟合直线不同，计算出的线性度数值不同。常用拟合方法见表 2-3。

常 用 拟 合 方 法　　　　表 2-3

拟合方法	说　明	示 意 图	特　点
理论线性度	按系统的理论特性确定，与实测值无关	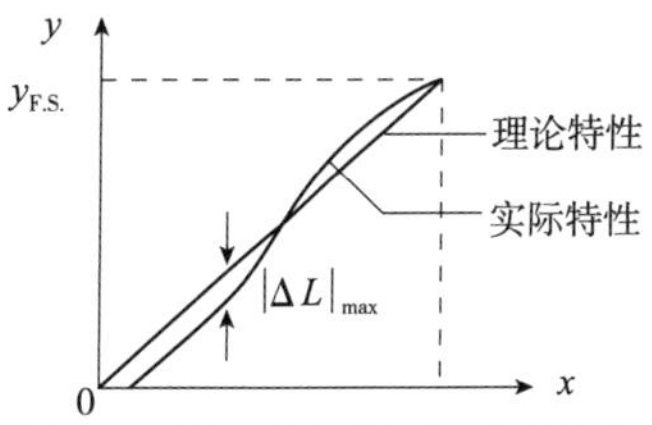	简单方便，但通常估算值偏大
端基线性度	以校准数据的零点输出平均值和满量程输出平均值连成的直线为参考直线所得的线性度	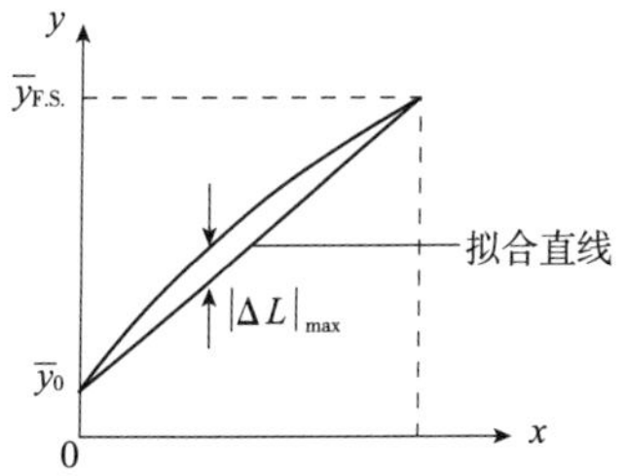	简单，但估计值偏大，零点不为零

续上表

拟合方法	说　　明	示 意 图	特　　点
最小二乘线性度	按最小二乘法原理拟合直线，使该直线与传感器或系统的校准数据的残差平方和最小	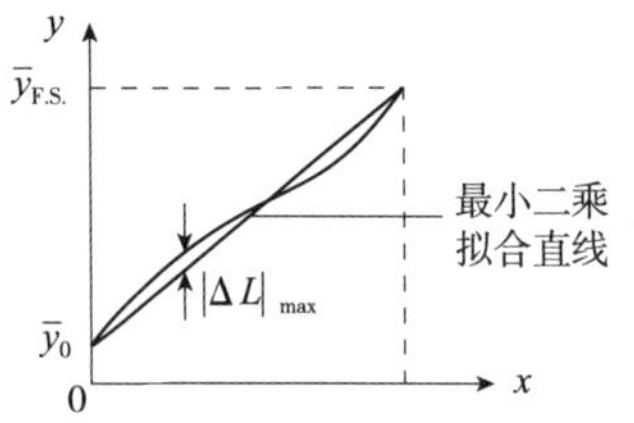	拟合精度高，在数据较多的情况下可由计算机处理
最佳直线线性度	以所谓“最佳直线”作拟合直线，以保证传感器正反行程校准曲线对该直线的正负偏差相等并且最小	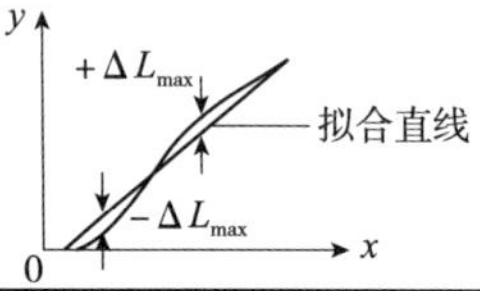	拟合精度最高

②迟滞误差。传感器的输入量由小增大（正行程），然后由大到小（反行程）的测试过程中，在输入量相同的情况下，输出量存在差别的现象称为迟滞，如图 2-13 所示。

这种现象的产生可由装置内的弹性、磁性元件以及机械部分的摩擦、灰尘积塞等原因引起。

③重复性误差。在多次重复测试过程中，测试条件为同是正行程或反行程，在输入量相同的情况下，对应的输出量不同。

④灵敏度。灵敏度的定位为输出量的增量与被测输入量的增量比值。即：

$$K=\frac{\Delta y}{\Delta x}\quad 或者\quad S=\frac{\Delta y}{\Delta x} \tag{2-6}$$

线性系统中，K 为常数，而非线性系统中 K 用 dy/dx 表示。灵敏度并不是越高越好，灵敏度越高，测量范围越窄，系统稳定性越差。

⑤分辨率。传感器在测量范围内所能检测出输入量的最小变化量。有时用该值相对满量程输入值的百分数表示，称为分辨率。所以需要注意区分，比如 3mV 不是一个百分数值，我们可以称为分辨力，而 1%这个百分数值我们可称为分辨率。

⑥稳定性。稳定性又称长期稳定性，即传感器在一段时间内仍然能保持其性能的能力。一般以一定室温条件下经过一个规定的时间间隔后，传感器当时的输出量与标定时的输出量的差异来表示，有时也用标定的有效期来表示。

⑦漂移。在一定时间间隔内，传感器输入量不变的情况下，输出量存在着与输入量无关的变化。传感器的漂移有几种，分别是零点漂移（图 2-14）、灵敏度漂移、时漂（零点或灵敏度随时间变化）、温漂（温度变化引起的漂移）等。

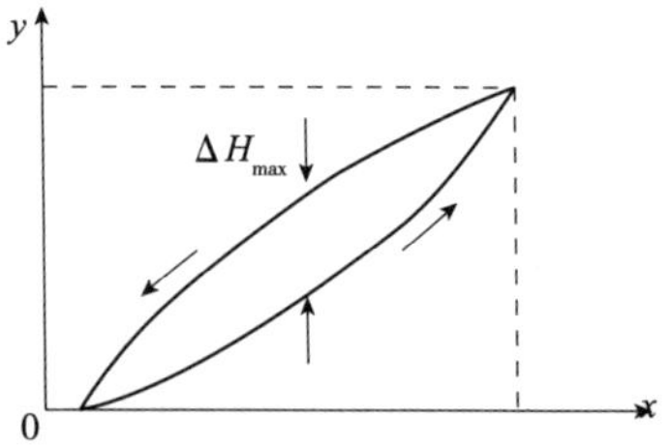

图 2-13　传感器迟滞误差

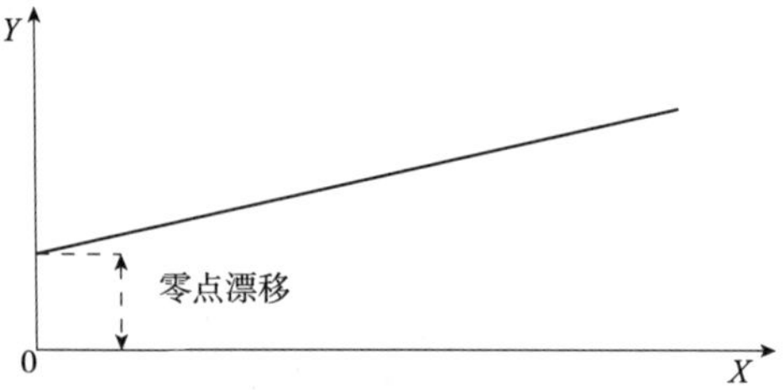

图 2-14　零点漂移

传感器的动态特性是指输入量随时间变化时，输出量与输入量之间的关系。测试动态被测量时，要求传感器不仅能精确测量出信号的幅值，还包括其随时间变化过程的波形，如果传感器能迅速、准确且无失真地测出被测量随时间变化的波形,使输出与输入随时间变化一致,那么这种动态特性就是非常良好的。

实际传感器除有较为理想的比例特性环节外,还有阻尼、惯性等环节,输出信号与输入信号没有完全相同的时间函数,这种输出与输入的差异就是动态误差,动态误差越大,传感器动态性能也就越差。

2.信号调理模块

信号调理就是传感器拾取的信号需要经过放大、滤波、衰减、调制解调、幅频变换及数字化等处理过后,得到适合传输的标准信号并输出。

信号的放大和滤波是信号调理过程中的一个重要环节。

信号的放大是对能量较弱的信号进行放大处理,以便接收装置能较好地识别,这一过程一般都是通过放大器来完成的。放大器是可以将输入信号的电压或功率放大的装置,输入信号中除了有我们需要的有效信号外,同时也夹杂着噪声信号,当放大器对输入信号进行放大时,不免也会将噪声信号放大,所以为减小对噪声信号的放大,放大器通常还具有滤波的功能。

滤波是指只允许一定频率范围内的信号通过,抑制或者削弱不需要频率成分的信号。实现这一功能的元器件称为滤波器,其为一种具有频率选择功能的处理系统,广义上说,任何的仪器都是一台滤波器,因为任何仪器都是将自己敏感的信号进行转换和传递,而对于其他信号都滤除掉了,如图 2-15 所示。

滤波器按信号的处理形式,可分为数字滤波器和模拟滤波器;按其功能,可分为低通滤波器(LPF)、高通滤波器(HPF)、带通滤波器(BPF)、带阻滤波器(BEF)以及全通滤波器;按传递函数,又可分为一阶、二阶和高阶滤波器。

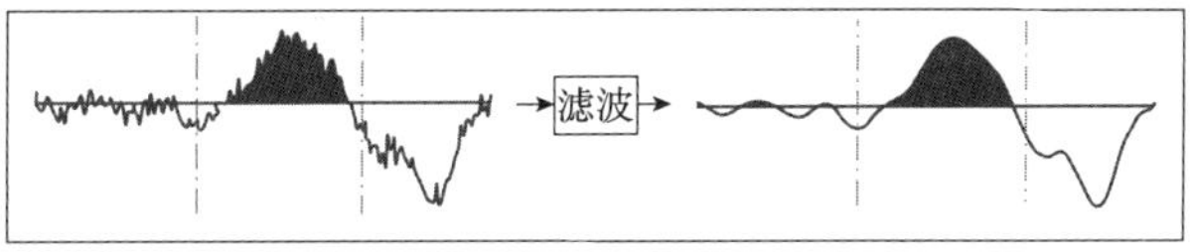

图 2-15　信号滤波示意图

3.A/D 转换模块构成

A/D(Analog/Digital)就是把模拟信号转换成数字信号,转换过程通过取样、保持、量化和编码 4 个步骤完成,如图 2-16 所示。

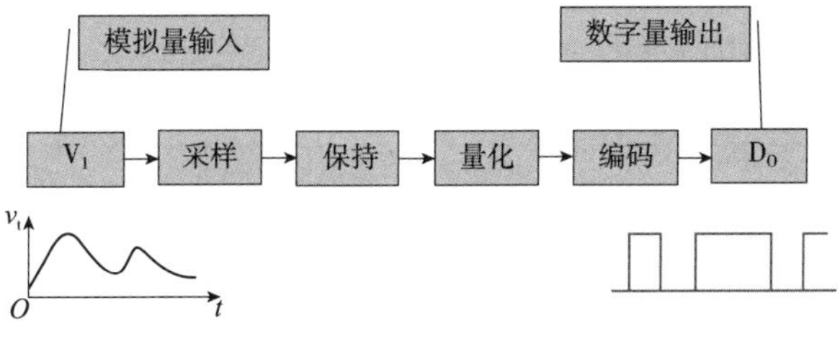

图 2-16　A/D 转换过程

A/D 转换按转换方法可分为直接转换法和间接转换法。

直接转换法是通过一套基准电压与保持电压进行对比,从而直接将模拟量转换成数字量,该方法的特点是效率高,转换精度易保证。间接转换法是将取样的模量信号先转换成时间或者频率作为中间变量,然后再转换成数字量,该方法的特点是转换精度高,但速度慢。

A/D 转换的主要数字指标有分辨率、转换时间、线性度、量程等。

分辨率是指 A/D 转换可转换成数字量的最小电压，是对最小模拟输入值的敏感度，一个 n 为二进制输出能区分输入模拟电压的最小差异为满量程输入的 $1/2^n$，所以分辨率通常是用 A/D 的位数来表示，如 8 位、10 位、12 位、16 位、24 位等，如 A/D 转换输出为 12 位，最大输入信号为 12V，其分辨率即为 $12\times1/2^{12}=2.93\text{mV}$。

转换时间是指输入启动转换信号到获得稳定的数字信号所经过的时间，一般转换速度越快越好，常见有超高速（转换时间<1ns）、高速（转换时间<1μs、高）、中速（转换时间<1ms）、低速（转换时间<1s）。

采样频率即在单位时间内所采集的信号的数量，也用 Hz 表示。如果采集对象是动态连续信号，那么要求采集频率至少需要为对象信号频率的 2 倍以上才能保证信号形态被还原，若信号频率为 20kHz，则采集频率应≥40kHz，其转换时间要求小于等于其转换时。

线性度是指当模拟量发生变化时，A/D 转换器输出的数字量按比例关系变化的程度。

量程是指能够转换的电压范围，如 0～10V、0～12V 等。

二、虚拟仪器概述

虚拟仪器是计算机软件和基本硬件相结合的模拟仪器，它利用计算机强大的数据处理能力以及硬件设施的支持，完成对所需信号的采集、分析、处理以及测试结果的显示等，通过软、硬件的配合来实现各种功能，极大地改善了传统仪器对数据处理、显示、传送、存储等方面的不便。

虚拟仪器的特点就是将计算机软件与仪器硬件等紧密结合在一起，即使使用同样的硬件系统，也可通过对软件功能的改编，达到让使用者实现自己定义虚拟仪器使用功能的目的。表 2-4 为虚拟仪器与传统仪器特点对比。

虚拟仪器与传统仪器特点对比 表 2-4

项　目	虚 拟 仪 器	传 统 仪 器
系统标准	用户自定义，标准逐渐统一	仪器厂商自定义，标准难统一
系统开放性	开放、灵活，可与计算机技术保持同步发展	封闭性、仪器间相互配合较差
系统关键及升级	关键是软件，性能升级方便，通过网络下载升级程序即可	关键是硬件，升级成本较高，且升级必须上门服务
技术更新周期	技术更新周期短（1～2 年）	技术更新周期长（5～10 年）
系统成本及复用性	价格低廉，软件使得开发和维护费用降至最低。仪器间资源可重复利用率高	价格昂贵，开发和维护费用高。仪器间一般无法相互利用
系统的开放性	可与网络及周边设备方便互连	与其他设备仪器的连接十分有限

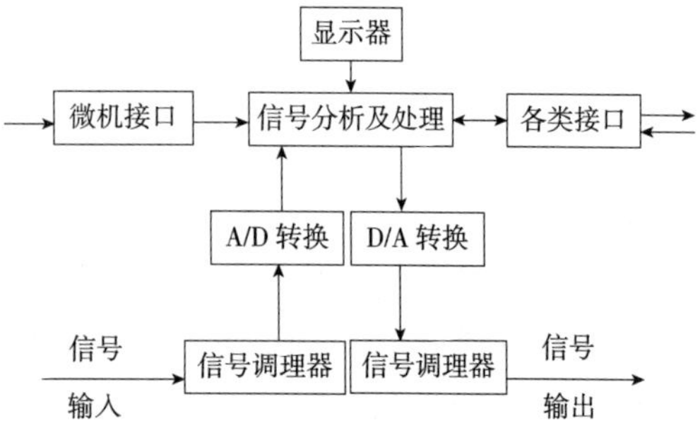

图 2-17　虚拟仪器系统结构示意图

虚拟仪器系统的结构如图 2-17 所示。

虚拟仪器因其是建立在计算机的基础之上开发使用的，计算机软件的开放、灵活使得虚拟仪器的应用非常广泛。

（1）检测。利用虚拟仪器开发的检测设备可以对目前各个行业的施工建造情况进行检测和督查，大大提高检测的效率及准确性。

（2）监控。使用虚拟仪器组成的远程监控系统可随时采集和记录事先安装好的传感器的监控数据，并对数据进行分析处理，从而实现远程监控功能。

(3)教学。使用虚拟仪器来建立教学系统，充分利用其系统的灵活性和可再开发利用等特点，在教学成本大大减少的同时使教学变得更加丰富多彩。

三、提高信噪比的方法

测试过程中，采集到有效信号的同时，不能避免地也会采集到噪声信号，噪声信号会影响到后期的处理和分析，所以提高信噪比、抑制噪声信号是非常有必要的。

噪声信号来源分为内部和外部两种。内部噪声主要是由于电路设计、制造工艺等因素，由设备自身产生的，而外部噪声则是设备所在的电子环境和物理化学环境(自然环境)造成的干扰，这种环境干扰可能是电磁干扰，可能是机械振动干扰，也可能来自温度变化的干扰等。

提高信噪比的方法有很多，如对信号进行前端增幅、改良配线方式和输入方式、添加滤波装置以及进行软件处理等方法。下面主要介绍如何利用滤波装置和软件处理的方法提高信噪比。

1.滤波装置

根据前面章节的学习可以知道，信号可以看出是由不同频率的正弦或余弦波组成的，所以我们可以通过滤掉我们不需要频率的波，保留需要频率的波来达到提高信噪比的目的。

滤波装置根据可通过频率的范围可分为以下几种：

(1)低通滤波器。只允许低于截止频率的信号通过，但高于截止频率的信号不能通过的滤波装置。

(2)高通滤波器。只允许高于截止频率的信号通过，但低于截止频率的信号不能通过的滤波装置。

(3)带通滤波器。只允许设定范围内频率的信号通过，但设定范围外频率的信号不能通过的滤波装置。

(4)带阻滤波器。只允许设定范围外频率的信号通过，但设定范围内频率的信号不能通过的滤波装置。

2.软件降噪

提高信噪比除了可以通过添加滤波器外，还有可以进行软件降噪，软件降噪的方法也较多，这里主要介绍移动平滑法。

移动平滑滤波的原理是对相邻数据取加权平均，该方法是对测试信号高频噪声的一种削减技术，具体步骤如下：

如图2-18所示，在测试波形图中以某一点为中心，在相邻一定时间范围 A 内的各点的测试值取平均，用算出的均值代替原中心点测试值的方法就是移动平滑滤波法。

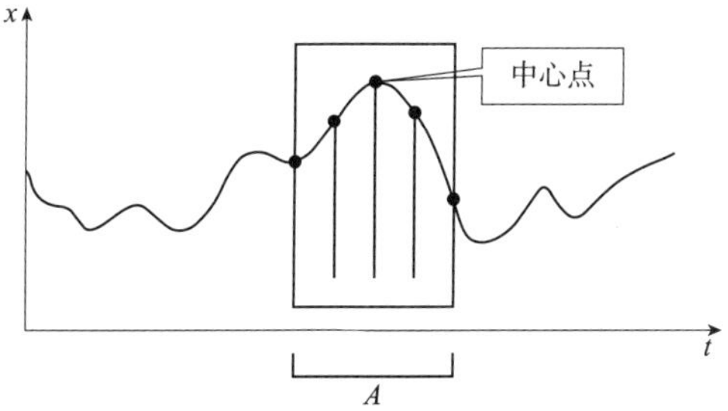

图2-18 数据窗及移动平滑法示意图

其数学公式为：

$$y(i)=\frac{1}{W}\sum_{j=-m}^{m}w(j)x(i+j) \qquad (2\text{-}7)$$

式中：$y(i)$——第 i 个平滑后的数据；

$x(i+j)$——第 i 个测试原始数据；

$w(j)$——权重，有 $j=-m,\cdots,-1,0,1,\cdots,m$；

W——归一化参数：

$$W=\sum_{j=-m}^{m} w(j) \tag{2-8}$$

移动平滑法的去噪效果取决于以下因素：如果噪声是完全的白色噪声，相互之间没有相关关系，此时的去噪效果最好；如果噪声是完全相关信号，此时，移动平滑法完全失效。

移动平滑法具有信号耦合的作用，即相邻信号会互相影响，影响信号的锐度。

第四节　信号分析和成像基础

一、信号的频谱分析

波的频谱分析是将合成波分解为一个个具有单独频率和初始相位的单纯波。频谱分析的方法较多，目前使用较多的是快速傅里叶变换（FFT）和最大熵法（MEM）。

1.傅里叶变换

傅里叶变换的基本概念是把一个复杂的波分解为许多频率、振幅、相位各不相同的正弦波或余弦波的过程，如图 2-19、图 2-20 所示。

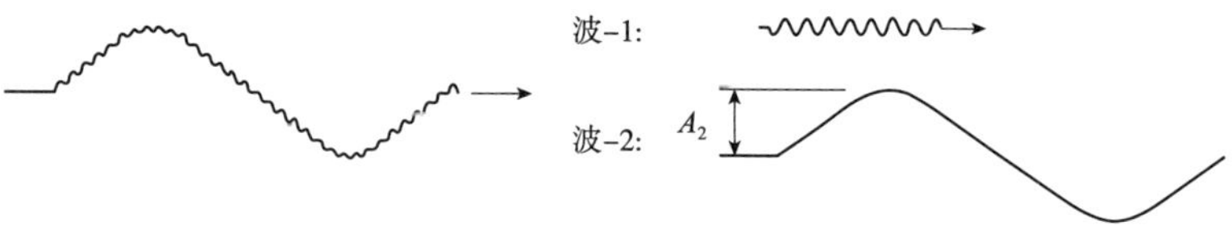

图 2-19　信号分解示意图

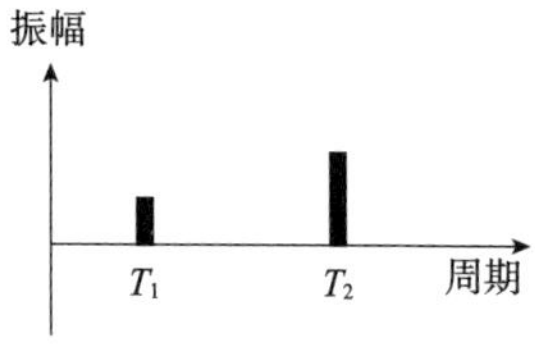

图 2-20　FFT 频谱

但测试波形在时间轴的时间间隔为 Δt，测试的数据个数为 N，持续时间为 T。

$$T=N\cdot\Delta t \tag{2-9}$$

各标本点的值 x_m，m 表示各标本点的序号。则第 m 点的信号可以表示为：

$$x_m=\frac{A_0}{2}+\sum_{k=1}^{N/2-1}\left[A_k\cos\frac{2\pi km}{N}+B_k\sin\frac{2\pi km}{N}\right]+\frac{A_{N/2}}{2}\cos\frac{2\pi(N/2)m}{N} \tag{2-10}$$

傅立叶变换就是需要求出上式中的各个系数（A_k 与 B_k 称为有限傅立叶系数），如果定义 f_k：

$$f_k=\frac{km}{N\Delta t} \tag{2-11}$$

可得

$$x(t)=\frac{A_0}{2}+\sum_{k=1}^{N/2-1}\left[A_k\cos2\pi f_k\Delta t+B_k 2\pi f_k\Delta t\right]+\frac{A_{N/2}}{2}\cos2\pi f_{N/2}\Delta t \tag{2-12}$$

f_k 表示 k 次频率，当然，k 越大，频率越高。最大频率 $f_{N/2}$ 即是采样频率的 1/2：

$$f_{N/2}=\frac{1}{2\Delta t} \tag{2-13}$$

因此,用傅立叶变换能分解的最高的频率分量为采样频率的一半。在测试的信号中,如果超过采样频率一半以上的频率,就不能分辨。整理上述各式,可得

$$x(t)=\frac{X_0}{2}+\sum_{k=1}^{N/2-1}X_1\cos(2\pi f_k\Delta t+\varphi_k)+\frac{X_{N/2}}{2}\cos 2\pi f_{N/2}\Delta t \tag{2-14}$$

其中,$X_k=\sqrt{A_k^2+B_k^2}$(振幅);$\varphi_k=\arctan B_k/A_k$($-\pi<\varphi_k<\pi$,相位角)。

因此,通过图形描画$f_k \sim X_k$,$f_k \sim \varphi_k$,即成为傅立叶振幅谱和相位谱。

由于傅立叶变换的时间很长,在实际应用中,一般采用快速傅里叶变换(FFT)。FFT 中要求对象数据的个数为 2 的乘方数(如 512、1024、2048 等)。

需要说明的是,对于 FFT,其频谱分辨率,是由采样间隔和采样数所决定。采样间隔越小,分辨率越高。但采样个数越多,其分辨率反而降低。

2.最大熵法(MEM)

最大熵法是一种较为新颖的频谱分析方法。与 FFT 分析法相比,MEM 具有以下几方面的特征。

(1)频谱分辨率非常高。

(2)适用于非 sin/cos 类信号。

(3)最大熵谱估计的分辨率与序列长度 N^2 成反比,传统谱(FFT)的分辨率则与观测时间(序列长度 N)成反比,相比之下,序列长度越长,最大熵谱估计的分辨率比传统谱要高。

(4)解决了旁瓣泄漏问题。

但是,MEM 分析法也有不少缺点,如果使用不当,会得出错误的结果。因此,使用 MEM 法分析数据时,需要注意以下几点:

(1)MEM 的分辨力与稳定性相矛盾。通常分辨力越高,会导致伪频出现的概率越大。

(2)MEM 是非线性分析方法。也就是说,两套数据叠加起来进行 MEM 分析的结果,与分别进行 MEM 分析后的结果叠加不一样。此外,对测试数据进行 BPF/HPF/LPF(带宽滤波、高通滤波、低通滤波)后,产生伪频谱的危险性会大大增加。

(3)MEM 分析中,对频谱位置的分辨率很高,但对其振幅(高度)的分辨精度则无法保证。特别是当测试点数较少时,这种误差更加明显。

(4)对信噪比非常敏感。在低信噪比情况下,分辨率较差。因此,进行必要的预处理是有意义的。但这又提高了产生伪频谱的危险。

二、信号的相关分析

在信号的分析中,往往需要对两个及以上的信号进行相互关系的研究,一般都是用已知的信号波形与畸变后的接收波形进行比较,利用他们的相似性或相异性做出判断,这就需要解决信号之间的相似性或相异性的度量问题,也就是信号的相关分析要解决的问题。

信号的相关有自相关和互相关两种方式,分别用于描述一个信号在一定时移前后 $x(t)$ 与 $x(t+\tau)$ 或两个信号 $x(t)$ 与 $y(t)$ 之间的关系。

1.自相关函数

为了定量的描述信号 $x(t)$ 与时移后 $x(t+\tau)$ 的差别或相似度,我们定义自相关函数

(图 2-21)为:

$$R_x(\tau)=\lim_{T\to 0}\frac{1}{T}\int_0^T x(t)x(t+\tau)\mathrm{d}t \tag{2-15}$$

(1)当 $\tau=0$ 时:

①自相关函数等于信号的能量。

②自相关函数在 $\tau=0$ 时为最大值,也就是自相关函数在 τ 为任何值时,都不会大于它的初始值,即

$$R_{xx}(0)\geqslant R_{xx}(\tau) \tag{2-16}$$

③平均值为 0 的随机函数的自相关函数等于均方值或方差,即

$$R_{xx}(0)=x^2=\sigma_x^2 \tag{2-17}$$

(2)当 τ 相当大时:

①平均值为 0 的随机函数的自相关函数很快收敛于 0,即

$$\lim_{t\to\infty}R_{xx}(\tau)=R_{xx}(\pm\infty)=0 \tag{2-18}$$

②当 τ 足够大,对于周期信号 $x(t)$ 的自相关函数仍然是同频率的周期信号,但是不保留原信号的相位信息。

(3)平均值不为 0 的随机函数:

①平均值不为 0 的随机函数的自相关函数,很快接近于平均值的平方,即

$$\lim_{t\to\infty}R_{xx}(\tau)=R_{xx}(\pm\infty)=m_x^2 \tag{2-19}$$

②平均值不为 0 的随机函数的自相关函数等于均方值或方差加均值平方的和,即

$$R_{xx}(0)=x^2=\sigma_x^2+m_x^2 \tag{2-20}$$

(4)τ 为噪声与独立信号组成:

如果随机信号 $x(t)$ 是由噪声 $n(t)$ 和独立信号 $h(t)$ 组成,则 $x(t)$ 的自相关函数是这两部分各自自相关函数之和,即

$$R_{xx}(\tau)=R_n(\tau)+R_h(\tau) \tag{2-21}$$

2.互相关函数

描述信号 $x(t)$ 与 $y(t)$ 的相似程度,定义互相关函数(图 2-22)为:

$$R_{xy}(\tau)=\lim_{T\to\infty}\frac{1}{T}\int_0^T x(t)y(t+\tau)\mathrm{d}t \tag{2-22}$$

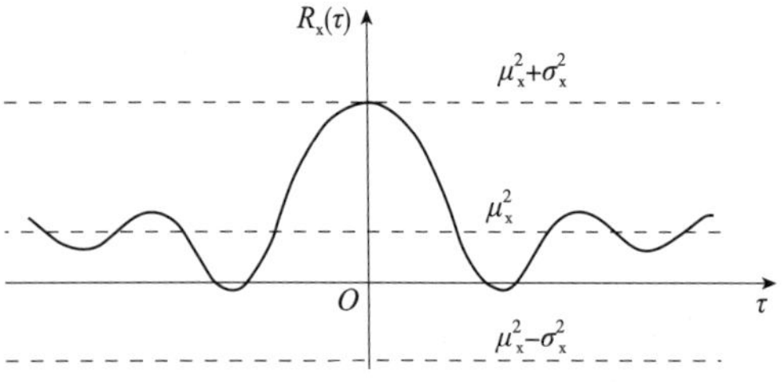

图 2-21　自相关函数是 τ 的偶函数

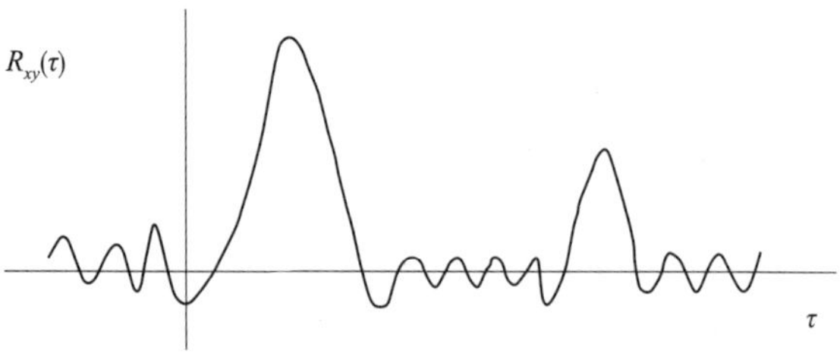

图 2-22　互相关函数不是 τ 的偶函数

(1)$R_{xy}(\tau)$ 和 $R_{yx}(\tau)$ 不是同一个函数,但存在式(2-23)的关系:

$$R_{xy}(\tau)=R_{yx}(-\tau) \tag{2-23}$$

(2)两周期信号的互相关函数仍然是同频率的周期信号,且保留原来信号的相位信息,因此,互相关函数取最大值时,反映了信号的滞后。

(3)如果 $x(t)$ 与 $y(t)$ 是两个完全独立无关信号则 $R_{xy}(\tau)=0$,所以,互相关函数能够选拾隐藏在外界噪声中的规律性信号。

3.相关系数

统计学中用相关系数来描述随机变量 x、y 之间的线性相关性。我们一般用 R_{xy} 来定义变量 x、y 的相关系数,若考虑 N 对数据(x_i,y_i),其相关系数 R_{xy} 为:

$$R_{xy}=\frac{\sum_{i=1}^{N}(x_i-\bar{x})(y_i-\bar{y})}{\sqrt{\sum_{i=1}^{N}(x_i-\bar{x})^2(y_i-\bar{y})^2}} \tag{2-24}$$

式中,$\bar{x}$、$\bar{y}$ 为 x、y 的均值。

R_{xy} 取值在$[-1,1]$区间内,当 x 和 y 之间完全是线性关系,R_{xy} 为+1 或-1,当 x 和 y 含有随机噪声或有确定的非线性关系,则 $|R_{xy}|<1$;当 x 和 y 完全无关,$R_{xy}=0$。

如图 2-23 所示为 x、y 两个变量组成的数据点分布。由图 2-23 可知,两个变量的相关系数的绝对值越接近 1,它们的线性相关程度越好。

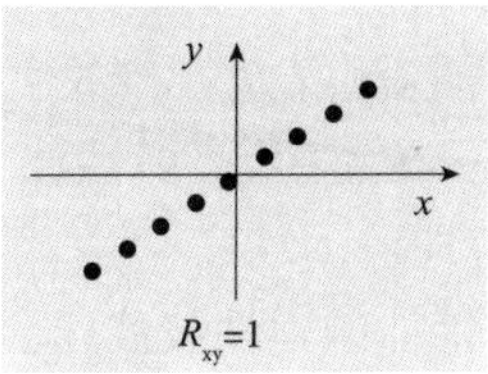

a)两个随机变量完全相关

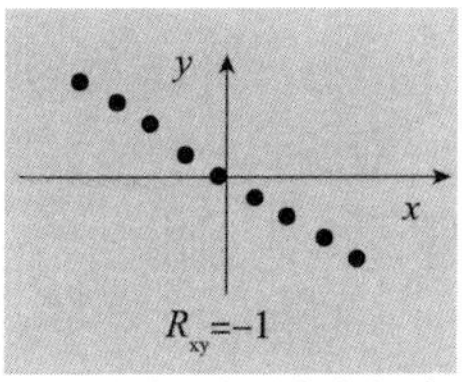

b)两个随机变量完全相关

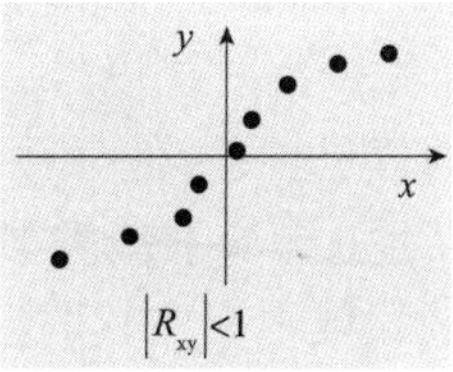

c)中等程度相关

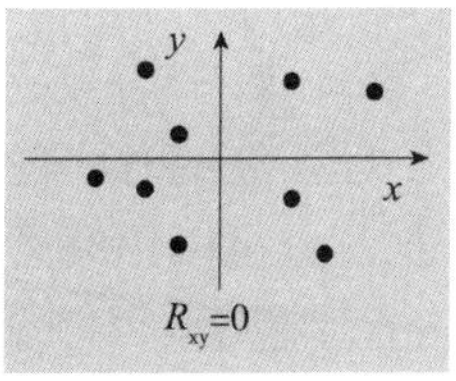

d)完全不相关

图 2-23 信号相关示意图

三、数字成像的原理

一般的检测结果为波形图或者频谱图,再通过对原始的图像进行结果的分析,对于专业人员需要较强的专业技术才能较好的得出检测结论,而对于许多非专业人员而言则较为困难。通过对波形信号和频谱信号进行处理成图,就可直观地反映出检测对象的情况,其尺寸、大小、缺陷位置等都一目了然,因此,数字成像技术对于工程检测是非常重要的组成部分。

数字成像包括的范围较广,此处简单介绍弹性波在工程检测方面的数字成像基本原理。如图 2-24 所示,沿测试对象表面依次激发信号,信号在无缺陷的位置直达底板并反射回来,而信号在遇到空洞等疏松介质时则提前反射回来,通过将测试的信号进行拾取,使用软件滤波、信号增幅等处理,再根据信号的强弱、相位,用彩色或者浓淡(灰度)进行表示,即可将原始的波形图通过图像(图 2-25)的方式表达出来。

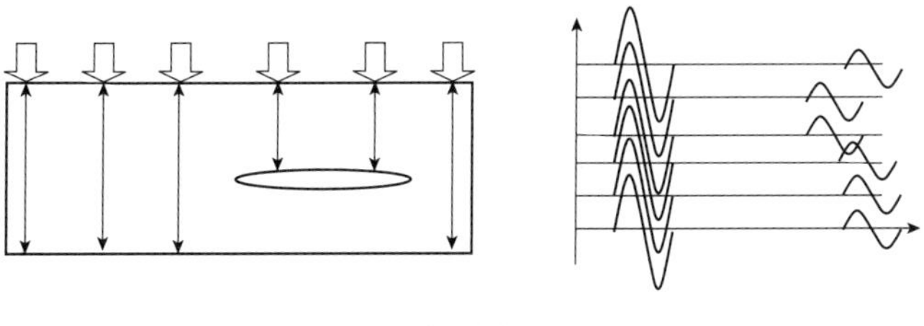

图 2-24 弹性波扫描示意图

除了时域的成像外,对测试信号进行频谱分析(FFT 或者 MEM)后,以时间作为横坐标,以振幅或者功率作为纵坐标进行画图,也可以将信号转换后的频域进行成图表示。

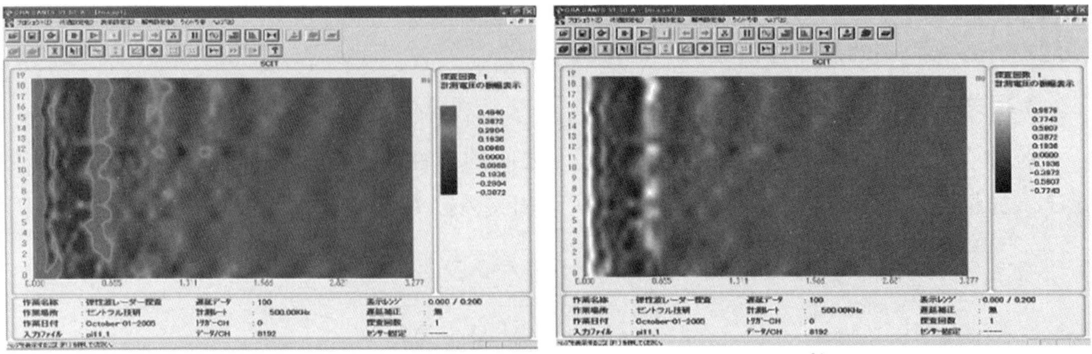

a)　　　　　　　　　　　　　　　　b)

图 2-25　弹性波扫描成像

四、弹性波计算机断层扫描(CT)

计算机断层扫描(Computer Tomography,简写 CT)是计算机与 X 射线检查技术相结合的产物,通过不断地发展,其应用领域也从单纯的医疗领域拓展到工业、土木检测等行业。

在工业、结构领域中,除了 X 射线以外,超声波、弹性波也可被用作检测媒介。与 X 射线相比,超声波或者弹性波的直进性差,信号接收的稳定性也更差。因此,在超声波、弹性波 CT 中,虽然也可以用其衰减特性(与 X 射线类似),但更多地利用其波速特性。

在工程检测中,若测试领域中存在软弱区域或者缺陷时,该区域中传播的弹性波波速会降低。因此,利用计算机层析技术反算出测试范围的波速,即可检测结构内部缺陷,如图 2-26 所示。实际计算时,一般采用近似方法求各波线的波速,其中,最常用的方法是拟投影法(Back Projection Technique,简称 BPT 法)。

令波线的数目为 N,单元的数目为 M。如图 2-27 所示,将测试对象分成若干小块(网格),目的是要求出每个网格内的波速。

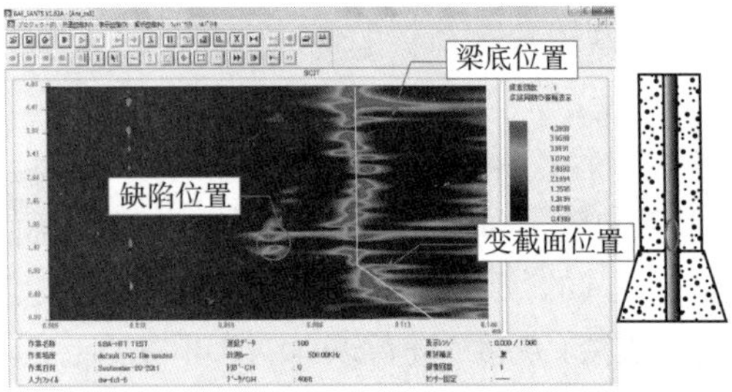

图 2-26　某桥梁腹板频域成像图(MEM 分析)

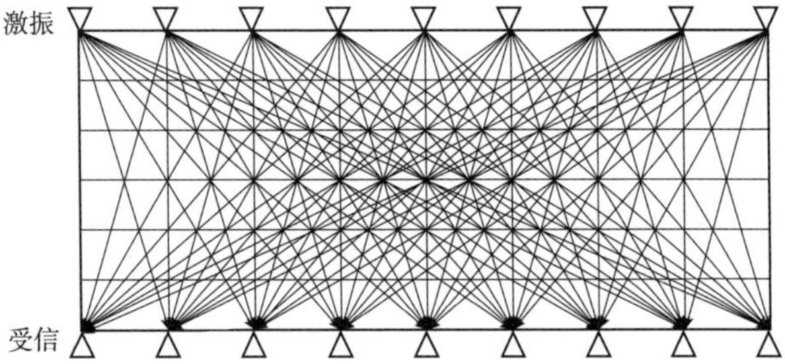

图 2-27　BPT 法的概念

BPT 法的目的就是将各波线的平均速度分配到各个网格中。通常,还需要进行残差处理(如同时迭代重构法:Simultaneous Iterative Reconstruction Technique,简称 SIRT;或最小二乘迭代法:Iterative Least Square Technique,简称 ILST)。如图 2-28、图 2-29 所示是一弹性波 CT 的验证实例。

此外,弹性波波速 CT 中需要注意事项如下:

(1)尽管能够找出内部缺陷,但其数值往往较实际值有偏大的倾向。

(2)如果由于测试条件所限,不能 360°全断面观测,则对平行于测线的缺陷的分辨力会大幅降低。

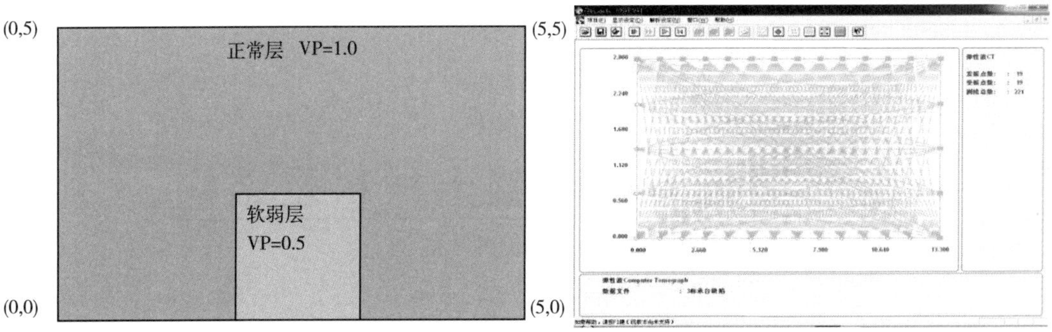

图 2-28　验证用模型及测线网格(中间为一软弱层)

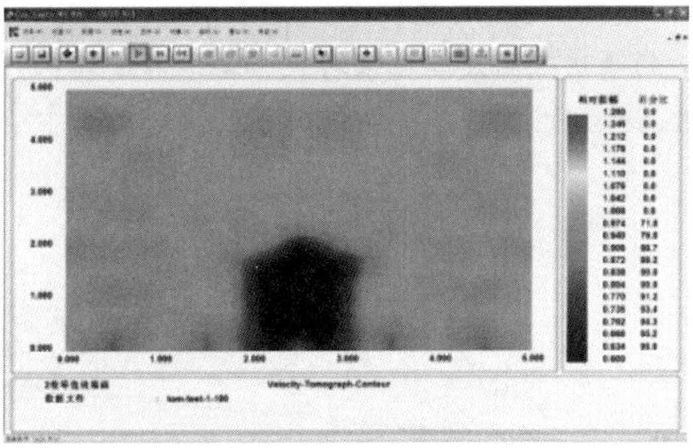

图 2-29　CT 结果(波速)

习　　题

2-1　无损检测的方法有哪些？其原理是什么？

2-2　什么是振动？什么是波动？它们之间有什么关系？

2-3　什么是传感器？传感器的常见分类有哪些？怎么判定传感器的性能？

2-4　噪声信号的来源是什么？降噪的方法有哪些？

2-5　弹性波数字成像的基本原理是什么？

第三章　混凝土材料及结构

学习指南

本章主要介绍混凝土强度、混凝土结构厚度、混凝土缺陷、混凝土裂缝、钢筋布置等多种检测手段的测试原理、检测方法的适用范围及其技术特点。在学习过程中，需要了解常用的测试媒介及其工程应用，掌握超声波、弹性波、雷达法等在混凝土结构材质检测中的技术原理及应用特点。

第一节　混凝土强度检测

一、混凝土强度的概念

以水泥、砂、石、水及外掺料、外加剂组成的实体或试块受外力作用时，其本身会产生对外的抵抗力。这个单位面积上的抵抗力，称混凝土强度。

强度基本单位是帕（Pa，1Pa = 1N/m^2），常用单位是兆帕（MPa，1MPa = 1N/mm^2）。

二、混凝土强度的种类

混凝土强度可分为抗压、抗弯（抗折）、抗拉、抗扭、抗劈裂强度等，其中以抗压与抗拉、抗弯为工程上最常用的强度。如桥梁墩柱抗压强度、水泥混凝土路面的抗折强度。

三、混凝土强度检测的意义

混凝土强度反映了混凝土的力学性质，也是混凝土结构评价的主要技术指标。混凝土强度反映了混凝土承受外力大小的能力，反映了混凝土结构本身抵御外压力的能力，如 C50 混凝土，即混凝土抵御外压力的强度为 50MPa，换句话讲，在 1m^2 的混凝土上面，1250 辆自重 4t 的东风 140 型卡车垂直叠放，混凝土不会被压碎。所以说，对混凝土强度的检测，即是对混凝土抵抗外力能力的评价。

图 3-1　混凝土标准试件

四、混凝土强度检测方法

（1）试件法。以抗压强度为例，将混凝土做成标准试件（150mm×150mm×150mm），如图 3-1 所示，以 3 个试件为一组。养护至规定天数（7d 或 28d），在标准试验条件下，加压至试块破坏（图 3-2），测试混凝土强度的方法，又称为抗压试验标准方法。

特点：判定基本依据准确，形成评价体系。缺点：

养护时间长，依赖真实性和代表性。

(2)回弹法。使用回弹仪在混凝土表面测试回弹值，如图 3-3 所示，对回弹值进行数理统计和量化碳化深度、测试工作面和回弹角度等数据处理后，根据全国或地区混凝土回弹-混凝土强度表格查出相对应的回弹强度。回弹法是结构外表强度检测常用方法，其操作方法见《回弹法检测混凝土抗压强度技术规程》(JGJ/T 23—2011)。

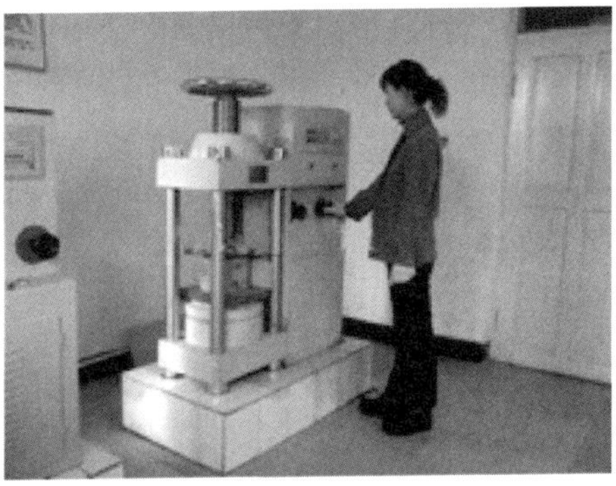

图 3-2　混凝土强度测试

图 3-3　回弹仪测混凝土强度

特点：方便、快捷、成本低，对结构无损伤。缺点：精度、可靠性低，仅为 83%左右，仅能评价表面混凝土强度，不宜作为结构评价的依据。

(3)超声波-回弹综合法。使用超声波波速、声时数据+回弹数据对混凝土强度进行评定的方法(图 3-4)。

特点：能探测到混凝土较深的强度。缺点：成本高、费用大，工作量大，一般不常用。

(4)钻芯法。使用取芯机在混凝土中取样，钻芯用水泥补平、修整后放到压力机下测试混凝土受破坏时强度(图 3-5)，称为圆柱强度，然后根据其数据经高度修正，换算成立方体混凝土强度。

(5)其他方法。如拉拔法，拉出埋入混凝土中钢筋，通过拉拔力推算混凝土强度方法(图 3-6)。

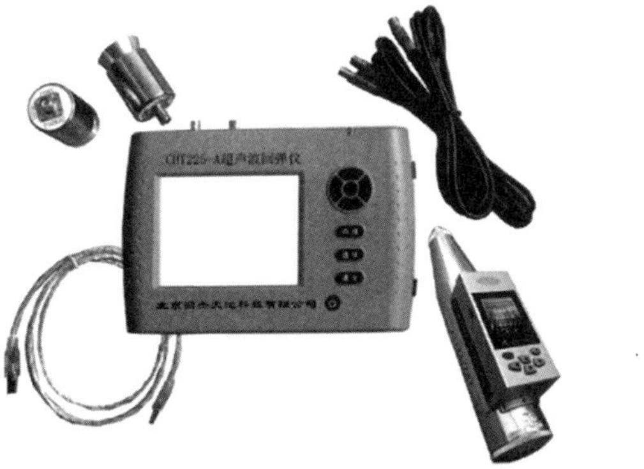

图 3-4　超声回弹法仪器

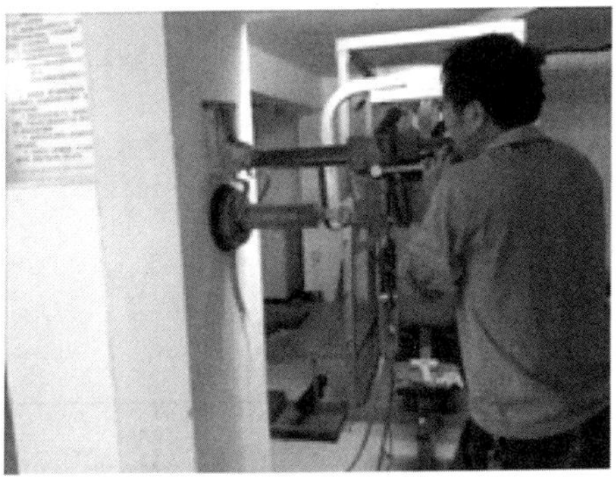

图 3-5　钻芯法取芯

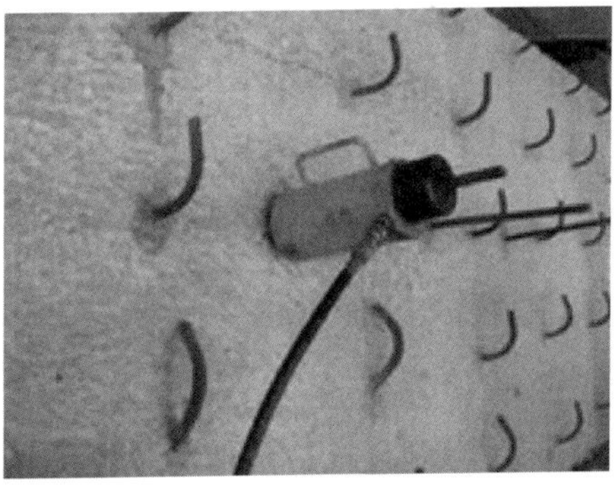

图 3-6　拉拔法测强度

五、混凝土强度代表值计算与评价

1.混凝土强度评定程序

根据现行的混凝土强度检验相关标准，混凝土强度评定应分批进行。一个检验批的混凝土应由强度等级相同、试验龄期相同、生产工艺条件和配合比基本相同的混凝土试块组成。混凝土试块分为工地现场留样试块和试验室留样试块两种，两种试块以工地留样试块作为强度代表。

工地或试验室通常将混凝土留样试块分组，《混凝土检验评定标准》(GB/T 50107—2010)规定3个试块为一组，它是构件强度评价的最小单元。一组混凝土试块，试验得出3个混凝土强度数据，由于混凝土材料的不均匀性，数值不会一样，因而有最大值、中间值和最小值，评定组试块的代表值有以下述3种情况：

(1)最大值、最小值与中间值之差都小于中间值的15%，以3个值的平均值为一组混凝土强度的代表值。

(2)最大值、最小值与中间值之差仅一个值小于中间值的15%，以中间值为一组混凝土强度的代表值。

(3)最大值、最小值与中间值之差都大于中间值的15%，该组试件无效。

混凝土组代表值确定后，即进行混凝土检验批评定(大批量或小批量评定)。

2.对大批量混凝土强度应按统计方法进行评定

大批量(通常批量混凝土试块组数大于10)混凝土强度使用统计方法，以下列公式计算：

(1)混凝土强度组平均值≥混凝土强度设计值+合格评定系数1×混凝土试块组标准差。

(2)混凝土强度组最小值≥混凝土强度设计值×合格评定系数2×混凝土试块组标准差。

(3)混凝土强度组合格系数1、2按表3-1选用。

统计方法评定混凝土强度合格系数 表3-1

试件组数	10~14	15~19	≥20
合格系数1	1.15	1.05	0.95
合格系数2	0.9	0.85	

3.对小批量应按规非统计方法评定

小批量(指批量混凝土试块组数小于10)或零星生产混凝土的强度使用非统计方法，以下列公式计算：

(1)混凝土强度组平均值≥混凝土强度设计值×合格评定系数3。

(2)混凝土强度组最小值≥混凝土强度设计值×合格评定系数4。

(3)混凝土强度组合格系数3、4按表3-2选用。

非统计方法评定混凝土强度合格系数 表3-2

混凝土强度等级	≤C60	≥C60
合格系数3	1.15	1.10
合格系数4	0.95	

六、混凝土强度评定工程案例

【工程案例 3-1】 某大桥下构系梁使用同一批混凝土工地留样两组，28d 养护到期后放置 2000 型压力机下试压，一组试块强度值为 41.8MPa、43.2MPa 和 42.5MPa，另一组试块强度值为 41.1MPa、42.7MPa 和 49.6MPa，请确定这两组混凝土的代表值。

解 第一组混凝土：最大值、最小值与中值差都没有超过中值的 15%，取 3 个值的平均值作为该组代表值：即（41.8+43.6+42.5）÷3＝42.6MPa。

第二组混凝土：最大值、最小值与中值差，仅最大值超过中值的 15%，即（49.6－42.7）÷42.7×100%＝16.2%，因此，按评定规则，取中间值 42.7MPa 作该组代表值。

【工程案例 3-2】 某市北四环绕城高速公路某标做桥梁墩柱（表 3-3），设计混凝土强度为 C40，为保证墩柱混凝土质量，使用不同外加减水剂、不同施工工艺和时间，首件制作前打了 4 个试验墩，其中 4 号墩柱混凝土强度评定采用回弹法测试，在高 2m、直径 1.6m 试验墩柱上测试了 10 个回弹区，每个区 16 个回弹值，共 160 个回弹值，试求 4 号试验墩柱回弹强度推定值。

结构或构件试样混凝土强度检测报告 表 3-3

试验室名称：某标段某工地试验室 编号：S8-016-BG-□□□-□□□□

工程部位/用途	北四环线某标段立交桥试验墩	委托/任务编号	—
试验依据	JGJ/T 23—2011	构件编号	—
测面描述	光洁、干净、干燥	构件名称	左幅 11-4 墩柱
试验条件	天气：火烧云 温度：39℃	试验日期	2016.8.20
主要仪器设备及编号	回弹仪（BSH3—69）		
主钢筋间距			

项目 \ 测区号		1	2	3	4	5	6	7	8	9	10
回弹值 N	测区平均值	43.2	43.6	42.6	42.8	43.4	43.6	42.8	43.0	44.0	44.2
	角度修正值	0	0	0	0	0	0	0	0	0	0
	角度修正后	43.2	43.6	42.6	42.8	43.4	43.6	42.8	43.0	44.0	44.2
	浇筑面修正值	0	0	0	0	0	0	0	0	0	0
	浇筑面修正后	43.2	43.6	42.6	42.8	43.4	43.6	42.8	43.0	44.0	44.2
碳化深度值 L（mm）		0	0	0	0	0	0	0	0	0	0
测区强度值（MPa）		48.5	49.4	47.2	47.6	49.0	49.4	47.6	48.1	50.4	50.8
泵送修正		53.5	54.4	52.2	52.6	54.0	54.4	52.6	53.1	55.4	55.8

强度计算（MPa） $m_{f^c_{cu}}=53.8$ $s_{f^c_{cu}}=1.217$	测区<10 时，$f_{cu,e}=f^c_{cu,min}$		测区≥10 时，$f_{cu,e}=m_{f^c_{cu}}-1.645s_{f^c_{cu}}$	
强度推定值（MPa）	$f_{cu,e}=51.8$			
使用测区强度换算表名称	规程	地区	专用	备注
	JGJ/T 23—2011			
结论：经检测该构件 16d，强度推定值 51.8MPa				

解 根据《回弹法检测混凝土抗压强度技术规程》(JGJ/T 23—2011),去掉每个测区中的3个最大值与3个最小值,对剩余10个值取平均值。经角度修正、浇筑面修正、碳化深度修正后查测区混凝土强度换算表,相关指数符合如下公式:

$$m_{f_{cu}^c}=\frac{\sum_{i=1}^{n}f_{cu,i}^c}{n}=53.8 \tag{3-1}$$

式中:$m_{f_{cu}^c}$——测区混凝土强度换算值的平均值;

$f_{cu,i}^c$——第 i 个测区的混凝土强度换算值;

n——测区数,测点数,立方体试件数,芯样试件数。

$$s_{f_{cu}^c}=\sqrt{\frac{\sum_{i=1}^{n}(f_{cu,i}^c)^2-n\,(m_{f_{cu}^c})^2}{n-1}}=1.217 \tag{3-2}$$

式中:$s_{f_{cu}^c}$——构件测区混凝土强度换算值的标准差。

当结构或构件测区数不少于10个或按批量检测时:

$$f_{cu,e}=m_{f_{cu}^c}-1.645s_{f_{cu}^c}=53.8-1.645\times1.217=51.8 \tag{3-3}$$

式中:$f_{cu,e}$——构件混凝土强度推定值。

【工程案例3-3】 某市绕城南四环高速公路混凝土搅拌站连续生产一批C30水下桩基础混凝土,灌注16号墩桩基础,混凝土留样组强度见表3-4。

南四环高速公路7-1标16号墩桩基础留样混凝土强度 表3-4

混凝土组数	1	2	3	4	5	6	7	8	9
组强度(MPa)	31.5	32.6	33.2	32.8	36.1	33.4	32.8	35.8	31.6

请对该桩桩基混凝土强度进行评定。

解 该组混凝土强度为9个,小于10组,应采用非统计方法计算。

经计算,最小值为31.5MPa,平均值为33.3MPa,查表3-2,合格系数3为1.15,混凝土强度组平均值≥混凝土强度设计值×合格评定系数3。

即:混凝土强度设计值×合格评定系数3=30×1.15=34.5

由于混凝土组强度平均值=33.3MPa<34.5MPa,据此判断该桩基水下C30混凝土留样强度不合格。

第二节 混凝土结构厚度检测

一、冲击弹性波法

冲击弹性波是指通过人工锤击、电磁激振等物理方式,诱发弹性结构表面产生弹性变形所产生的弹性波。

1.基本原理

在结构表面激发冲击弹性波,通过测试其在结构底部反射的时间 T 和材料的冲击弹性波波速 V_c,可测试结构的厚度 H。即

$$H = V_c \cdot \frac{T}{2} \tag{3-4}$$

根据尺寸的大小、激振波长和能量的强弱，又可以分为单一反射法和重复反射法（冲击回波法）。

2.单一反射法

当测试对象较厚，激振信号与反射信号能够分离时，可以直接得到反射时间 T，如图 3-7 所示。

该方法的关键在于从测试信号中识别并抽出反射信号。此外，为了进一步提高对反射时间 T 的提取精度，以及同定波速 V_c，还可以采用 CDP 重合法、TAR（真振幅回归）等方法（可参考相关书籍）。

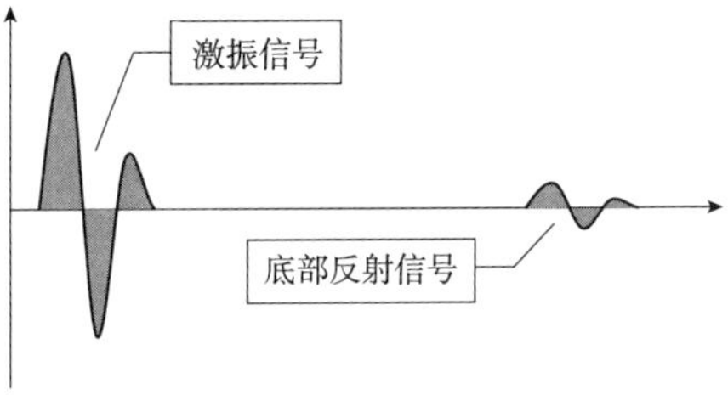

图 3-7 单一反射法的测试概念

3.重复反射法（冲击回波法）

当测试对象较薄，激振信号与反射信号不能很好分离时，通过频谱分析的方法可以算出一次反射的时间（即周期），据此即可测出对象的厚度。该方法也称 IE 法（冲击回波法），其关键在于：

（1）频谱分析，求取反射的周期（为频率的倒数）。

（2）从周围噪声、激振的残留信号中对有效信号的分离。

（3）激振方式、传感器及固定方式的合理选择。

需要注意的是，在采用 IE 法测试得到的频谱中，可能包含多个频谱成分：

（1）底部反射成分（目标成分）。

（2）激振引起的自由振动成分。

（3）传感器的共振成分。

（4）薄板结构的振动成分。

其中，薄板结构的振动成分是需要尽力避免。底部反射成分、激振引起的自由振动成分和传感器的振动成分的频率相近时，会合成一个频谱，此时最为理想。而激振引起的自由振动成分和传感器的共振成分相近时，会引起明显的伪峰。因此，选用合适的激振方式、传感器及固定方式都是非常重要的，如图 3-8 所示。

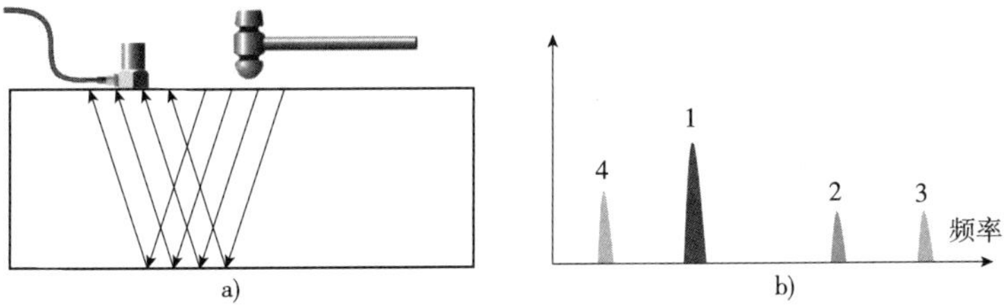

图 3-8 冲击回波法（重复反射法）的测试概念

1-底部反射成分（目标成分）；2-激振引起的自由振动成分；3-传感器的共振成分；4-薄板结构的振动成分

4.波速的选取

无论是单一反射法还是重复反射（冲击回波）法，测试厚度时波速 V_c 均为重要的参数。V_c 的获取方法一般有以下两种，即在同样的条件下标定和采用其他方法（如单面传播法、双面透过法）测试获取。

如令单面传播法测试得到的波速为 C_p，则 V_c 和 C_p 间存在以下关系：

$$V_c=\beta \cdot C_p \tag{3-5}$$

其中，β 称为几何形状系数，与测试的位置、激振的波长、结构横截面的厚宽比 η 等均有关系。关于 β 的取值，最好通过试验确定，或参考如下方法取值：

（1）对于单一反射法，β 接近于 1。如大体积混凝土，可取 1.02，而基桩等线性结构，可取 0.96～0.98。

（2）对于重复反射法（IE 法），当厚宽比小于 0.5 或者大于 2，即薄板或者桩柱类结构时，β 可取 0.96。同时，根据试验发现，测点的位置对 β 值也有一定影响，β 约为 0.96。当厚宽比 η 在 0.5～2 之间时，β 有降低的趋势，最低值被认为可到 0.80 附近。

5.主要特点

基于冲击弹性波（冲击回波）的测试技术具有如下特点：

（1）可单面测试。与楼板厚度测试仪需要在楼板的上下两面对测相比，该方法可在一个作业面上进行测试。不仅提高了测试效率，而且可适用于隧道、基础、底板等各类结构。

（2）测试范围广。采用不同的激振波长和方法（单一反射法或 IE 法），可测试从数厘米到数米的厚度。

（3）测试稳定性较好。影响测试稳定性和精度的重要因素之一为波速。相比电磁波在混凝土中的波速，冲击弹性波的波速变化要小得多，从而有利于提高测试的精度和稳定性。

（4）易于获取波速参数。既可以利用已知厚度的地点对波速标定，也可以结合设备中对波速的测试方法现场测试波速，而无须钻孔取芯。

二、雷达法

雷达是由主机、天线和数据采集系统等几部分组成。根据电磁波在有耗介质中的传播特性，发射天线向混凝土结构发射高频脉冲电磁波（1MHz～2GHz）。电磁波在其中传播时，其传播路径、电磁场强度和波形将随所通过介质的电磁属性和几何形态的变化而变化，雷达主机将对此部分的反射波进行适时接收，根据测定的电磁波在各结构层中的双程传播时间 t 和计算得到的速度 v，由下列公式求出混凝土各结构层厚度 H：

$$v=\frac{c}{\sqrt{\varepsilon_r}} \tag{3-6}$$

$$H=\frac{1}{2}vt \tag{3-7}$$

式中：c——电磁波在真空中的传播速度，$c=0.3\text{m/ns}$；

ε_r——各结构层相对介电常数；

v——电磁波在各结构层中的传播速度。

1.相对介电常数的确定

介电常数取值的正确性对层厚的测试很重要，可通过如下方法确定混凝土材料的相对电常数。

（1）试验确定混凝土材料相对介电常数。制作一系列不同厚度的混凝土构件，根据不同厚度 H 和试验得到的电磁波双程传播时间 t，利用式（3-8）即可求得不同厚度混凝土的相对介电常数：

$$\varepsilon_r = \frac{c^2}{v^2} = \frac{c^2 t^2}{4H^2} \tag{3-8}$$

通过多组 H 值及其对应的 t 值，即可得到每次混凝土材料相对介电常数随含水率的变化而变化的定性规律。

（2）实际工程中，可通过取芯法得到混凝土芯样高度 H 和电磁波双程传播时间 t 的关系，利用式（3-8）即可求得混凝土材料相对介电常数。

（3）另外，也可将天线放在与被测混凝土结构表面和钢板表面相同距离位置上，通过测试得到两种结构单道波形图首波幅值，利用 MilardSG 提出的估算公式得到材料的 ε_r。表 3-5 给出了常见材料的相对介电常数 ε_r 和电磁波波速值 v。

常见材料的电磁属性 表 3-5

材料	ε_r	v(m/ns)	材料	ε_r	v(m/ns)
空气	1	0.30	湿砂	25~30	0.055~0.06
水	81	0.033	PVC	3~5	0.13~0.17
铁	300	—	沥青	3~5	0.13~0.17
冰	3~4	0.15~0.17	干混凝土	4~10	0.09~0.15
干砂	3~5	0.13~0.17	湿混凝土	10~20	0.07~0.09

2.传播速度的确定

根据得到的 ε_r，利用式（3-6）即可求得雷达波传播速度。混凝土经过一段养护时间后，电磁波在混凝土中传播速度趋向定值。

3.数据采集及结果分析

如图 3-9 所示为模拟连续的混凝土结构，将试件设计成阶梯形，共 4 节，每节长 0.5m，总长 2.0m，各节厚度分别为 100mm、150mm、200mm 和 400mm。构件每节底部紧贴构件下表面布置一根直径小于 10mm 的钢筋，构件顶部紧贴上表面埋入一根直径小于 4mm 钢筋。

图 3-9 试件布置图

试验采用 RIS22K 型高精度探地雷达，配置 1600MHz 天线进行测试。RIS 雷达系统用屏蔽电缆连接，抗干扰能力强，适用于多种复杂工程；其基于 Windows 界面的软件操作简便。现已广泛应用于建筑工程检测的各个领域。雷达法测试构件，平行长边方向共布置 7 道测线，最外边测线距构件外边沿 100mm，各测线间距 50mm，并依次编号。如图 3-10 所示为数据经数字滤波、背景去除、反褶积、增益恢复、时差校正和偏移等处理后得到的雷达灰度剖面图，图中横向实线表示混凝土结构层与空气分层面。

从图 3-10 可得，混凝土结构层与空气分层效果较好，根据分层面可得电磁波在混凝土中的双程传播时间 t；试验取混凝土相对介电常数为 9，利用式（3-6）计算出的雷达波传播速度为

0.1m/ns;利用式(3-7)即可求得混凝土结构各厚度。表3-6给出了不同混凝土厚度测试结果。

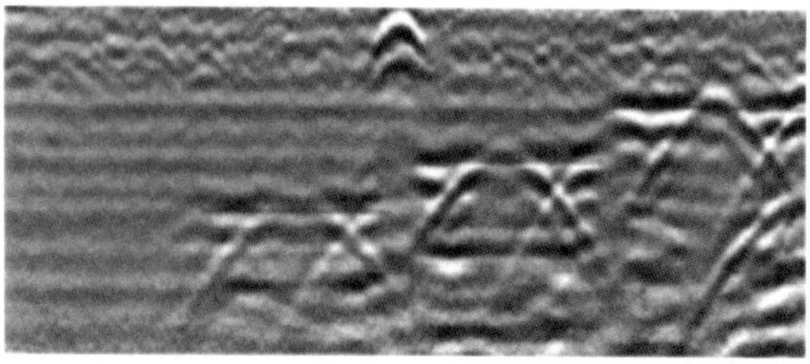

图3-10 试件雷达灰度剖面图

试件混凝土厚度计算结果 表3-6

测试位置	实际厚度(mm)	测试厚度(mm)	误差值(mm)	误差(%)
1	100	100	0	0.0
2	150	160	10	6.7
3	200	210	10	5.0
4	400	无法检测	—	—

由表3-6可见,在小于400mm的厚度探测中,雷达方法的精度较高,最大误差6.7%。受天线垂直分辨率的限制,随探测深度的增加,测试难度增大。厚度为400mm的混凝土厚度测试效果不理想。

三、电磁诱导法

对于具有两个工作面的结构(如楼板等),且厚度不太厚、钢筋不太密集的板形构件,采用相关的楼板厚度仪检测比较理想,如图3-11所示。

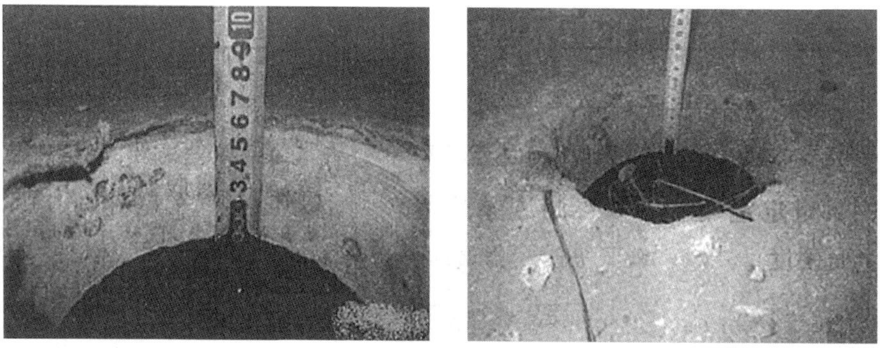

a) b)

图3-11 楼板厚度钻孔验证情景(设计值均在10cm以上,而实际值仅有5~7cm)

利用楼板厚度仪对楼板厚度进行测试,采用的是电磁波幅值衰减的原理。检测时,发射探头发射出稳定的交变电磁场,根据电磁理论,传播距离越远,则电磁场的强度衰减越大。通过与主机相连的接收探头接收电磁场,并根据接收探头接收到的电磁场强度来测量楼板的厚度。

一般情况,测量时发射探头放置于被测楼板的底面,并使其表面与楼板贴紧;接收探头置于被测楼板顶面,如图3-12所示。接收探头在发射探头对应的位置附近移动,寻找当前电磁场强度值最小的位置,楼板厚度值即是探头移动过程中电磁场强度最小时的位置厚度。

目前，主流的楼板测厚仪一般由主机、发射探头、接收探头、信号传输电缆等组成。配件主要包括对讲机、加长杆、充电器等。电磁场强度与板厚的关系一般通过设备厂商的事先标定得到。

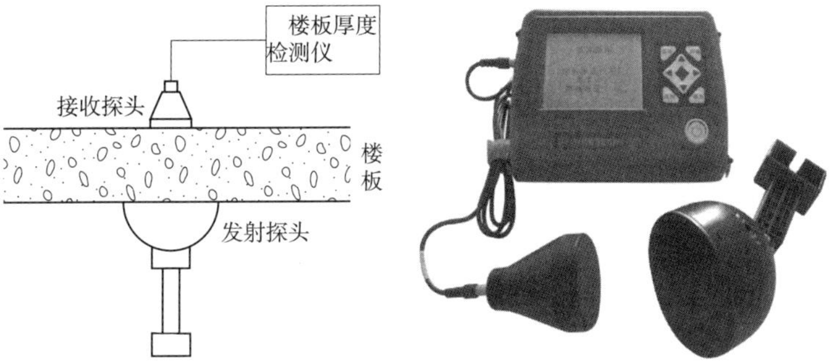

a)　　b)

图 3-12　楼板厚度仪测试原理及设备

目前，楼板测厚仪的测试厚度范围在一般为 50~300mm，可满足绝大部分楼板的检测。

在测试过程中，首先将发射探头紧贴于楼板底部预先布置的测点位置。接收探头放置于楼板顶面，需要注意，接收探头必须位于发射探头上方接收范围内。移动接收探头并进行扫描，使屏幕上厚度值逐渐减小，一直找到电磁场强度最小的位置，则该位置正好位于发射探头正上方，显示的厚度值即为该测点的楼板厚度，如图 3-13 所示。

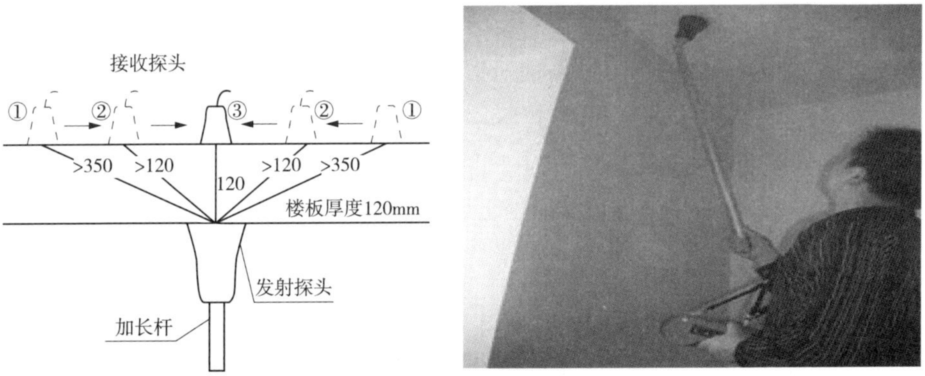

a)　　b)

图 3-13　楼板厚度检测概念及情景

由于楼板厚度仪测试厚度是以电磁场衰减作为厚度的基本参数，因此该方法受电场、磁场的影响很大，主要包括输电线以及钢筋等介质。其中，钢筋的影响包括：

(1) 当有平行钢筋位于发射探头上方时，钢筋距离与发射探头越近，影响越大(测试值偏大)。

(2) 当发射、接收探头连线上有竖直钢筋时，影响很大，测试值明显偏小。

因此，在楼板厚度测试中，应尽量避免箍筋对厚度测试的影响。当发现某测点测值异常时，应更换测点位置。

第三节　混凝土缺陷检测

混凝土结构中，由于外部环境以及内部环境等多种原因，会出现各种缺陷，缺陷的主要表现形式如表面的蜂窝、龟裂、裂缝和脱空，内部的空洞、不密实等(图 3-14)。这些缺陷将不同程度地影响结构的承载力和耐久性。

目前,对混凝土各种缺陷的测试方法比较多,从测试媒介来划分,主要有超声波、冲击弹性波和微波(雷达),从测试面来看,则有单面测试、双面测试(包括跨孔)。此外,从测试结果的成像方式来看,有连续扫描、CT 等方式。根据测试对象的具体情况,采用最优方法和组合方法是有必要的。

a)蜂窝麻面　　b)缝裂

图 3-14　混凝土的典型缺陷

一、混凝土脱空检测

1.混凝土脱空检测概述

脱空,一般是指在结构中或者结构面间产生了缝隙。产生缝隙后,使得结构受力时中断应力传递,降低了结构的承载力,从而可能给结构带来严重的危害。

(1)根据脱空面在结构中的位置,一般可以将脱空分为以下几类:

①表层脱空。脱空位置深度小于 2cm,如钢管混凝土、压力钢管等。

②浅层脱空。脱空的位置深度在 2~10cm 范围内,主要包括钢筋混凝土的剥离以及隧道一、二衬之间的脱空。

③深层脱空。脱空的位置深度大于 10cm,主要包括高铁轨道板、混凝土面板以及部分隧道衬砌。

(2)此外,根据产生脱空位置的材料,又可分为以下两种:

①同质材质(或阻抗相近)脱空。如同种材质的混凝土衬砌内剥离,一、二衬之间的脱空等,以及阻抗相近的隧道衬砌与坚硬岩体脱空,由于围岩的阻抗与混凝土相近,因此也可以认为是同质材料的脱空。

②异质材料间脱空。主要包括混凝土衬砌与软弱围岩地基之间、高铁轨道板与沥青砂浆之间、钢管与内部混凝土之间、面板与坝体之间的脱空等。

(3)一般情况下,当脱空位置及类型不相同时,采用的检测方法的差异也较大。脱空面对测试信号的影响主要体现在:

①脱空产生后,脱空面的刚性有很大的降低,对检测媒介有明显的阻断和反射作用。

②结构产生脱空后,其约束降低,自由度也会增加。

2.脱空检测原理及方法

为了对结构脱空进行更精准的检测,可以根据结构的实际情况选择以下合适的方法:

(1)振动法(包括打声法)。主要通过测试结构边界反映边界约束的变化。

(2)IE(回波法)/EWR(弹性波雷达)。主要测试结构机械阻抗的变化。

(3)CT(弹性波计算机断层扫描)。主要测试材质的变化。

不同结构的脱空,根据脱空的类型不同,选择测试的方法也有差异,见表3-7。

结构脱空检测方法一览表 表3-7

检测方法	同种材质脱空			异质材质脱空		
	表层	浅层	深层	表层	浅层	深层
振动法	◎	△/○②	×/△②	◎	△/○②	×/△②
IE/EWR	○	◎	◎/○	○/×	◎/×	○/×
CT①	○/×	○/×	○/×	△/×	△/×	△/×

注:◎表示非常适合;○表示适合;△表示基本适合;×表示不适合。

①CT检测条件:至少具有两个可测面,且测点间最小距离需大于0.8m。

②激振锤质量越大,检测深度越大。

3.振动法

对混凝土结构物表面进行敲击时,能够引起结构表面振动。即可导致结构表面压缩/拉伸空气形成声波。因此,可以将传感器固定于结构表面,采集结构表面经过诱导的振动信号称为振动法,也可以利用工业拾音器(麦克风)拾取该声波信号,即打声法或声振法。

通常,敲击脱空部位时,结构的振动特性会发生以下变化(图3-15):

①结构表面的弯曲刚度显著降低,卓越周期增长。

②结构表面的弹性波能量逸散速度变缓,振动的持续时间变长。

这两个特性与激振力度无关。另一方面,剥离会导致结构表面阻抗特性变化,也就是说,剥离产生后,结构表面参与振动的质点减少,在同样的激振力下,会使产生的加速度增加,如图3-15所示。

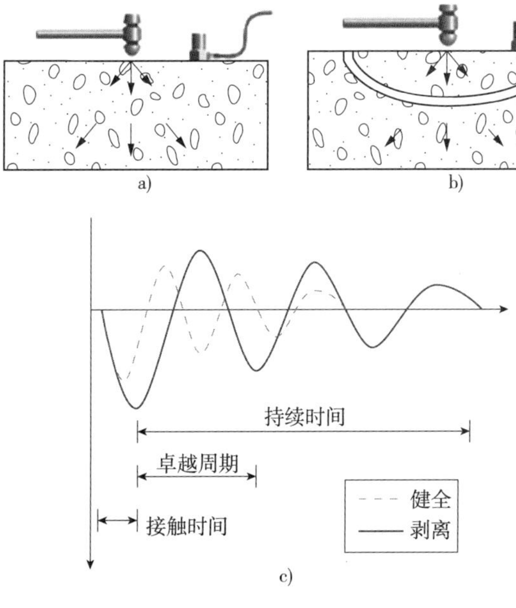

图3-15 剥离/脱空时振动参数的变化特点

因此,对激振力度进行归一后,加速度参数也可作为分析结构脱空的重要参数。

上述指标(卓越周期、持续时间和最大加速度)在脱空测试中的特点见表3-8。

剥离/脱空测试各参数的比较

表 3-8

项目	持续时间	卓越周期	最大加速度
有剥离时	增大	增大	增大
特征	对边界条件敏感	对厚度敏感	
优点	与激振力度基本无关	对表层剥离敏感	
缺点	受材质、边界条件影响较大	需要进行归一化处理	
适用结构	四周剥离，见图 3-16a）	大范围剥离，见图 3-16b）	四周剥离，见图 3-16a）

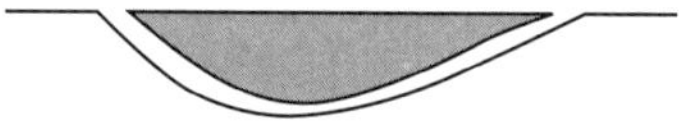

a)周围剥离

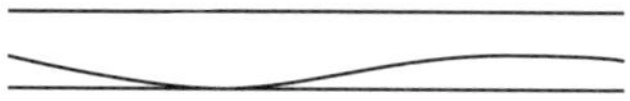

b)大范围剥离

图 3-16　剥离的形状和规模

通过脱空的范围、厚度等参数，为了便于说明，假定脱空区域为简支圆板模型（图 3-17），则卓越频率 f_k 可通过下式计算：

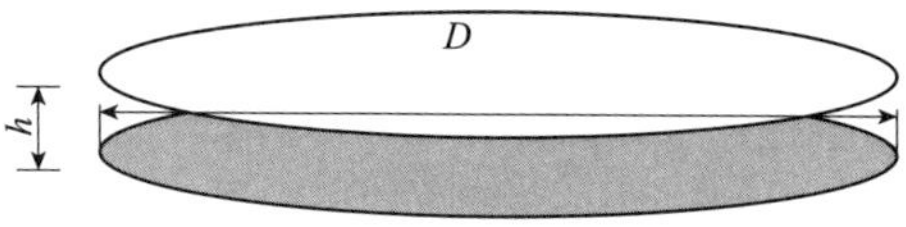

图 3-17　脱空的圆板模型

$$f_k=\frac{h}{2\pi D^2}\cdot R_k^2\sqrt{\frac{E}{3\rho(1-\mu^2)}} \tag{3-9}$$

式中：R_k 表示各模态的特征值。不同的模态可由不同的激振锤诱发，诱导产生的卓越频率会发生很大的变化。通常，质量小的激振锤诱导产生高阶模态，而质量大的激振锤则相反。对于深的脱空，应当采用较大的激振锤。通常，卓越频率与脱空的厚度及脱空面积相关，即脱空越厚则卓越频率越高、脱空面积越大则卓越频率越低。

利用振动法测试结构脱空时，分析相关的参数较多（如卓越周期、持续时间等），而且没有评价的绝对阈值。为了更准确地分析则采用归一化处理各相关参数，把脱空指数作为评价结构脱空情况的统一指标，即 i 点的脱空指数 S_i 定义如下：

$$S_i=\frac{T_{1i}}{\overline{T_1}}\cdot\frac{T_{2i}}{\overline{T_2}}\cdot\cdots\cdot\frac{T_{Ni}}{\overline{T_N}} \tag{3-10}$$

其中，第 k 个参数 T_k，上划线表示均值。通常，脱空指数与脱空的可能性的大小成正比。

4.冲击回波法（IE）与弹性波雷达（EWR）

与振动法的测试过程基本相同，沿测试结构对象表面测线方向依次激发弹性波信号（图 3-18），当遇到内部缺陷（如空洞、脱空面等）时会产生反射。通过分析处理抽取到的反射信号，即得到脱空的有无及深度位置。

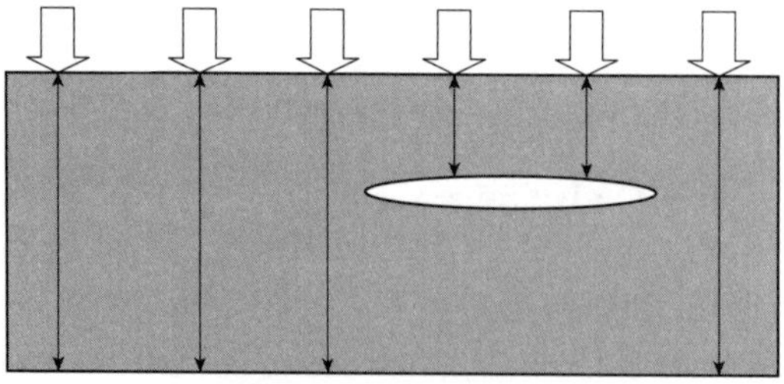

图 3-18　EWR 测试的概念

当被测结构出现完全脱空时，激发的弹性波遇到该界面时，其反射率为：

$$R=\frac{|z_1-z_2|}{z_1+z_2} \tag{3-11}$$

式中，z_1 为被测结构中的机械阻抗，z_2 为脱空位置的机械阻抗。当脱空位置上下面脱离，且面积较大时，$z_2/z_1 \approx 0$。因此，有 $R \approx 1$，即激发的信号被完全反射。

当脱空上下面有一定的接触，或者脱空面积较小时，显然 $R \approx 1$。

另一方面，脱空面的材质与结构材料不同时，由于该材料表面会发生反射（固有反射 R_0），因此，当 R_0 与 R 接近时，则很难检测出脱空的位置及深度。

例如，土石材料上的混凝土板，其相关参数分别为：$\rho_1 = 2.4 \times 10^3 \text{kg/m}^3$，$\rho_2 = 2.0 \times 10^3 \text{kg/m}^3$，$v_1 = 3.5\text{km/s}$，$v_2 = 0.5\text{km/s}$，则有 $R_0 = 0.79$。

此时，通过计算，材料的反射率与脱空反射率已经十分接近，所以，检测将会比较困难。

为了提高对反射信号及反射变化的识别能力，可通过频谱处理、图像的方法进行处理。

对于被测构件厚度已知的钢管混凝土、轨道板等的脱空检测，可通过相关设置对反射位置进行焦点扫描，根据扫描图形中反射信号的强弱即可推断脱空的有无，如图 3-19 所示。

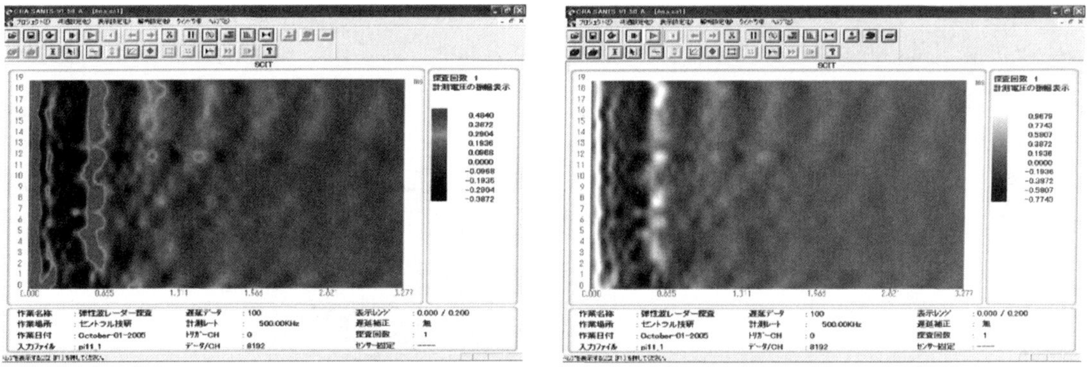

图 3-19　EWR 波形（单一反射、彩色等值线图/浓淡图）

振动法和 EWR 法的测试数据基本相同，因此对于这两个方法测试的数据可根据分析重点分别分析，通过互相校核达到提高测试精度的目的，如图 3-20 所示。

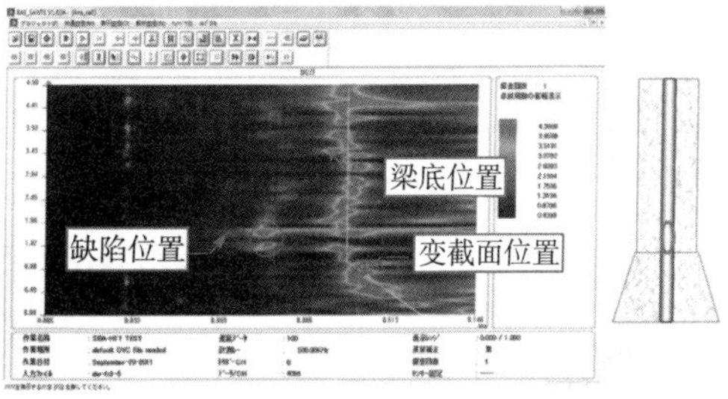

图 3-20　EWR 频谱分析（某一剖面）

5.弹性波计算机断层扫描（CT）

采用 CT 对钢管混凝土结构进行测试，是一个可行的方法，如图 3-21 所示。

当测线方向与钢管的径向相近时，激振产生的弹性波信号经过钢管的波速快于混凝土中的波速约 20%，但沿直线路径的距离较沿钢管传播的距离约少 1/3，因此最先到的弹性波信号是通过径向传播的信号。另一方面，当弹性波信号经过脱空位置时，其传播时间显然增加。

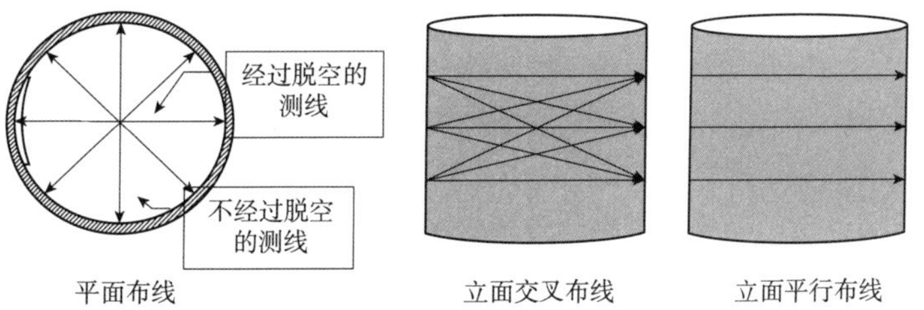

图 3-21　钢管混凝土脱空 CT 测试概念

一般情况下，测线采用平行布线时，测试效率较高。由于交叉测线的数目大于平行布线，因此交叉布线定位的精度更高。

6.雷达法

雷达法虽然对混凝土内部的脱空检测能力一般，但是当隧道衬砌顶部容易积水且面积较大时，测试效果较好。

7.综合应用实例

（1）概述

对中铁某局在广珠铁路的某桥梁的钢管混凝土结构进行脱空检测，被测试结构外径85cm，管壁厚度25mm，内部有C50混凝土的钢管混凝土。

根据研究确定，对该结构的最低处局部位置进行测试，该位置长度为20cm。采用弹性波CT和振动法的测试方法进行测试。为了提高测试效率，首先对钢管混凝土采用弹性波CT进行快速扫描测试（平测），当从测试结果中发现有低速区时，再采用更精确的振动法进行测试，以达到最优的测试效果。

（2）测试结果

测试结果表明，测试区域内存在缺陷，并且弹性波CT和振动法测试的测试结果吻合较好，见图3-22～图3-24，从结果说明测试的准确度较高。

a)　　b)

图3-22　测试对象及试验情景

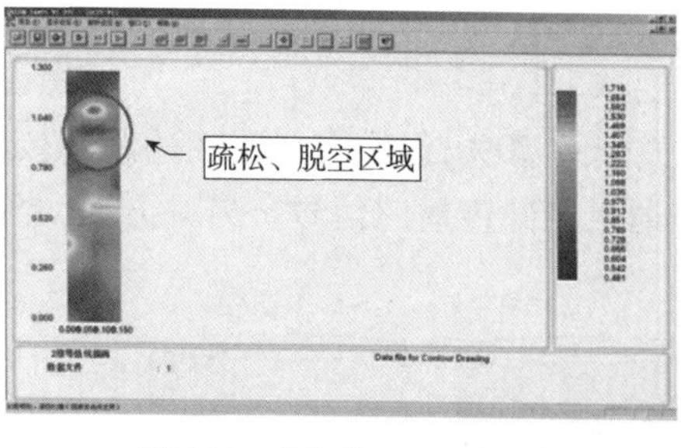

图3-23　弹性波CT测试结果

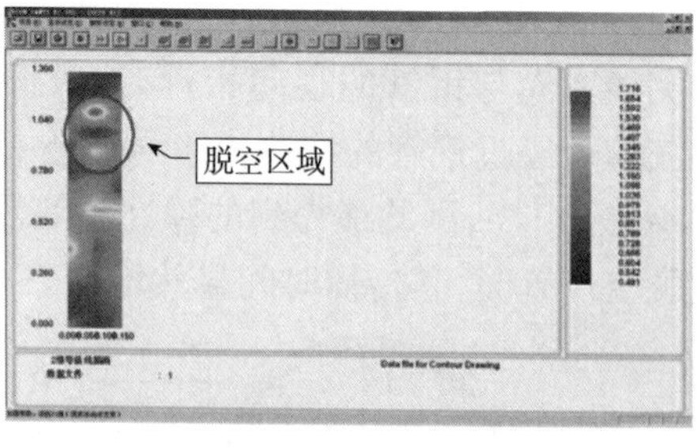

图3-24　振动法脱空检测结果

二、混凝土内部缺陷检测

1.概述

由于混凝土结构在施工或运行期间因振捣、各种应力不均衡等多方面原因，在混凝土内部出现空洞、蜂窝或者材质疏松、裂缝、剥离等现象。这类缺陷将直接影响结构的强度、耐久性、防渗性等,同时也会影响结构的承载力,最终影响结构的安全运行。因此对于该类缺陷进行必要的检测,对排除影响结构承载力的安全隐患显得尤为重要。

在对结构进行检测时,根据检测作业面的情况,分为适合单面检测的反射法和适合双面检测的透过法;根据检测媒介的不同,分为冲击弹性波、超声波、雷达等方法。

2.单面反射法

目前,对于单面结构的检测中,一般只能采用单面反射法进行检测,对于内部结构复杂的混凝土结构,比较有效的检测方法为基于冲击弹性波的冲击回波法(IE)。因此,本节中主要介绍利用该方法对结构内部缺陷的检测。近年来,超声波法、雷达法在检测混凝土内部缺陷方面发展迅速,应用越来越广泛,这里也将加以叙述。

(1)冲击回波法

利用该方法对混凝土内部缺陷的检测与脱空的测试原理、测试方法和设备完全相同,在此不再叙述。此外,该方法能够准确分析缺陷处的反射信号,对于出现厚度连续变化的板式构件,还可以利用板底部反射时间的变化状况来测试混凝土结构内部的各种缺陷,也可称为"等效波速法"。

(2)检测实例

对某高铁的无砟轨道基床底部出现的脱空进行检测,为了说明测试结果的可靠性,对测试结果进行了相关验证。从测试结果和验证可以看出,采用 EWR 方法对结构进行检测,可以准确地检测出脱空的位置,如图 3-25 所示。

图 3-25　现场测试场景

(3)超声波法和雷达法

由于混凝土的内部结构复杂,包括粒径、直径不同的集料、钢筋等。利用超声波对混凝土结构进行检测时,超声波的高频信号遇到集料及钢筋时会产生散射现象,因此几乎不能对混凝土的内部缺陷进行检测。但近年来,出现了基于相阵列的超声波检测方法,该方法通过多点激发及多点接收的方式,并结合数字成像的方法对信号进行处理,大幅提高了对缺陷的分辨力。

同样,雷达法也具有这样的特性,因此一般频率的微波对于混凝土缺陷比较钝感,但可采用超高频的天线以提高对缺陷的识别能力,如图 3-26 所示。

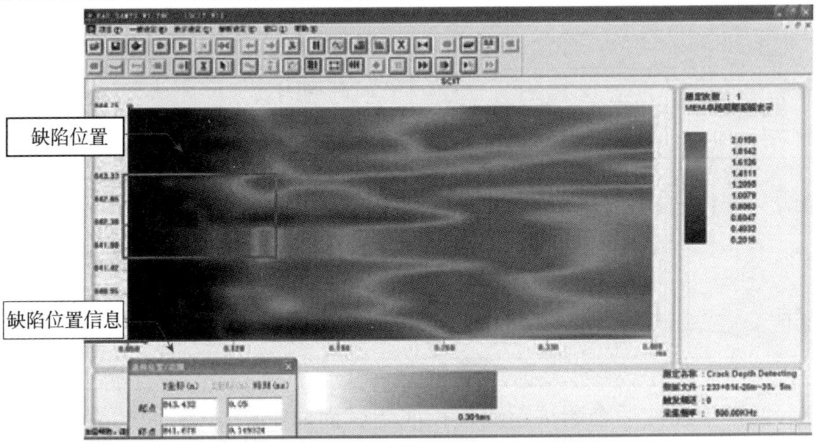

图 3-26　EWR 分析图(标准模式)

3.双面透射法

双面透射法(也称对测法),顾名思义,要求被测结构至少应具有两个可测试面,测试媒介可以穿透结构内部,因此可有效测试结构的内部缺陷。其分类可以按照检测媒介、检测面的位置和测线的分布等方面进行如下划分。

①媒介:冲击弹性波、超声波等。

②测试面:自然外露面、孔内。

③测线:平行测线、交叉测线。

在此,分别对以上分类进行叙述。

(1)基本原理

以超声脉冲和冲击弹性波为基础的检测方法在检测混凝土结构内部缺陷时,测试的基本原理为:

①目前对缺陷最主要和最基础的识别方法是根据传播时间的变化,该变化主要由信号波途经混凝土缺陷时产生绕射引起。

②可通过判断接收换能器接收到信号波在缺陷界面产生的散射和反射引起能量(波幅)衰减程度,来判断缺陷的性质和大小。

③根据接收信号在缺陷界面出现不同程度的衰减引起主频或频率谱的变化,来判断缺陷情况。

④根据经过不同路径和不同相位信号叠加后引起接收信号的畸变,来判断缺陷的情况。

当混凝土结构的内部质量、组成材料、工艺条件、测试距离基本固定时,各测点接收信号的声学参数(如传播速度、首波幅度、接收信号主频等)一般没有明显差异。如果混凝土的某些部分存在缺陷(如空洞、不密实或裂缝等),使混凝土结构的整体性遭到破坏,测试信号通过该处时,与健全混凝土相比较,其传播时间明显偏长,波幅和频率明显降低。根据这一现象,对相同条件下的混凝土进行波速、波幅和主频测量值的相对比较,从而判断混凝土的缺陷情况。

(2)超声波和冲击弹性波

利用双面透过法对混凝土结构进行内部缺陷检测,这两种方法测试不同结构时,各有所长,见表3-9。

双面透过法测试混凝土内部缺陷检测方法比较 表3-9

项目	参数		超声波	冲击弹性波
激振信号	激励方式		电气振动	打击等
	能量		相对较小	相对较大
	频率		短(频率高)	长(频率低)
分辨能力	微小缺陷		识别能力强	识别能力弱
	受钢筋、集料影响		较大	小
检测项目	检测距离		0.1~1m	0.5~100m
	耦合	外露面	黄油、凡士林	人工压着
		孔内	水	气囊等机械式压着

通过对比,冲击弹性波适合测试距离较长或测试面向上的结构,而超声波法则适合距离较短、微小缺陷的检测。

(3)自然外露检测面与孔内检测面

被测结构符合测试距离要求时，且自然外露，直接作用于外路面的检测是最简单的方法。当测试面不存在上述外露面时，可以通过在结构中钻孔达到相应的检测面。

外露面和孔内检测的不同主要体现在耦合方式，激发和接收方式的不同。

①耦合。无论超声波还是冲击弹性波，传感器（换能器）与被测体表面的耦合状况都对测试结果有较大的影响。若被测结构的测试面受压不均匀、凹凸不平、黏附泥砂，便使得传感（换能）器接收面与被测结构表面不能达到完整的面接触，导致弹性波/超声波的接收能量降低，进而导致测试精度的降低。其中，超声波由于能量较小，因此，耦合显得更为重要，必须采用凡士林、黄油等涂抹被测体表面。在孔内测试时，一般则采用清水耦合。另一方面，弹性波的测试可以采用干耦合，即不需要涂抹耦合剂，但要保证接触良好，可以采用专门的传感器支座。

②激发。采用超声波对混凝土结构外露面进行检测时，应采用厚度振动式换能器。而对基桩进行跨孔声测时，则需要采用径向振动式换能器，用以发射沿径向发射的超声波。利用冲击弹性波对自然外露和孔内检测时，可采用人工或者电磁的方式通过敲击被测体表面产生弹性波信号。由于孔内检测时，采用无水耦合和激振，因此冲击弹性波法非常适合包括向上的各个方向的缺陷检测。

(4)平行测线与交叉测线

平测又可分为对向平测和斜向平测。其中，在数据分析时，平测的分析较为简单，测试效率较高。采用对向平测时，信号的质量最好，如果被测结构中出现与测线平行的测试面时，出现对缺陷漏测的可能性较大。斜向平测的特点则与对向平测相反。

交叉测线的测试方法比较全面，但效率较低，采用的分析方法也较为复杂，需要采用分析方法进行反演，如CT（Computer Tomography，计算机层析成像）等。

(5)测试参数与分析方法

目前，对混凝土进行检测时，采用弹性波方法的参数包括波速、波幅、频率以及波形，其中，最重要的参数为波速。而对于超声波检测，由于其激发的超声波信号稳定性较好，因此接收信号中的波幅也可作为分析的参数之一。

一般情况，利用波幅表征信号的强弱。测试混凝土结构的声波也不例外。目前，对混凝土结构进行测试时，一般采用分贝（dB）来表示波幅，对测点首波信号峰值 a 与某一固定信号量值 a_0 的比值取对数，即是测点波幅分贝值（A），表示为 $A=20\lg(a/a_0)$。对缺陷采用PSD判据判定缺陷时，一般针对平行测线进行测试。采用的冲击弹性波测试混凝土结构时，还可以用弹性波速推算出的混凝土强度作为参考判据，如图3-27所示。

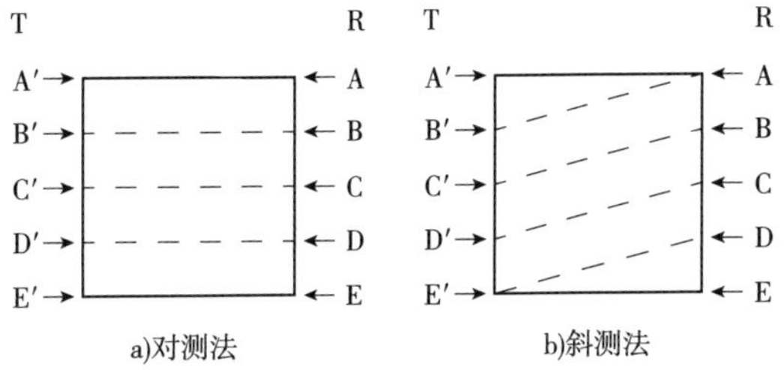

图3-27　冲击弹性波双面透射测试示意图

第四节　混凝土裂缝检测

一、混凝土裂缝成因及种类

裂缝是钢筋混凝土结构中常见的、较难避免的现象。裂缝分类方法很多，如按裂缝形成时间，分为施工期和使用期出现的裂缝；按裂缝发展趋势，分为稳定与不稳定裂缝。本节仅就结构性裂缝和非结构性裂缝进行简要说明。

图 3-28　院墙不均匀沉降裂缝

1.结构性裂缝

结构性裂缝是指混凝土实体出现长度较长、宽度较宽、面积较大、影响结构安全的裂缝，如图 3-28～图 3-30 所示。

其产生的原因主要有：

（1）设计原因引起的裂缝，如计算简图与实际受力情况不符产生的裂缝。

图 3-29　公路桥梁底板裂缝

图 3-30　房间设计承载力不足裂缝

（2）施工原因引起的裂缝，如模板支护不当在构件中产生的裂缝。

（3）使用原因引起的裂缝，如火灾等事故引起的裂缝。

2.非结构性裂缝

非结构性裂缝是由各种变形变化引起的裂缝，如图 3-31～图 3-34 所示。非结构性裂缝在混凝土实体裂缝中占了绝大多数，约为 80%，主要种类有：

（1）收缩裂缝。收缩裂缝是由湿度变化引起的，它是混凝土非结构性裂缝中的主要部分。根据收缩裂缝的形成机理与形成时间的不同，工程中常见的收缩裂缝主要有塑性收缩裂缝、沉降收缩裂缝和干燥收缩裂缝三类。此外还有自身收缩裂缝和碳化收缩裂缝等。

图 3-31　不规则裂缝

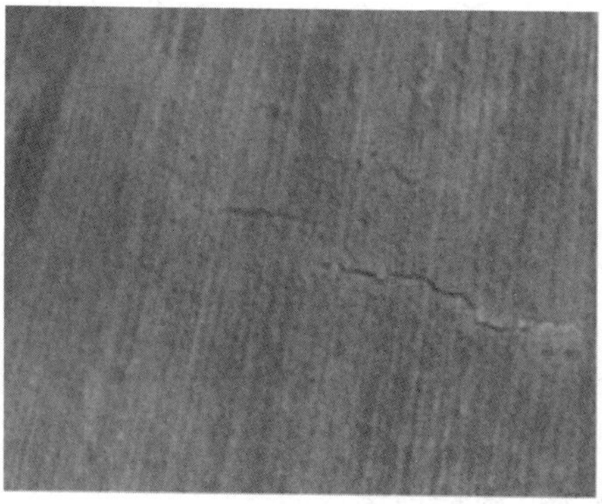

图 3-32　横向裂缝

（2）温度裂缝。混凝土受温度变化产生热胀冷缩，材料内部应力分布不均匀、温度应力超过混凝土的抗拉强度时而产生的裂缝。这种裂缝在大体积混凝土中较为常见。

（3）沉降裂缝。地基基础承载力不均匀或地基承载力均匀但建筑物建成后各不同部位荷载差异较大，导致地基产生不均匀沉降产生裂缝。

图 3-33　纵向裂缝

图 3-34　X 形裂缝

3.裂缝形状分类

（1）纵向裂缝。多数平行于混凝土构件底面，顺筋分布，主要是由钢筋锈蚀作用引起的。

（2）横向裂缝。垂直于构件底面，主要是由荷载作用、温差作用引起的。

（3）剪切裂缝。主要是由于竖向荷载或振动位移引起的。

（4）斜向裂缝。八字形或倒八字形裂缝。常见于混凝土墙体和混凝土梁，主要因地基的不均匀沉降以及温差作用引起。

（5）X 形裂缝。常见于框架梁、柱的端头以及墙面上，由于瞬间的机械撞击作用或者振动荷载作用引起。

（6）各种不规则裂缝。如反复冻融或火灾等引起的裂缝。有直缝及不规则形状裂缝，此种裂缝中间宽并且贯通，两头深度较浅，多发生于混凝土楼板。

此外，还有因混凝土搅拌或运输时间过长引起的网状裂缝，现浇楼板四角出现的放射状裂缝或板面出现的十字形裂缝等。

二、裂缝的危害

（1）影响结构承载力和使用安全性。如大坝裂缝。

（2）影响结构的防水性。如房屋裂缝。

（3）影响结构的耐久性和使用寿命。如化学侵蚀、冻融循环、碳化、钢筋锈蚀、碱集料反应等都会破坏混凝土结构功能，缩短混凝土结构寿命。

三、裂缝检测方法

对混凝土裂缝检测，通常检测“三度、一向、力大小”。“三度”指长度、宽度、深度；“一向”指裂缝发展方向；“力大小”指引起裂缝的应力大小。

由于长度检测较为简单（通常使用长度测量工具如钢尺、卷尺即能解决），在此不再赘述，下面仅对“二度”“一向”“力大小”作介绍。

1.裂缝宽度测试

工程上，目前最常用的裂缝测宽方法主要有：

（1）读数显微镜。裂缝宽度的量测常用读数显微镜，它是由光学透镜与游标刻度等组成的复合仪器。其最小刻度值要求不大于 0.05mm，如图 3-35 所示。

（2）塞尺。用印刷有不同宽度线条的裂缝标准宽度板（裂缝卡）与裂缝对比测量；或用一组具有不同标准厚度的塞尺进行试插对比，刚好插入裂缝的塞尺厚度，即裂缝宽度。此法较简便，能满足一定要求，如图 3-36 所示。

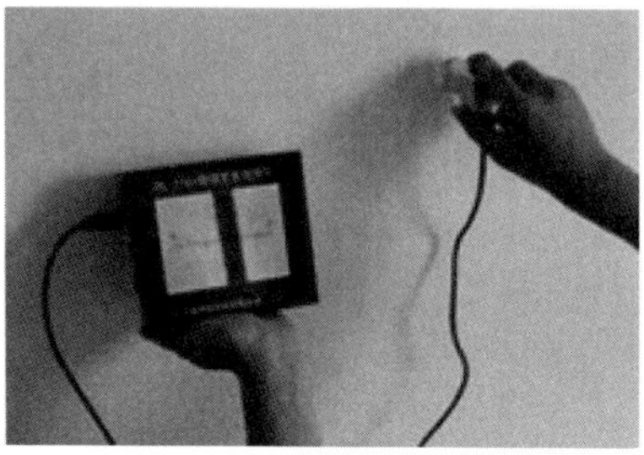

图 3-35 显微镜测裂缝宽度

图 3-36 塞尺可测裂缝宽度

2.裂缝方向、应力的测试

（1）光纤裂缝传感器。使用环形光纤测量混凝土梁试件裂缝的宽度，其原理为环形光纤传输的光是裂缝增长引起光传播波动的函数。有研究提出了一种新型分布式光纤传感器，可用于混凝土结构物裂缝检测，其优点是无须事先知道裂缝的方向，只要裂缝方向与光纤斜交，就能感知裂缝的存在，并对影响感知初始裂缝宽度的因素（缝与光纤的夹角）和光损耗同缝宽的关系进行了详细研究，如图 3-37 所示。

（2）斜交光纤传感网络图。光纤在粘贴到混凝土结构表面或埋入混凝土结构内部时，光纤与裂缝成一定的角度（因为混凝土结构可能产生的裂缝方向是可以预知的）。光从光纤的一端注入，用光时域反射计（OTDR）探测光纤内部各点的损耗及其位置。在裂缝形成前，OTDR 探测到的损耗曲线基本上是平坦的，一旦产生裂缝，埋入混凝土中的光纤就会产生弯曲（图 3-37），部分光从纤芯中出来形成损耗。由于裂缝造成的损耗使 OTDR 探测到的后向散射信号有一个突降，因此根据损耗的大小可以确定裂缝的宽度，由光纤上损耗点的位置就可以确定裂缝的位置。

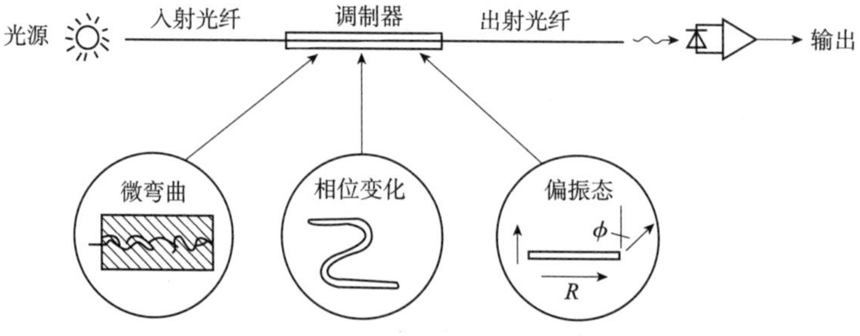

图 3-37 光纤传感器示意图

（3）碳纤维智能层传感器。采用碳纤维智能层作为传感器（图 3-38），并利用其功能特性与可覆盖性，将其铺设到结构表面，碳纤维智能层在被测结构与碳纤维智能层之间建立一个敏感场，碳纤维智能层将被测结构中不易检测的力场转换为易于检测的电场，通过对电场的检测来反映出结构(图 3-39)受载后应力应变情况。并通过电阻变化率反映出切口端部张开位移关系，从而来确定结构裂缝的宽度。

碳纤维智能传感器与混凝土结构有良好相容性，能有效地将应变场响应转化为易于检测的电场。作为混凝土结构的无损检测手段，能对混凝土结构的裂缝宽度做出准确可靠的反映，可以及时对结构进行监控，为工程隐患的排除提供准确的信息，其应用前景十分广阔，如图 3-38、图 3-39 所示。

图 3-38　碳纤维示意图

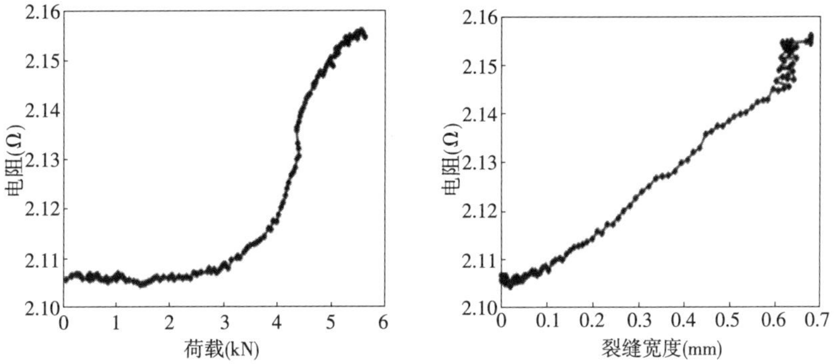

a)电阻与荷载的关系　　b)电阻与裂缝宽度的关系

图 3-39　裂缝宽度与电阻关系

(4)导电漆膜法。1975 年美国 BLH 公司提出了一种用导电漆膜来发现裂缝的方法。它是将一种具有小阻值的弹性导电漆，涂在经过清洁处理过的混凝土表面，涂成长度 100～200mm、宽 5～10mm 的条带，待干燥后接入电路。当混凝土裂缝宽度达到 0.001～0.004mm 时，由于混凝土受拉，因而拉长的导电漆膜就会出现火花直至烧断。导电漆膜电路被切断后还可以继续用肉眼进行观察。

(5)光弹贴片法。光弹贴片是在试件表面牢固地粘贴一层光弹薄片，当试件受力后，光弹片同试件共同变形，并在光弹片中产生相应的应力。若以偏振光照射，由于试件表面事先已经加工磨光，具有良好的反光性，因而当光穿过透明的光弹薄片后，经过试件表面反射，又第二次通过薄片而射出，若将此射出的光经过分析镜，最后可在屏幕上得到应力条纹，其试验装置如图 3-40 所示。

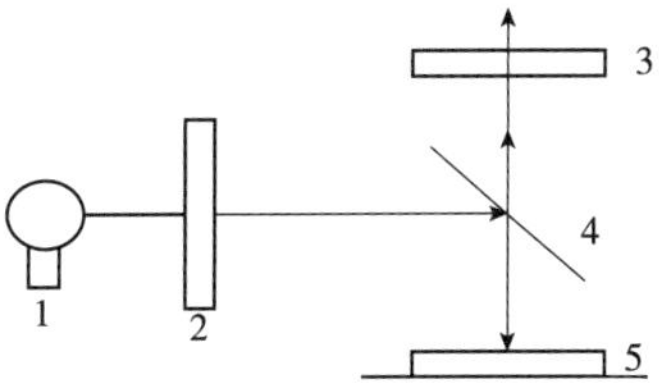

图 3-40　试验装置示意图

1-光源；2-λ/4 偏振片；3-λ/4 分析片；4-分光镜；5-贴片；6-试件

(6)脆漆涂层法。脆漆涂层是一种在一定拉应变下即开裂的喷漆。涂层的开裂方向正交于主应变方向，从而可以确定试件的主应力方向。脆漆涂层具有很多优点，可用于任何类型结构的表面，而不受结构材料、形状及加荷方法的限制。但脆漆层的开裂强度与拉应变密切相关，只有当试件开裂应变小于涂层最小自然开裂应变时，脆漆层才能用来检测试件的裂缝。

3.裂缝深度检测法

裂缝深度检测法按混凝土实体的影响分为无损和有损检测两大类。其中无损检测方法可基于相位、传播时间或者能量衰减。

(1)相位反转法

激发的弹性波(包括声波、超声波)信号在混凝土内传播,穿过裂缝时在裂缝端点处产生衍射,其衍射角与裂缝深度具有一定的几何关系。相位反转法正是根据衍射角与裂缝深度的几何关系,来对裂缝深度进行快速测试。将激振点与接收点沿裂缝对称配置,从近到远逐步移动。当激振点与裂缝的距离与裂缝深度相近时,接收信号的初始相位会发生反转,如图 3-41 所示。

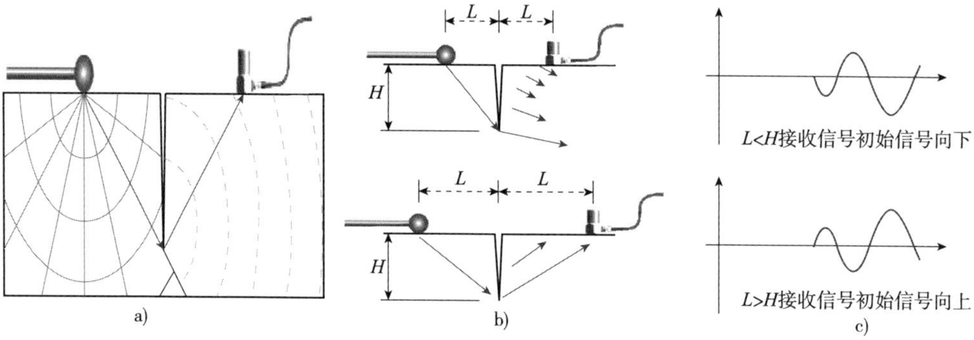

图 3-41　相位反转法

该方法只需移动冲击锤或换能器,确定首波相位反转临界点,就可确定混凝土的裂缝深度。与其他混凝土裂缝深度检测方法相比,相位反转法具有无须通过公式计算、简单直观的特点,有较高的实用价值。

(2)传播时间差法

该方法适合测试混凝土结构物中的开口裂缝。其测试原理是激励产生的弹性波遇到裂缝时,波被直接隔断,并在裂缝端部衍射通过。该方法通过测试波在有裂缝位置和没有裂缝健全部位传播的时间差来推定裂缝深度,如图 3-42 所示。裂缝深度越大,传播时间差也越长。

传播时间差法又可以分为平测法和斜测法。

①平测法。如图 3-43 所示,将超声波发射探头与接收探头安装在构件同一表面裂缝同一侧,用直尺量测发射与接收探头的直线距离 L(m)(精确到 mm),检测发射到接收超声波的声时 T(us),根据$V=L/T$ 公式计算出无裂缝部位的混凝土的声速 V(m/s)。然后将超声波发射探头与接收探头等距离分别放置在裂缝两侧,量测发射探头到接收探头之间距离 L(m),检测超声波从发射到接收的声时 T(us),根据第一步计算出的混凝土波速 V,再次计算裂缝两侧发射探头到接收探头的距离 $2S$(m)。然后,根据深度公式计算裂缝深度 D,见式(3-12)。

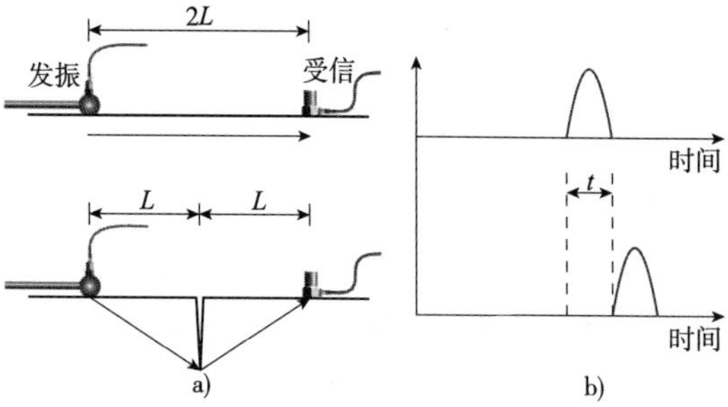

图 3-42　传播时间差法

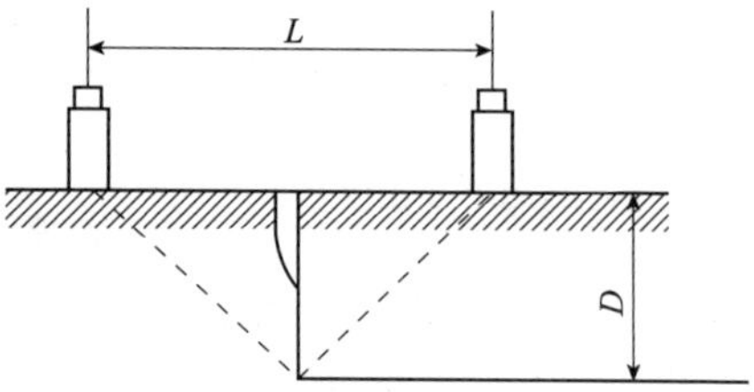

图 3-43　超声波平测法示意图

$$D=\frac{L}{2}\sqrt{\left(\frac{VT}{L}\right)^2-1} \tag{3-12}$$

【工程案例 3-4】 湖北某高速公路某标悬索桥锚墩大体积混凝土表面出现裂缝，缝宽 0.2mm，缝长 105cm，缝深不详。检测人员使用超声波探测缝深，在裂缝两侧等距离（T 至 R 探头直线距离 60cm）布置收发探头，依次测得声时：A1-A1′ = 150us，A2-A2′ = 147us，A3-A3′ = 155us，A4-A4′ = 168us，A5-A5′ = 157us，A6-A6′ = 160us（图 3-44），同样方法在无裂缝处一侧测得波速为 4100m/s，求最大缝深。

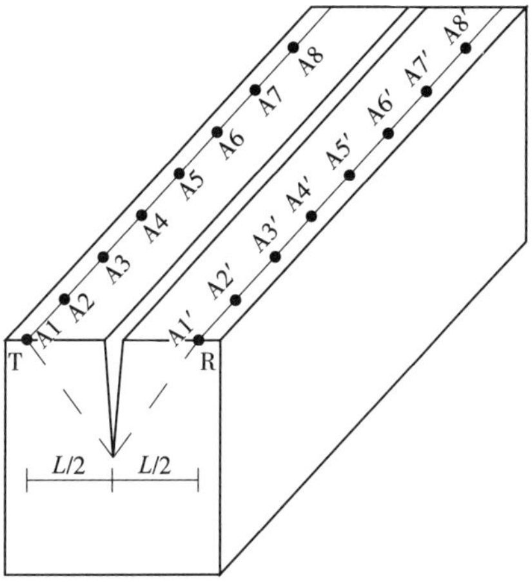

图 3-44 超声波测裂缝示意图

解 根据式（3-12）得：

$$D4=\frac{L}{2}\sqrt{\left(\frac{VT}{L}\right)^2-1}=\frac{0.6}{2}\sqrt{\left(\frac{4100\times168\times10^{-6}}{0.6}\right)^2-1}=0.169\text{m}$$

由于 $D4$ 处声时值最大，因此，该处为最大缝深。

结论：最大缝深为 16.9cm。

本案例测试注意事项如下：

平测法检测裂缝深度时，由于不是利用超声波纵波的传播，接收信号的质量比对测时要差。为提高测试精度，需改变探头安装位置进行测试，检测结果会在一定范围内变化，可以对不同的波速取平均值。

②斜测法。对于钢筋混凝土梁上面出现的裂缝进行检测时，可以将发射探头和接收探头分别安装在梁的两个侧面，采用斜测法检测裂缝深度。如图 3-45 所示，共布置 5 对测点，其中，1 号测点的传播路径上没有裂缝，而超声波沿 2 号测点路径传播时遇到裂缝，声波发生绕射，3 号测点的绕射距离更长，根据接收信号分析，就可以判断裂缝达到的深度。

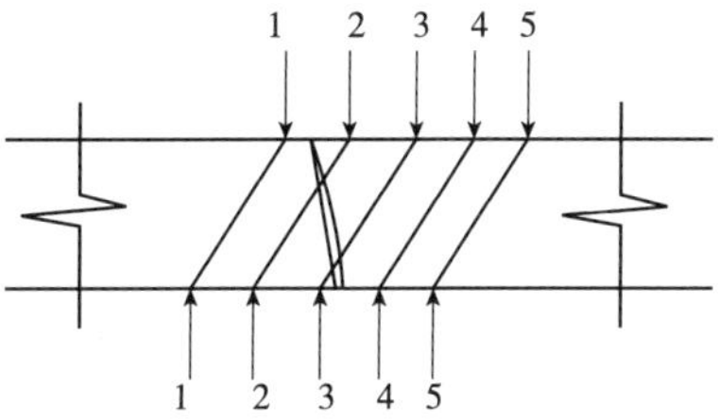

图 3-45 超声波斜测法示意图

（3）面波法

面波法是采用 R 波（面波的一种）的衰减特性，来测试混凝土构造物中的裂缝深度。该方法测试范围大，受充填物、钢筋、水分的影响小，特别适合测试较深的裂缝。

①面波法基本原理。R 波是由于 P 波和 S 波在媒体边界面上相互作用而形成，其传播速度比 S 波稍慢，并主要集中于媒体表面和浅层部分。利用此特点探测裂缝深度，测试效果较理

想，如图 3-46、图 3-47 所示。此外，该方法的测试特点还有：

a.R 波在媒体表面受冲击所产生的弹性波中，能量最大，信号采集容易。

b.R 波大部分能量主要集中在从表面开始的 1 倍波长的范围内。

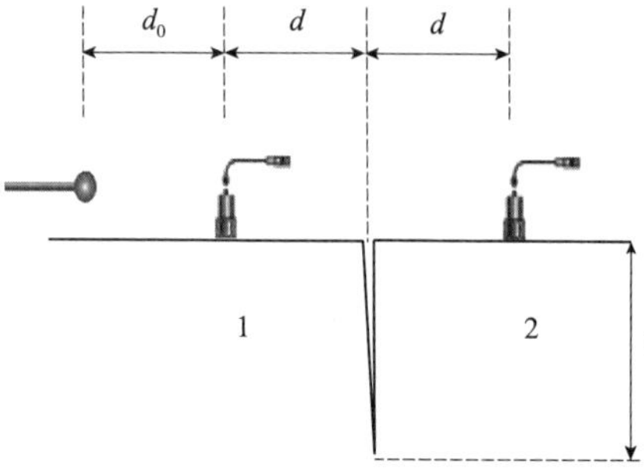

图 3-46　面波法测试裂缝深度示意图

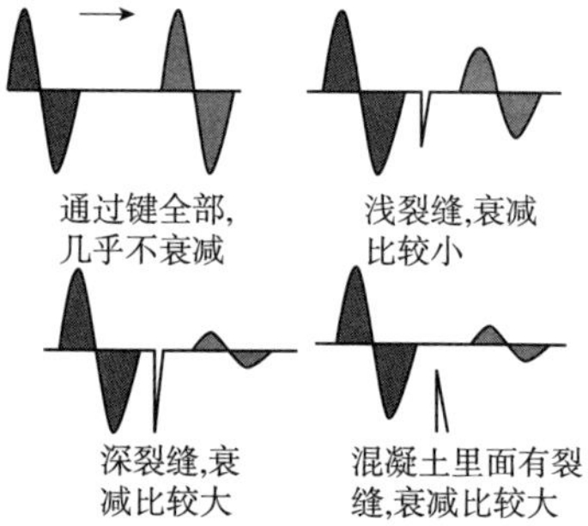

图 3-47　面波在混凝土中传播特性

c.依存于材料的剪切力学特性，从而对裂缝更为敏感。

②面波法测试裂缝深度计算公式。

R 波在传播过程中所发生的几何衰减和材料衰减。可以通过系统补正，而保持其振幅不变。但是，R 波在遇到裂缝时，其传播在某种程度上被中断，在通过裂缝以后波的能量和振幅会减少。因此，根据裂缝前后的波的振幅的变化（振幅比），便可以推算裂缝深度。根据试验资料和理论分析，有：

$$H = -0.7429\lambda \ln(x) \tag{3-13}$$

式中，H、λ 和 x 分别为裂缝深度、表面波波速和裂缝后/前的振幅比（需经几何衰减修正）。

③面波法的优缺点。

a.面波法测试裂缝的范围很大，可达几米，受充填物、水分的影响较小，测试精度高。

b.该方法适合表面波法测试，但不适合狭窄结构，因为表面波受边界条件（如侧壁、边角等）的影响较大。

c.有剥离的场合，会引起板波和振动，导致测试误差大。

四、裂缝深度检测方法对比

裂缝深度检测无论是标准方法还是非标准方法，都有一定的优缺点，见表 3-10。

裂缝深度测试方法比较　　表 3-10

方法	传播时间差法	相位反转法	表面波法
使用弹性波的种类	P/S 波	P 波	R（瑞利）波
使用弹性波的成分	初始成分		卓越成分
基本测试原理	传播时间的迟延	初始相位的反转	R 波的衰减
测试原理的严密性	比较严密		半理论半经验
弹性波波速	必要	不必	需要
裂缝填充物的影响	大		小
钢筋的影响	大		小（可修正）
裂缝面压力的影响	大		有
测试对象厚度的影响	小		有

续上表

方法	传播时间差法	相位反转法	表面波法
测试对象背面状况的影响	小		有
适用裂缝	浅、开口裂缝		深裂缝
测试面的形状	灵活		平坦、规则

五、裂缝工程技术评价

对裂缝的工程技术评价，多从裂缝长、宽、深三维度和对混凝土实体工程影响程度评价，公路交通、水利水电、房屋建筑等行业标准各不相同，篇幅有限，仅以水利水电部门为例，列出中国三峡建设总公司《大体积混凝土裂缝分类及评判标准》，见表3-11、表3-12。

大体积素混凝土裂缝分类及评判标准 表3-11

类别	层位	三维度	形状	主要原因	工程影响
Ⅰ类	表面	一般缝宽 $\delta<0.2$mm，缝深 $h\leq30$cm	性状表现为龟裂或呈细微规则状	多由于干缩、沉缩所产生	对结构应力、耐久性和安全基本无影响
Ⅱ类	表面浅层	一般缝宽 $0.2\text{mm}\leq\delta<0.3$mm，缝深 $30\text{cm}<h\leq100$cm，平面缝长 $3\text{m}<L<5$m	规则状	多由于气温骤降冲击且保温不善等形成	视裂缝所在部位对结构应力、耐久性和安全运行有一定程序影响
Ⅲ类	表面深层	缝宽 $0.3\text{mm}\leq\delta<0.5$mm，缝深 $100\text{cm}<h\leq500$cm，缝长大于500cm，或平面大于等于三分之一坝块宽度，侧面大于1～2个浇筑层厚	规则状	多由于内外温差过大或较大的气温骤降冲击且保温不善等形成	对结构应力、稳定、耐久性和安全有较大影响
Ⅳ类	表面深层	缝宽 $\delta>0.5$mm，缝深大于500cm，侧（立）面长度 $L>500$cm，若从基础向开裂，且平面上贯穿全仓，则称为基础贯穿裂缝，否则称为贯穿裂缝	规则状	由于基础温差超过设计标准，或在基础约束区受较大气温骤降冲击产生的裂缝在后期降温中继续发展等原因而形成	它使结构受力、耐久性和稳定安全系数降到临界值或其下

钢筋混凝土裂缝分类评判标准 表3-12

类别	层位	缝宽	缝长	缝深
Ⅰ类	表面	缝宽 $\delta<0.20$mm	缝长 $50\text{cm}\leq L<100$cm	缝深 $h\leq30$cm
Ⅱ类	表面	缝宽 $0.2\text{mm}\leq\delta<0.3$mm	缝长 $100\text{cm}\leq L<200$cm	缝深 $30\text{cm}<h\leq100$cm，且不超过结构厚度1/4
Ⅲ类	表面	缝宽 $0.3\text{mm}\leq\delta<0.4$mm	缝长 $200\text{cm}\leq L<400$cm	缝深 $100\text{cm}<h\leq200$cm，或大于结构厚度1/2
Ⅳ类	表面	缝宽 $\delta>0.4$mm	缝长 $L\geq400$cm	缝深 $h\geq200$cm 或基本将结构裂穿（大于2/3结构厚度）

第五节　钢筋布置检测

一、钢筋布置检测意义

众所周知，素混凝土加入钢筋后，由第一代混凝土升级为第二代混凝土，它克服了第一代混凝土耐压不耐拉的缺陷。钢筋在公路桥梁桩基、墩柱、梁板以及混凝土建筑物中，其粗细、长短、间距、保护层厚度经设计者精心计算及布置，起到二代混凝土的主心骨或“主筋”作用，对钢筋间距检测，相当于对二代混凝土进行了一次“骨密度”体检和体能测试。

二、钢筋布置检测内容

根据现行的混凝土中钢筋检测技术规程等进行检测，检测内容包括钢筋粗细、间距、保护层厚度等。

三、钢筋布置检测原理

如图3-48所示，根据电磁场理论，传感器线圈是磁偶极子，当信号源供给交变电流时，它向外界辐射出电磁场；钢筋是一个电偶极子，它接收外界电场，从而产生大小沿钢筋分布的感应电流。钢筋的感应电流重新向外界辐射出电磁场（即二次场），使原激励线圈产生感生电动势，从而使传感器线圈的输出电压产生变化，钢筋位置测定仪正是根据这一变化来确定钢筋所在的位置及其保护层厚度。而且在钢筋的正上方时，线圈的输出电压受钢筋所产生的二次磁场的影响最大。因此在测试中，探头移动的过程中，可以自动锁定这个受影响最大的点，即信号值最大的点。根据保护层厚度和信号之间的对应关系得出厚度值。

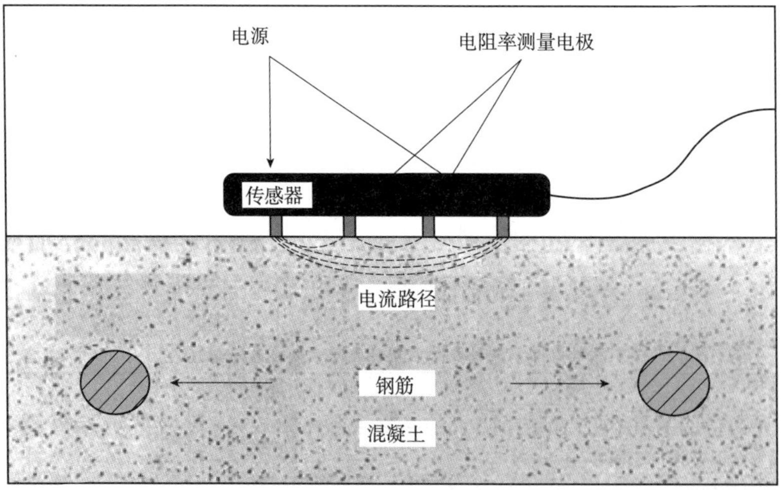

图3-48　混凝土钢筋检测电磁法原理

四、钢筋布置检测构件选取及测点数量要求

钢筋保护层厚度检验的结构部位，应由监理（建设）、施工等各方根据结构构件的重要性

共同选定。

对梁类、板类构件，应各抽取构件数量的 2%且不少于 5 个构件进行检验；当有悬挑构件时，抽取的构件中悬挑梁类、板类构件所占比例均不宜小于 50%。

对选定的梁类构件，应对全部纵向受力钢筋的保护层厚度进行检验。对选定的板类构件，应抽取不少于 6 根纵向受力钢筋，对其保护层厚度进行检验。对每根钢筋，应在有代表性的部位测量一点。

五、钢筋布置检测步骤

(1)资料收集：

①工程名称及建设、设计、施工、监理单位名称。

②结构或构件名称以及相应的钢筋设计图纸资料，尤其要查清钢筋保护层设计要求并在原始记录中注明清楚。

③混凝土是否采用带有铁磁性的原材料配制。

④待检的结构构件中是否有预留管道、金属预埋件等。

(2)根据钢筋设计资料，确定检测区域内钢筋可能分布的状况，选择适当的检测面。检测面应清洁、平整，并应避开金属预埋件、钢筋接头和绑丝，钢筋间距应满足钢筋探测仪的检测要求。

(3)设定好范围及钢筋直径，沿垂直于被测钢筋轴线方向移动探头(注意选择相邻钢筋影响较小的位置)。首先粗略扫描，在听到报警声后往回平移探头，尽量放慢速度(探头前进速度不得超过 20mm/s)，且听到第二次报警声音时，信号值会发生变化，如此往复直至保护层厚度值最小，读取指示保护层厚度，此时探头中心线与钢筋轴线应重合，在相应位置做好标记。每根钢筋的同一位置重复检测 2 次，每次读取一个读数。按上述步骤将相邻的其他钢筋位置逐一标出。

(4)同一读取的 2 个保护层厚度值相差大于 1 时，应检查仪器是否偏离标准状态并及时进行调整(如重新调零)。不论仪器是否调整，其前次检测数据均舍弃，在该处重新进行 2 次检测并再次比较，如 2 个保护层厚度值相差仍大于 1mm，则应该更换检测仪器或采用钻孔、剔凿的方法核实。

(5)当实际的保护层厚度小于仪器最小示值时，可以采用附加垫块的方法进行检测。垫块对仪器不应产生电磁干扰，表面光滑平整，其各方向厚度偏差值不大于 0.1mm。所加垫块厚度在计算时应予以扣除。

(6)检测钢筋间距时，应将连续相邻的被测钢筋位置一一标出，不得遗漏，测试的范围不少于 1.5m 且不宜少于 7 根钢筋，分别测量出相邻钢筋间的间距，取其平均值作为所测钢筋间距的代表值。

(7)遇到下列情况之一时，应选取至少 30%的钢筋且不少于 6 处(当实际检测数量不足 6 处时应全部抽取)，采用钻孔、剔凿等方法验证：

①仪器要求钢筋直径已知方能确定保护层厚度，而钢筋实际直径未知或有异议。

②钢筋实际根数、位置与设计有较大偏差。

③采用具有铁磁性原材料配制的混凝土。

④构件饰面层未清除的情况下检测钢筋保护层厚度。

⑤钢筋以及混凝土材质与校准试件有显著差异。

⑥认为相邻钢筋对检测结果有影响。

⑦钻孔、剔凿的时候不得损坏钢筋，实测采用游标卡尺，量测精度为 0.1mm。

六、数据处理及结果判定

1.一般要求

（1）钢筋保护层厚度检验时，纵向受力钢筋保护层厚度的允许偏差，对梁类构件为+10mm 至-7mm，对板类构件为+8mm 至-5mm。

（2）对梁类、板类构件纵向受力钢筋的保护层厚度应分别进行验收。

（3）结构实体钢筋保护层厚度验收合格应符合下列规定：

①当全部钢筋保护层厚度检验的合格点率为 90%及以上时，钢筋保护层厚度的检验结果应判为合格。

②当全部钢筋保护层厚度检验的合格点率小于 90%但不小于 80%，可再抽取相同数量的构件进行检验，当按两次抽样总和计算的合格点率为 90%及以上时，钢筋保护层厚度的检验结果仍应判为合格。

③每次抽样检验结果中不合格点的最大偏差均不应大于（1）中规定允许偏差的 1.5 倍。

2.数据处理

（1）计算平均值、均方差、特征值及特征值与设计值的比值

根据《公路桥梁承载能力检测评定规程》（JTG/T J21—2011）检测构件的钢筋保护层厚度后，应计算实测厚度平均值 X、均方差（S）、特征值（D_{ne}）及特征值与设计值（D_{nd}）的比值（D_{ne}/D_{nd}）。

$$D_{ne}=X-K_p\times S \tag{3-14}$$

其中，K_p 判定系数按表 3-13 取用。

混凝土钢筋保护层厚度检测点数判定系数表 表 3-13

实测厚度点数(n)	10~15	16~24	≥25
判定系数(K_p)	1.695	1.645	1.595

（2）使用特征值与设计值的比值（D_{ne}/D_{nd}）判定混凝土保护层厚度标度

混凝土保护层厚度标度是构件混凝土厚度检测后定性的量度，按表 3-14 进行评定。

钢筋保护层厚度评定标准 表 3-14

特征值/设计值(D_{ne}/D_{nd})	对结构钢筋耐久性影响	评定标度
≥0.95	影响不显著	1
(0.85,0.95]	轻度影响	2
(0.70,0.85]	有影响	3
(0.55,0.70]	有较大影响	4
≤0.55	钢筋易失去碱性保护发生锈蚀	5

七、钢筋位置检测工程案例

某市北四环高速公路某标段立交桥左幅 11 号墩柱（首件）完活后，需进行墩柱钢筋间距和保护层厚度检测并予评判，检测与评定结果见表 3-15。

钢筋间距及保护层厚度试验检测记录表　　表 3-15

试验室名称:某标段某工地试验室　　编号:JL—□□□—□□□□

工程部位/用途	某标段立交桥左幅 11 号			委托/任务编号			—		
试验依据	GB/T 50344—2004			构件编号			7-1-11 号 Z		
构件外观描述	表面平整、干燥			构件名称			墩柱		
试验条件	天气:晴气温 39℃			试验日期			2016. 8. 20		
主要仪器设备及编号	钢筋间距保护层厚度仪(BSH3-24)								
构件名称	11-1 墩柱			钢筋类型			ϕ25		
钢筋间距设计值(mm)	350			保护层厚度设计值(mm)			55		
主 钢 筋 间 距									
测点号	1	2	3	4	5	6	7	8	9	10
实测值(mm)	350	340	360	361	325	351	346	365	335	344
测点号	11	12	13	14	15	16	17	18	19	20
实测值(mm)	352	364	335	360	365	362	355	351	362	348
测点号	21	22	23	24	25	26	27	28	29	30
实测值(mm)	340	336	331	345	375	331	359	354	358	350
总测点	30		合格点		28		合格率(%)		93. 3
保 护 层 厚 度									
测点号	1	2	3	4	5	6	7	8	9	10
实测值(mm)	59	60	50	57	50	57	55	54	51	53
测点号	11	12	13	14	15	16	17	18	19	20
实测值(mm)	52	62	60	57	57	56	53	55	54	59
测点号	21	22	23	24	25	26	27	28	29	30
实测值(mm)	52	53	55	65	62	54	52	54	55	60
总测点:30;平均值:55. 8;标准差:3. 8;代表值:49. 7;评判比:49. 7/55									
结论: 1.钢筋间距检测合格率 93. 3%; 2.混凝土钢筋保护层厚度代表值:49. 7mm; 3.评判比:49. 7/55 = 0. 90,属于混凝土 2 标度厚度(轻度影响)。 备注: 1.主筋间距允许偏差±20mm; 2.保护层厚度代表值 $D_{ne}=X-K\times S=55.8-1.595\times3.8=49.7$; 3.厚度评判系数 K 值:$n=10\sim15$,$K=1.695$;$n=16\sim24$,$K=1.645$;$n\geqslant25$,$K=1.595$; 4.评判比指实测钢筋保护层厚度代表值与钢筋保护层厚度设计值之比									

习　　题

3-1　本章[工程案例 3-2]中,回弹强度的推定,如果回弹测区数仅有 9 个(去掉第 10 个测区回弹数据),请对混凝土回弹强度进行推定。

3-2 简述混凝土结构厚度的检测方法及其基本原理。

3-3 简述冲击弹性波法测试混凝土结构厚度的技术特点。

3-4 简述混凝土脱空检测方法及其基本原理。

3-5 简述具有两个测试面时,采用超声波法和弹性波法测试混凝土内部缺陷的基本原理。同时,比较两种方法的技术特点。

3-6 P 波、S 波、R 波在缝深检测中各有哪些特性?

第四章　基桩和锚杆的检测技术

学习指南

本章对基桩完整性及锚杆检测方法与原理进行了简要的概述。在学习过程中,需要掌握超声波透射法、低应变法、钻芯法在完整性检测中的应用。

第一节　基桩完整性检测

基桩是最重要的基础形式之一,其施工质量直接关系到整个结构的安全,加之其为典型的隐蔽工程,所以历来受到工程界的高度重视。基桩的质量检测主要包括承载力检测和完整性检测,其中,完整性检测最为普遍。

基桩完整性的检测有不同的方法,最常用的有超声波透射法、低应变法和钻芯法等。这些方法各有长短,需要根据不同的情况选用。

一、超声波透射法

1.超声波透射法的原理

声波是弹性波的一种,若视混凝土介质为弹性体,则声波在混凝土中的传播服从弹性波传播规律,由发射探头发射的声波经水的耦合传到测管,再在桩身混凝土介质中传播后,到接收端的测管,再经水耦合,最后到达接收探头。由于液体或气体没有剪切弹性,只能传播纵波,因此超声波测桩技术采用的是纵波分量。

探头发射的声波会在发射点和接收点之间形成复杂的声场,声波将分别沿不同的路径传播,最终到达接收点,其走时都不尽相同。但在所有的传播路径中总有一条路径,声波走时最短,接收探头接收到该声波时,形成信号波形的初始起跳,一般称为"初至"。当桩身完好时,可认为这条路径就是发射探头和接收探头的直线距离,是已知量。根据初至对应的声时扣去声波在测管、水之间的传播时间以及仪器系统延迟时间,可得声波在两侧管间混凝土介质中传播的实际声时,并由此可计算出所对应的声速。

当桩身存在断裂、离析等缺陷时,破坏了混凝土介质的连续性,使声波的传播路径复杂化,声波将透过或绕过缺陷传播,其传播路径大于直线距离,引起声时的延长,而由此算出的波速将降低。另外,由于空气和水的声阻抗远小于混凝土的声阻抗,声波在混凝土传播过程中,遇到蜂窝、空洞或裂缝等缺陷时,在缺陷界面发生反射和散射,声能衰减,因此接收信号的波幅明显降低,频率明显减小。再者,透过或绕过缺陷传播的脉冲波信号与直达波信号之间存在声程和相位差,叠加后互相干扰,致使接收信号的波形发生畸变。综上所述,当桩身某一段存在缺陷时,接收到的声波信号会出现波速降低、振幅减少、波形畸变、接收信号主频发生变化等特征。

超声波透射法桩基检测就是根据混凝土声学参数测量值的相对变化，分析、判别其缺陷的位置和范围，评定桩基混凝土质量类别。

2.超声波透射法基桩检测方法

按照超声波换能器通道在桩体中的不同的布置方式，超声波透射法基桩检测主要有三种方法：

(1)桩内单孔透射法

在某些特殊情况下只有一个孔道可供检测使用，例如在钻孔取芯后，我们需进一步了解芯样周围混凝土质量，作为钻芯检测的补充手段，这时可采用单孔检测法，此时，换能器放置于一个孔中，换能器间用隔声材料隔离(或采用专用的一发双收换能器)。超声波从发射换能器出发经耦合水进入孔壁混凝土表层，并沿混凝土表层滑行一段距离后，再经耦合水分别到达两个接收换能器上，从而测出超声波沿孔壁混凝土传播时的各项声学参数。需要注意的是，运用这一检测方式时，必须运用信号分析技术，排除管中的影响干扰。当孔道中有钢质套管时，由于钢管影响超声波在孔壁混凝土中的绕行，故不能用此法。

(2)桩外孔透射法

当桩的上部结构已施工或桩内没有换能器通道时，可在桩外紧贴桩边的土层中钻一孔作为检测通道。检测时，在桩顶面放置一发射功率较大的平面换能器，接收换能器从桩外孔中自上而下慢慢放下，超声波沿桩身混凝土向下传播，并穿过桩与孔之间的土层，通过孔中耦合水进入接收换能器，逐点测出透射超声波的声学参数，根据信号的变化情况大致判定桩身质量。由于超声波在土中衰减很快，且桩体外壁并不平整，使得这种方法的可测桩长十分有限，且只能判断夹层、断桩、缩径等缺陷。

(3)桩内跨孔透射法

此法是一种较成熟可靠的方法，是超声波透射法检测桩身质量的最主要形式。其方法是在桩内预埋两根或两根以上的声测管，在管中注满清水，把发射、接收换能器分别置于两管道中。检测时超声波由发射换能器出发，穿透两管间混凝土后被接收换能器接收，实际有效检测范围为声波脉冲从发射换能器到接收换能器所扫过的面积。根据不同的情况，采用一种或多种测试方法，采集声学参数，根据波形的变化，来判定桩身混凝土强度，进而判断桩身混凝土质量。跨孔法检测根据两换能器相对高程的变化，又可分为平测、斜测、交叉斜测、扇形扫描测等方式，在检测时视实际需要灵活运用。

3.声测管的预埋和管材的选择

为了使换能器能达到检测部位，需预先埋设若干检测通道，因此，在采用超声检测时，必须在灌注混凝土前预埋声测管。混凝土硬化后管道无法抽出，该管道即成为桩的一部分，也是声通道的一部分，会影响接收信号的分析。而且它在桩的横截面上的布局，决定了检测的有效面积和探头提拉次数，所以声测管的预埋是影响检测方式和信号分析判断的基本问题。

(1)声测管的选择

对声测管的材料要求是：有足够的机械强度，保证在灌注桩混凝土浇筑过程中不会变形；与混凝土黏结良好，不致在声测管和混凝土间产生剥离缝，影响测试。根据这些要求，钢管是最合适的材料。为了节省费用，对于桩身长度小于15m的短桩，可用硬质PVC塑料管或金属波纹管。一般规定，声测管的直径通常比径向换能器的直径大10~20mm即可，宜用规格内径

35~50mm。管的壁厚对声能透过率影响较小,所以,原则上对声测管壁厚不作要求,但就节省材质用量而言,管壁只要能承受新浇混凝土的侧压力,则越薄越好。

(2)声测管的埋置数量和布置方式

声测管在桩的横截面上的布局应考虑检测控制面积,根据桩径大小预埋超声检测管,桩径为0.6~1.0m时宜埋2根管;桩径为1.0~1.5m时宜埋3根管,按等边三角形布置;桩径为1.5m以上时宜埋4根管,按正方形布置,如图4-1所示。声测管之间应保持平行,但在实际施工中,由于钢筋骨架刚度的原因,会造成一定的误差,应尽量控制。

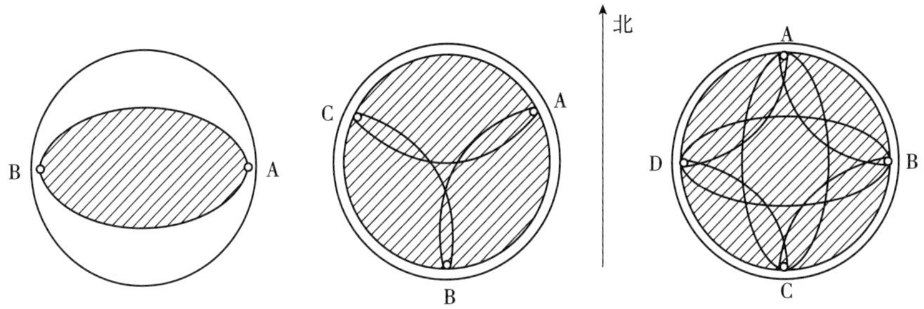

图4-1 声测管布置图

(3)声测管的安装

声测管应牢牢固定在钢筋笼内侧,对于钢管,每2m间距设一个固定点,直接焊接在架立筋上;对于PVC管,每1m间距设一固定点,应牢固绑扎在架立筋上。对于无钢筋笼的部位,声测管可用钢筋支架固定,声测管应一直埋到桩底,声测管底部应预先封焊死,管的上端应高于桩顶表面300~500mm,同一根桩的声测管外露高度宜相同,上顶端用螺纹盖、塞或木桩封闭管口,防止异物掉入管内。

4.检测结果的数据分析和判断

基桩的超声波透射法检测需要分析和处理的主要声学参数是声速、波幅、主频,同时要注意对实测波形的观察和记录,如何在这些数据的基础上,对桩的完整性、连续性、强度等级等做出判断,是超声法检测的关键。目前,常用的桩身缺陷判断方法有两大类,第一类是数值判据法,即根据测试值经适当的数字处理后找出一个存在缺陷的临界值作为依据,这种方法能对大量测试数据做出明确的分析和判断,通常用于全面扫测时缺陷的初步判断;第二类是声场阴影区重叠法,这类方法通常用于数值判据法确定缺陷位置后的细测判断,以便详细划定缺陷的位置、大小和性质等。在桩身缺陷的超声检测种,这两类方法必须联合使用,过分偏重任何一种方法都是不合理的。

(1)数值判据法

①概率法。正常情况下,由随机误差引起的混凝土的质量波动是符合正态分布的,这可以从混凝土试件抗压强度的试验结果得到证实,由于混凝土质量(强度)与声学参数存在相关性,可大致认为正常混凝土的声学参数的波动也服从正态分布规律。混凝土构件在施工过程中,可能因外界环境恶劣及人为因素导致各种缺陷,这种缺陷由过失误差引起,缺陷处的混凝土质量将偏离正态分布,与其对应的声学参数也同样会偏离正态分布。所以,只要检测出声学参数的异常值,其对应的位置即为缺陷区。

②PSD判据法。对于由声时、波幅衰减确定的异常区,结合PSD曲线进行综合分析,采用

斜率法作为辅助异常判据，当 PSD 值在某测点附近明显变化时，应将其作为可疑缺陷区。PSD(Pile of Slope and Difference)判据的物理意义为：声时-深度曲线相邻两点的斜率与相邻时差值的乘积，根据 PSD 值在某深度处的突变结合波幅变化情况，进行异常点判定，该判据对声时具有指数放大作用。因此，缺陷区 PSD 值较声时反应明显，而且运用 PSD 判据基本上消除了声测管不平行或混凝土不均匀等因素所造成的声时变化对缺陷判断的影响，但如果声时读数有错误，那么 PSD 会将错误数据进行放大，造成误判。

(2)声阴影重叠法

所谓声阴影重叠法，就是当超声脉冲束穿过桩体并遇到缺陷时，在缺陷背面的声强减弱，形成一个声辐射阴影区，在阴影区内，接收信号波高明显下降，同时声时增大，甚至波形出现畸变。若采用两个方向检测，分别划出阴影区，则两个阴影区边界线交叉重叠所围成的区域，即为缺陷的确切范围。其基本方法是：一个换能器固定不动，另一个换能器上下移动，找出声阴影的边界位置，然后交换测试，找出另一面的阴影边界。边界线的交叉范围内的重叠区，即为缺陷区。在混凝土中，由于各界面的漫反射及低频声波的绕射，使声场阴影的边界十分模糊。因此，需综合运用声时、波幅、频率等参数进行判断，在这些参数中波幅是对阴影区最敏感的参数，在综合判断时应赋予较大的"权数"。当需要确定局部缺陷在桩的横截面上的准确位置时，可用多测向叠加法，即根据几个测向的测量结果通过作图法进行叠加，交叉重叠区即为缺陷区。

5.超声波法检测质量薄弱环节

与低应变法、抽芯法比较，声波透射法具有其鲜明的特点：检测全面、细致；检测范围可覆盖全桩长的各个段截面，信息量相对丰富，结果准确可靠；且现场操作简便、迅速，不受桩长、长径比的限制等。但采用该方法需要提前埋设好测管，并封测管口以确保测管不会被堵塞。现场检测时，经常出现桩身上部因钢管锈蚀导致换能器接收的能量减弱的情况，可采用高压水枪等工具冲刷管壁后复测；有时也可能是由于管壁与混凝土没有密切接触，存在空隙(空气)，可在桩头多浇水保湿、冲洗管壁，使空隙充满水，然后再复测。

此外，对于桩底存在薄弱沉渣或个别管堵塞等情况，由于换能器本身局限性及无法通过换能器等原因，无法准确检测，这时可采用钻芯或低应变法进行验证。另外，测管位置的偏移也会给测试带来很大的困难，因此，一定要注意对测管的固定。

二、低应变法

1.概述

基桩反射波法检测桩身结构完整性的基本原理是：通过在桩顶施加激振信号产生冲击弹性波脉冲，该弹性波沿桩身传播过程中，遇到不连续界面(如蜂窝、夹泥、断裂、孔洞等缺陷)和桩底面时，将产生反射波，检测分析反射波的传播时间、幅值和波形特征，就能判断桩的完整性，如图 4-2 所示。

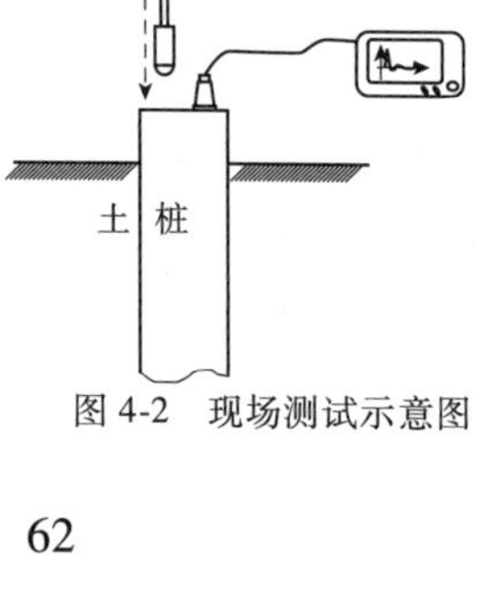

图 4-2　现场测试示意图

假设桩中某处阻抗发生变化，当应力波从介质Ⅰ(阻抗为 Z_1)进入介质Ⅱ(阻抗为 Z_2)时，将产生速度反射波和速度透射波。令桩身质量完整性系数 $\beta=Z_2/Z_1$，反射系数为 α，由下式则有：

$$\alpha=\frac{v_2\downarrow}{v_2\uparrow}=\frac{Z_2v_2\downarrow}{Z_2v_2\uparrow}=\frac{P_2\downarrow}{P_2\uparrow}=\frac{Z_1-Z_2}{Z_1+Z_2}=\frac{1-\dfrac{Z_2}{Z_1}}{1+\dfrac{Z_2}{Z_1}}=\frac{1-\beta}{1+\beta} \tag{4-1}$$

令 $\Delta Z=Z_1-Z_2$，$Z=\rho CA$（ρ 桩密度、C 波速、A 截面积）：

若 $\beta=1$，$\Delta Z=0$ 时，$\alpha=0$ 说明界面无阻抗差异，即没有反射波。

若 $\beta<1$，$\Delta Z>0$ 时，$\alpha>0$ 说明界面阻抗变小，出现与入射波同向的反射波。

若 $\beta>1$，$\Delta Z<0$ 时，$\alpha<0$ 说明界面阻抗变大，出现与入射波反向的反射波。

如图 4-3 所示为完整桩，已知桩长 L，桩底一次反射时间为 t，应力波在桩身中传播的纵波波速为 C，则三者之间的关系为：

$$C=\frac{2L}{t} \tag{4-2}$$

该式即为判断桩长或波速的简单关系式。在实际测试分析中，C 和 L 其中一个量必须知晓。

如图 4-4、图 4-5 所示变截面桩为缺陷桩，缺陷的程度根据缺陷反射的幅值定性确定，缺陷位置根据反射波的时间 t_x 由下式确定：

$$L_x=C\frac{t_x}{2} \tag{4-3}$$

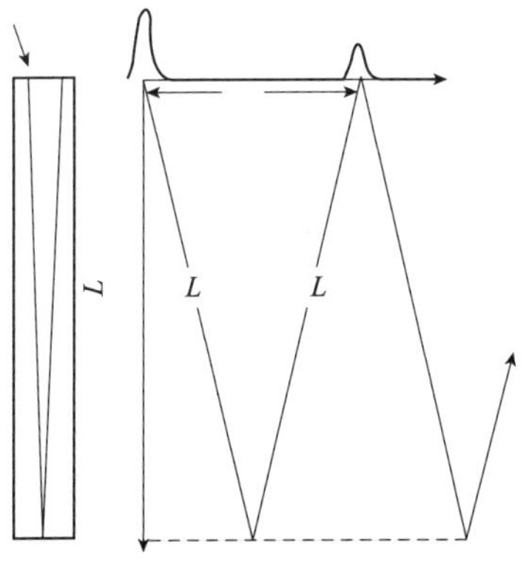

图 4-3 完整桩

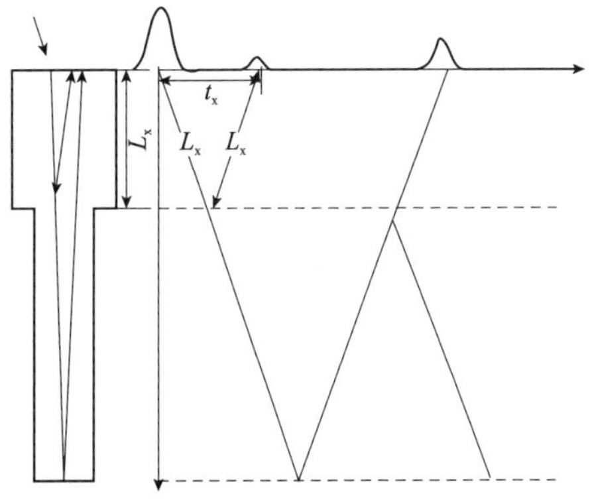

图 4-4 变截面桩

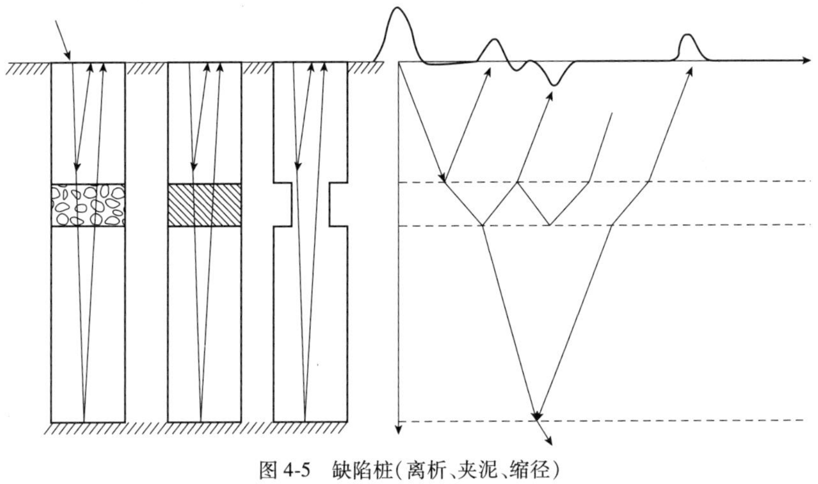

图 4-5 缺陷桩（离析、夹泥、缩径）

不同桩身阻抗变化情形下的桩顶速度响应波形图如图4-6所示。

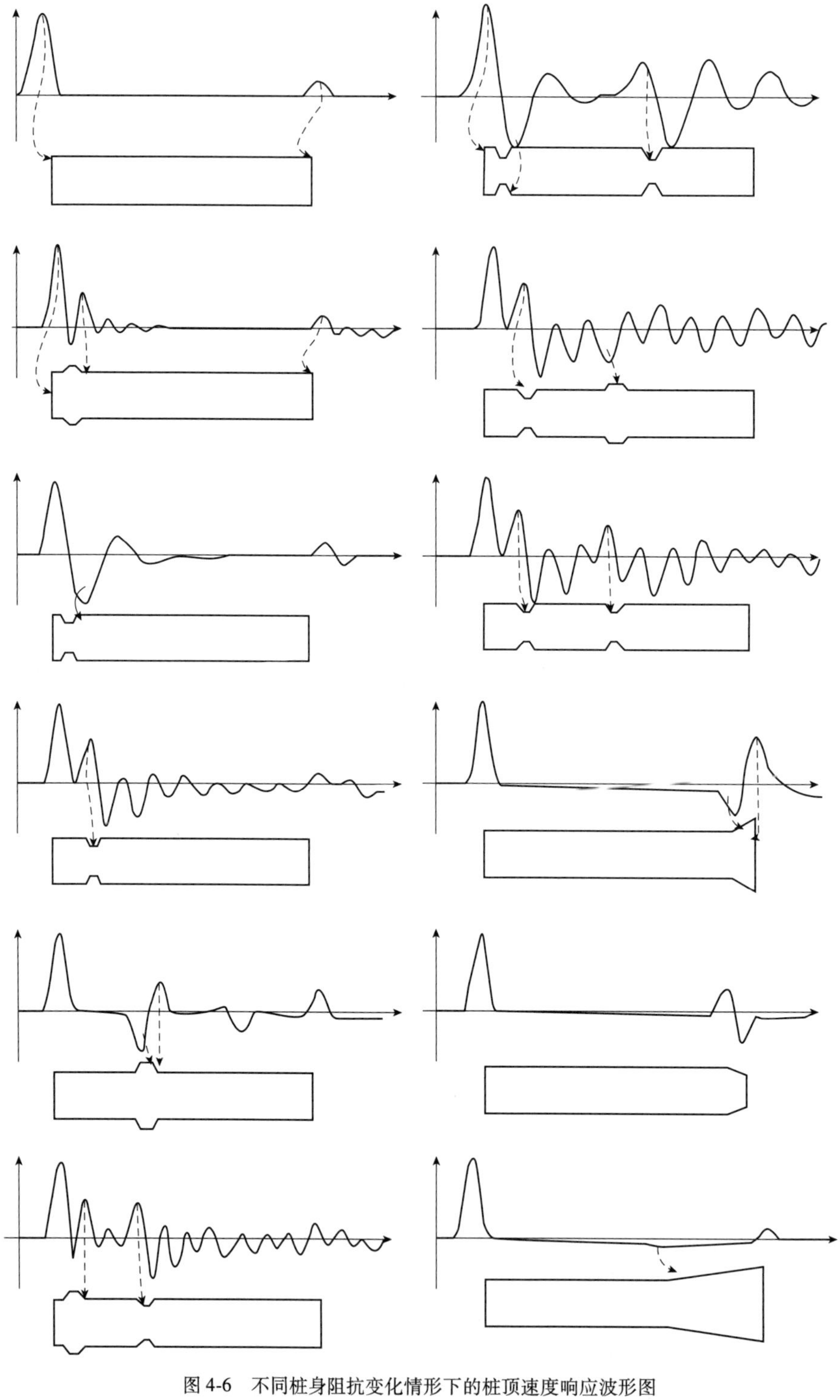

图4-6　不同桩身阻抗变化情形下的桩顶速度响应波形图

2.低应变现场测试前准备工作

(1)选锤

现场检测选择不同材质的锤头或锤垫,可激发出低频宽脉冲或高频窄脉冲(表4-1)。

激振锤激发效果一览表 表 4-1

编号	锤型	材质	质量(kg)	脉宽(ms)	主瓣宽(kHz)	力值(kN)	加速度计		速度计		检波器	
							波形	谐振峰(kHz)	波形	谐振峰(kHz)	波形	谐振峰(kHz)
1	小钢管	钢	0.09	0.6	3.281	0.136	微荡	4.717	微荡	1.760	轻荡	1.543
2	小钢杆	钢	0.13	0.7	2.559	0.272	微荡	4.707	微荡	1.750	轻荡	1.475
3	小钢钎	钢	0.27	0.9	2.021	0.408	正常	4.814	微荡	1.760	轻荡	1.480
4	小板斧	铁	0.22	1.1	1.748	0.332	正常	4.500	正常	—	微荡	1.484
5	小钢锤	钢	0.22	0.8	2.266	0.378	正常	4.510	微荡	1.760	轻荡	1.494
6	铁锤	钢	1.23	0.8	2.500	1.888	正常	4.770	微荡	1.770	轻荡	1.494
7	装修锤	塑料	0.33	1.2	1.885	0.526	正常	4.710	正常	—	正常	—
8	木槌	杂木	0.39	1.0	1.924	0.589	正常	4.760	正常	—	轻荡	1.500
9	橡胶锤	生胶	0.19	1.5	1.211	0.227	正常	4.790	正常	—	正常	—
10	橡胶锤	生胶	0.30	2.0	0.859	0.434	正常	4.730	正常	—	正常	—
11	橡胶锤	生胶	0.70	2.4	0.752	0.501	正常	4.500	正常	—	正常	—
12	橡胶锤	熟胶	0.66	2.7	0.771	0.807	正常	4.500	正常	—	正常	—

注:1.安装方式:加速度计——高级橡皮泥;速度计——高级橡皮泥;检波器——钻孔全埋;

2.敲击对象:预制桩。

低频脉冲有利于检测桩深部缺陷、高频脉冲有利于检测桩浅部缺陷。当遇到大直径长桩时,应选择力棒等激发能量稍大一点的重锤(如桩长超过 20m,桩直径大于 800mm)。

当遇到小直径短桩时,应选择小铁锤或小扳手敲击,注意掌握力度(如桩长小于 5m,桩直径小于 300mm)。

其他情况,采用尼龙槌可满足要求。

(2)桩头处理

桩头条件处理的好坏直接影响到测试信号的质量。桩顶表面应平整干净且无积水;应将敲击点和传感器安装点部位磨平。多次敲击信号一致性较差时,多与上述条件未达到有关。

当桩头与承台或垫层相连时,相当于桩头处存在很大的截面阻抗变化,对测试信号会产生影响。因此,测试时桩头应与混凝土承台断开;当桩头侧面与垫层相连时,除非对测试信号没有影响,否则应断开。

(3)耦合剂的选择

较好的耦合剂有:石膏、蜡烛、黄油及其他固态油、凡士林等。

3.如何确定混凝土波速 *C*

国内外大多数专家学者都认为,混凝土强度与波速之间无固定的相关关系,不同场地、不同配合比、不同龄期、采用不同厂家生产的水泥,其波速与混凝土强度的关系都不一样,如表 4-2 所示。但这并不意味着二者的关系完全不可知,事实上,有一点大家的观点相当一致,即同一场地、相同配合比的情况下波速越高,混凝土的弹性模量和强度也越大。

根据波动理论,混凝土的动弹性模量 E_d 可由下式得到:

$$E_d = \rho C^2 \tag{4-4}$$

其中，C 为混凝土中弹性波纵波波速(km/s)；ρ 为混凝土的密度(kg/m^3)，一般在 2400 左右。而混凝土的静弹性模量 E_c 和动弹性模量 E_d 之间有良好的相关关系：

$$E_c = 9.0e^{0.033E_d} \tag{4-5}$$

进而混凝土的立方体抗压强度 σ_{cu} 可以用下式推算：

$$\frac{\sigma_{cu}}{MPa} = 0.702e^{0.129\left(\frac{E_c}{GPa}\right)} \tag{4-6}$$

不同强度混凝土的波速特征值及范围 表 4-2

混凝土强度	混凝土	C15	C20	C25	C30	C35	C40~
波速范围	2500~4500	2500~3100	3000~3500	3500~3800	3700~4000	3900~4200	4100~4500
特征波速	2500	2800	3200	3650	3950	4100	4300

但更具体可信的波速还是要根据不同地区的大量检测数据的结果统计来完成(在确定的桩长、确定的混凝土强度等级、明显的桩底反射等的条件下)。

另外，不同龄期，混凝土强度不一样，混凝土强度随时间的变化曲线因水泥特性不同而不同，速效水泥几天即可达到预期强度，普通水泥超过 14d，强度可达到预期值的 80%以上，只有满 28d 龄期其强度值才能完全达到要求，有下列关系式可供参考：

$$[\sigma] = [\sigma]_{28} \cdot \log_{28}^{n} \tag{4-7}$$

式中：n——施工后的天数；

$[\sigma]$——当天抗压强度；

$[\sigma]_{28}$——预期强度。

此外需要注意的是，弹性波在材料中传播时具有一定的色散性，即波速随着振源频率的变化而变化。一般来说，频率越高，信号衰减越快，波速越高；频率越低，信号衰减越慢，波速也越低。对于冲击弹性波，由于波长相对较长，频率对波速的影响较小，一般可以忽略。但对于超声波而言，由于波长较短，接近集料的尺寸，频率对波速的影响就很大。

4.低应变法检测质量薄弱环节

低应变测试法对桩身缺陷程度只作定性判定，对桩身不同类型的缺陷，反射波测试信号中主要反映该处桩身阻抗减小的信息，缺陷性质较难区分，如混凝土灌注桩出现的缩径与局部松散、夹泥、空洞等，只凭测试信号就很难区分。

应结合地质条件、施工情况，采取钻芯、声波透射等综合分析。尤其是当桩身上部出现较大幅度的扩缩径等引起桩身阻抗变化较大时，则下部缺陷会因能量叠加、衰减而无法准确判别，这时可结合超声波法或抽芯法补充。

三、钻芯法

1.检测数量

(1)基桩钻孔数量应根据桩径 D 大小确定：

①$D<1.2$m，每桩钻芯孔数可为 1~2 个。

②$1.2\text{m} \leqslant D \leqslant 1.6$m，每桩钻芯孔数宜为 2 个。

③$D>1.6$m，每桩钻芯孔数宜为 3 个。

④当钻芯孔为 1 个时，宜在距桩中心 10~15cm 的位置开孔；当钻芯孔为 2 个或 2 个以上

时，开孔位置宜在距桩中心 0.15D~0.25D 范围内均匀对称布置。

⑤对桩端持力层的钻探，每根受检桩不应少于 1 个孔。

(2)持力层的钻探深度应符合下列规定：

每桩至少应有一孔钻至设计要求深度，如设计未有明确要求时，宜钻入持力层 3 倍桩径且不少于 3m。

(3)钻芯法检测时混凝土龄期不得少于 28d，或受检桩同条件养护试件强度应达到设计强度要求。

2.技术要求

检测严格执行相关检测规范、仪器操作规程。具体实施步骤如下：

(1)确定钻孔位置。

(2)钻机安装稳固，底座调平，并保证立轴垂直。

(3)钻进过程中，钻孔内循环水流不得中断，水压应能保证充分排除孔内岩粉。当钻孔钻至接近桩端的地基持力层时，应采取提钻或其他措施，保证在一个回次中能反映桩端接触带的持力层性状。

(4)在钻芯过程中，应观察并记录回水含砂量及颜色、钻进的速度变化，当出现异常情况时，应记录位置、程度、沉渣厚度等情况。

(5)钻芯孔倾斜率不得大于 0.5%，当出现钻孔偏离桩时，应停机查找原因。

(6)当持力层为强风化岩层或土层又未有超前钻探资料时，应进行标准贯入试验。

(7)采取芯样试件前，对混凝土、岩芯全貌进行拍照。

(8)对混凝土的胶结情况、集料的分布情况、混凝土芯样表面的光滑程度、气孔大小、蜂窝、夹泥、松散、桩与持力层的接触情况、沉渣厚度、桩端持力层的岩土特征等，应做出清晰、准确的记录。

(9)混凝土芯样的采取：

①数量应符合的规定：当桩长小于 10m 时，每孔应截取 2 组芯样；当桩长为 10~30m 时，每孔应截取三组芯样；当桩长大于 30m 时，每孔应截取芯样不少于 4 组。

②上部芯样位置距桩顶设计高程不宜大于 1 倍桩径或超过 2m，下部芯样位置距桩底不宜大于 1 倍桩径或超过 2m，中间芯样宜等间距截取。

③缺陷位置能取样时，应截取 1 组芯样进行混凝土抗压试验。

④同一基桩的钻芯孔数大于 1 个，且某一孔在某深度存在缺陷时，应在其他孔的该深度处，截取一组芯样进行混凝土抗压强度试验。

⑤当桩端持力层为中、微风化岩层且岩芯可制作成试件时，应在接近桩底部位 1m 内截取岩石芯样；遇分层岩性时，宜在各分层岩面取样。

3.钻芯法检测质量薄弱环节

钻芯法适用于检测混凝土灌注桩的桩长、桩身混凝土强度、桩身缺陷及其位置、桩底沉渣厚度，判定或鉴别桩底持力层岩性，判定桩身完整性类别。具有准确可靠等优点，特别适用于大直径灌注桩的成桩质量检测，缺点是费用高昂。钻芯断面所占断面有限，常与低应变、超声波法相结合：多数情况下，当低应变检测判定桩身或桩底存在问题时，通过抽芯来验证，尤其是桩底可能存在沉渣或桩底未到设计的岩层时，常通过钻芯法进行验证；当超声波法判断桩身缺陷明显时，可以结合缺陷所在断面进行抽芯，这样就比较能准确判定。

第二节 锚 杆 检 测

一、概述

锚杆是水电、公路、铁路等工程建设中边坡支护及地下工程治理的重要手段。因为锚杆为隐蔽施工工程，施工质量的影响因素较多（有地质原因、有施工工艺及施工管理水平等因素），往往存在这样或那样的潜在缺陷使施工质量难以满足设计要求，对工程的安全运行埋下的隐患。及早发现锚杆施工过程中存在的质量缺陷并加以处理，是确保工程的安全运行的关键。全长黏结砂浆锚杆的长度及注浆密实度是否达到设计要求，是衡量锚杆是否合格的重要指标，传统的测试方法是抗拔试验，但这种方法并不能完全确定其施工质量（尤其是锚杆注浆密实度），目前使用最多的检测方法是弹性波反射法。

二、检测原理

锚杆质量检测与基桩低应变法的测试原理相同。安装于锚杆顶部的传感器，可采集到来自锚杆不同部位的反射信号。通过分析和读取反射信号的双程时间，即可求出锚杆的长度和缺陷。

但是，由于锚杆的截面积远远小于基桩，且锚杆在设置时往往需要注浆，从而形成锚杆、注浆体和周围岩土材料的复合结构。因此，其测试难度一般要高于低应变法。

1.锚杆长度的计算

锚杆长度的计算一般采用时域反射波法、频差法等。

（1）时域反射波法

锚杆长度时域反射法计算方法如下式：

$$L=\frac{C_m}{2}\cdot\Delta t_e \tag{4-8}$$

式中：L——锚杆杆体长度，m；

C_m——计算波速，m/s，可通过锚杆相关模拟试验得到；

Δt_e——杆底反射波走时，s。

（2）频差法

根据频差法计算锚杆长度的计算方法如下：

$$L=\frac{C_m}{2\Delta f} \tag{4-9}$$

式中：Δf——幅频曲线上杆底相邻谐振峰之间的频差。

2.计算波速确定

在锚杆长度测试中，采用的是 C_m，即计算用波速或杆系速度。因此，计算波速的合理选取直接影响到测试结果。在实际检测过程中，计算波速（也为杆系波速）往往随着灌浆密实度的变化而变化。在灌浆密实度、岩体不同的情况下，计算波速 C_m 的取值范围很大，一般在 3800～5300m/s 之间。因此，根据锚杆质量相关检测规程规定，在实际检测前，应当对计算波速进行室内试验和现场试验加以确定。

而根据不同的灌浆、岩体极边界条件，可按下列原则取值：

(1)当锚杆的锚固密实度小于30%时，可取锚杆的杆体波速 C_b，一般可取5180m/s。

(2)当锚杆的锚固密实度大于或等于30%时，宜通过同等条件下的模型模拟试验或现场，对不少于3根已知长度的锚杆进行现场检测，从而对波速进行推算。

3.锚杆检测注意事项

在对锚杆现场检测时，应注意下列事项：

(1)检测前应进行现场调查，搜集工程项目用途、结构，项目锚杆的设计类别及功能、设计长度范围，了解锚杆的施工工艺及锚杆工程相关的地形、地质资料等。

(2)锚杆顶端应平整且不能弯曲。

(3)现场不能有其他影响检测信号的干扰存在等。

锚杆的注浆饱和度跟锚杆与砂浆、砂浆与围岩的接触以及砂浆的胶结程度有关。通过分析接收波列的波形特征、频谱特征、衰减特征等，就可得到锚杆注浆的饱和情况。一般情况下，注浆饱和情况越好，所测得的波形越规则、反射杂波越少、频率较高且集中，相应的振幅就越小、衰减也越快；注浆饱和度差的锚杆，测得的波形比较复杂，反射杂波较多，频率较低且分散，振幅大且衰减慢。据此可定性的推定计算锚杆的注浆饱和度。

锚杆杆底反射信号特征：一般锚杆材质的波阻抗大于黏结剂或围岩的波阻抗，反射系数为正值，杆底反射波信号与入射波同相位，而且杆底各次反射信号的时间间隔相同、相位同向。在入射波信号强度基本等同的情况下，杆底反射波信号强度与杆底界面的波阻抗差异程度和锚固体系的阻尼有关，即杆底界面的波阻抗差异越大，锚固体系的阻尼越小(如注浆密实度越差)，则杆底反射信号的强度越强；反之则相反，如图4-7所示。

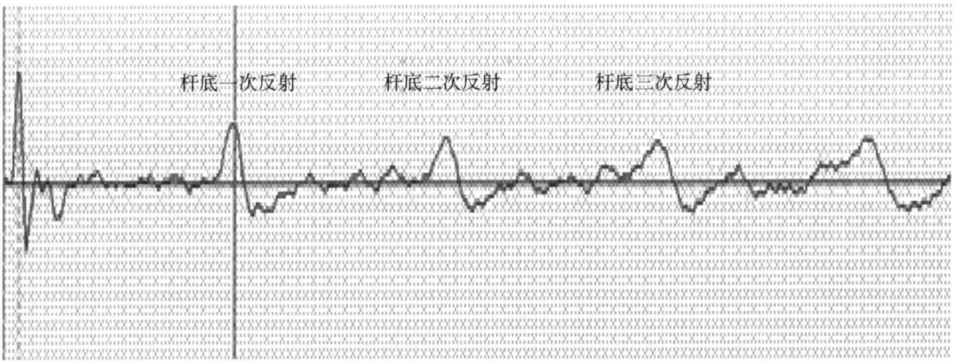

图4-7 杆底多次反射信号

锚杆杆中反射信号特征：当锚杆注浆存在局部不密实的情况，则锚杆不同截面的波阻抗会有所差异，且在这些有差异的界面均会产生反射波。根据波反射原理，界面的波阻抗差异将决定反射波的性质，当波阻抗比值 n 大于1时(从注浆密实至不密实)，反射系数为正值，在时域曲线上反射波信号与入射波同相位，多次反射信号相位一致，如图4-8所示。

当波阻抗比值 n 小于1时(从注浆不密实至密实)，反射系数为负值，在时域曲线上第一次反射波信号与入射波相位相反，经锚杆端部反射的第二次反射信号与入射波相位相同，多次反射信号相位交替改变，如图4-9所示。

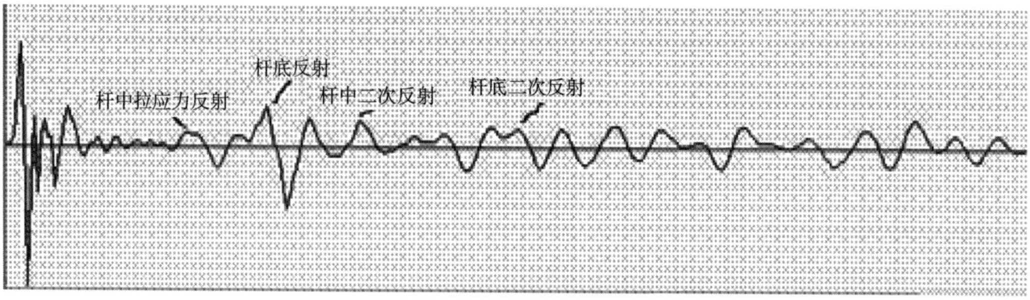

图 4-8 杆底阻抗小时的反射信号

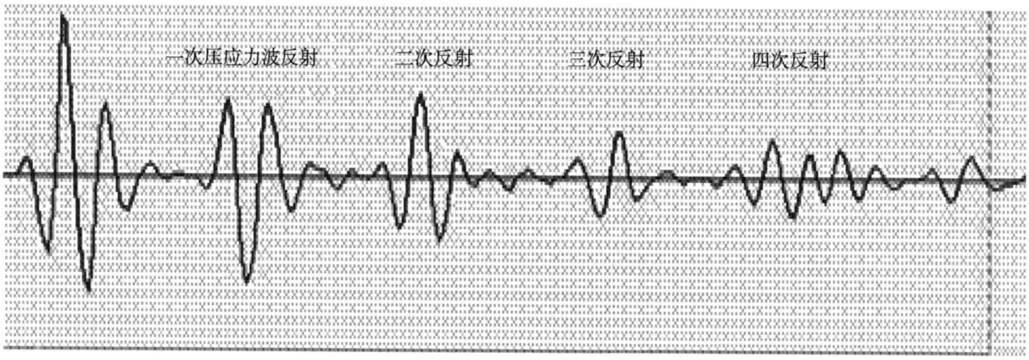

图 4-9 杆底阻抗大时的反射信号

三、锚杆灌浆检测实例

如图 4-10、图 4-11 所示为对某隧道锚杆锚固质量（长度和灌浆密实度）检测的测试波形图。

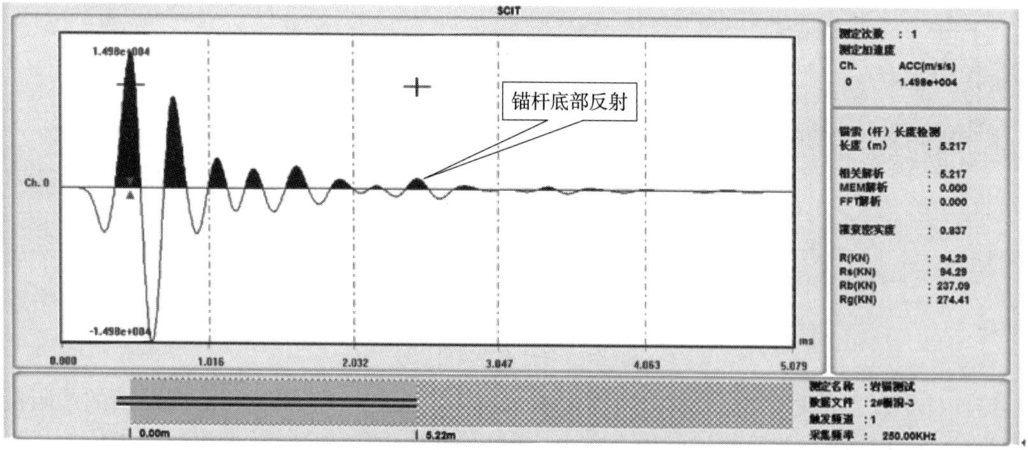

图 4-10 灌浆较好锚杆测试波形图

由上述理论可知，当锚杆灌浆较好时，应力波的衰减很快，即测试波形整体收敛性好，其振动持续时间较短，在锚杆底部反射波之前没有额外明显的其他反射波存在。而当锚杆灌浆存在缺陷时，则在锚杆底部反射之前将会出现明显的反射信号，但当缺陷较深时，测试波形的收敛性仍然较好。

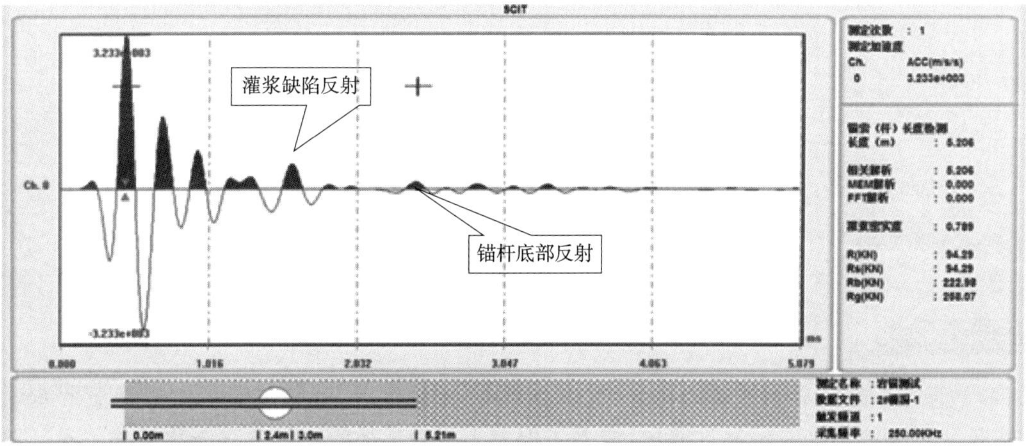

图 4-11　存在灌浆缺陷锚杆测试波形图

习　题

4-1　简述超声波透射法测试基桩完整性的技术原理及其常用的桩身缺陷判断方法。

4-2　简述低应变法测试基桩完整性的技术原理。

4-3　简述锚杆长度的计算方法以及波速的选取。

第五章　岩土材料

学习指南

本章详细介绍了岩土材料的承载板、动力载荷、挖坑灌砂、弹性波速检测等试验的基本原理、成果处理和应用。在学习过程中，需要了解岩土材料现场检测的常用手段及其适用范围与特点，掌握岩体及岩土工程弹性波检测技术的应用特点及应用范围。

第一节　概　　述

本书所提岩土材料包含岩石类材料和土质类材料。两者区别在于，岩石类材料往往粒径大、刚性和强度高，如宕渣材料；而土质类材料往往粒径小、松散，刚性和强度低，如粉土材料。

岩土材料多为弹塑性材料，且塑性特征往往更为显著，因此其非线性和离散性很强，相对于金属弹性材料、混凝土较为匀质材料，岩土材料的试验有很大的不同。岩土材料的检测和试验往往可以分为室内试验和现场（原位置）试验，其中，相对于室内试验原位置试验更能够反映实际状况，现在越来越受到重视。现场检测试验根据测试的媒介和原埋等，可分为：

①载荷试验：在现场模拟上层结构或运行荷载，对岩土材料直接施加相应的荷载，通过其荷载与变形（如沉降位移）的关系来推算材料的力学指标。根据施加荷载的方式不同，又将载荷试验分为静荷载和动荷载试验。

②现场取样：指在施工现场，通过钻芯取样或挖掘取样等方式，获取现场材料，通过取样材料的试样来推算材料的各种特性。这种方式往往具有一定的破坏性，且需要结合室内试验来完成。

③物探检测：借助于如弹性波、电磁波、阻抗等对岩土材料质量进行检测的试验方法。

本章将就上述不同类型的检测做相应的讲解，如载荷试验的荷载板试验、现场取样方法挖坑灌砂法、物探方式的弹性波检测试验等。

第二节　载荷试验和现场取样试验

目前，在岩土、岩体工程中，载荷试验和现场取样试验是广泛使用的试验方法，其中载荷试验包括静力荷载和动力荷载试验。

静力载荷试验是指在岩土材料填筑或铺装结构的表面逐级加力，并观测每级加载下的岩体变形特征参数的原位试验，其中承载板试验是其典型代表。

动力荷载试验即采用重锤的落下所产生的冲击力作为荷载，通过荷载特征参数计算测试对象力学特性的试验方法。由于冲击载荷可以达到锤自身重量的几十倍乃至几百倍，因此可以有效地对测试对象施加压力。同时，由于交通荷载大多为动力荷载，因此，基于动力加载的测试方法有时候更接近于道路的实际受力状况。

一、承载板试验

承载板试验作为原位试验方法，使用最早，应用最广泛，在我国现行的很多检测规程中，都将其作为重要的检测手段。

承载板试验（图 5-1）是指在一定尺寸（如直径 30cm）的刚性承载板上分级施加静力载荷，观测各级荷载作用下测试对象结构随压力变化的变形过程的原位试验。主要用于确定对象结构的承载力和变形模量等。

图 5-1　承载板试验

1.适用范围与特点

承载板载荷适用于在现场土基表面。通过用承载板对土基逐级加载、卸载的方法，测出每级载荷下相应的土基变形参数，进而计算求得相应的承载力或模量等。由于试验简单、直观，因此多年来应用广泛。同时，也应注意到其局限性：

（1）承载板试验只能用于地表浅层地基土的力学特性检测，其影响深度范围不超过承压板直径的 2 倍。

（2）承载板试验一般采用直径为 30cm 的承压板，其尺寸比实际基础小，极容易在刚性板边缘产生塑性区的开展，容易造成地基的破坏，使得估算的承载力偏低。

（3）承载板试验对透水性较差的软黏土，其变形与实际情况有较大的差异。

2.试验仪具

承载板载荷试验的常用仪具主要包括：承载板、荷载装置、反力装置及量测装置等。

（1）承载板

承载板需要采用刚性较大的圆形钢板，并在钢板上焊接肋，以保证在试验荷载过程承压板不产生形变。承载板的面积应根据测试对象结构的深度、软硬程度或岩体裂隙发育情况合理选用。浅层载荷试验时，承载板面积不应小于 0. 25m^2，对于软土、不均匀土层，承载板面积不应小于 0. 50m^2。复合地基承载力试验时，承载板面积应根据置换率进行换算。

（2）加荷装置

加荷装置一般采用液压系统实现，包括千斤顶、油泵、油管以及压力计和稳压器等。

（3）反力装置

反力装置包括堆载式、撑壁式等多种形式，如图 5-2 所示。其中，堆载式适用于各种土质条件，设备简单，但需要较多混凝土块或铸铁块等重物；撑壁式适用于土壁稳定的情况，设备轻便，试验深度宜在 2. 0~5. 0m。

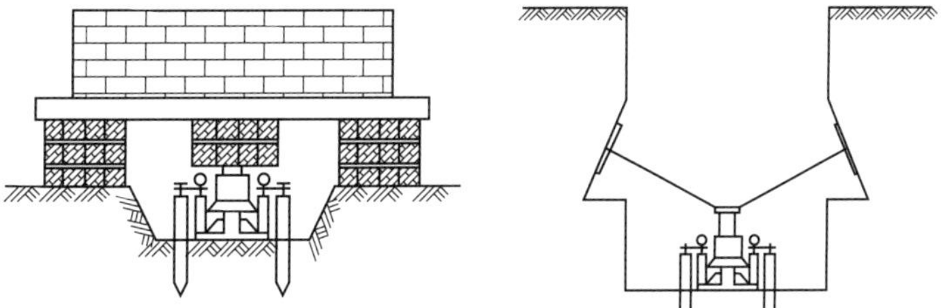

a)堆载式　　b)撑壁式

图 5-2　反力装置示意图

(4)量测装置

载荷试验量测装置包括液压系统的油压表、承压板沉降测量用的百分表或千分表等。

3.荷载-沉降曲线

根据现场试验数据绘制荷载-沉降曲线(p-s 曲线),典型的 p-s 曲线有三个变形阶段,如图5-3 所示:

(1)直线变形Ⅰ阶段

如图 5-3 所示,第Ⅰ段当荷载压强小于比例界限 p_0 时,荷载压强与回弹变形之间的关系接近于正比例,如图 5-4 所示,土体以压缩变形为主,该阶段地基变形不大,地基土稳定性较好。

(2)局部剪切Ⅱ阶段

如图 5-3 所示,第Ⅱ段当荷载压强超过 p_0 时,荷载压强与回弹变形之间不再是比例关系,曲线斜率逐渐增加,此时土体剪切变形增加,压缩变形减少,如图 5-5 所示。该阶段承载板周边的土体出现塑性变形区,有较显著的侧向变形,随着荷载压强的增加,塑性变形区域逐渐扩大,地基稳定性逐渐降低。

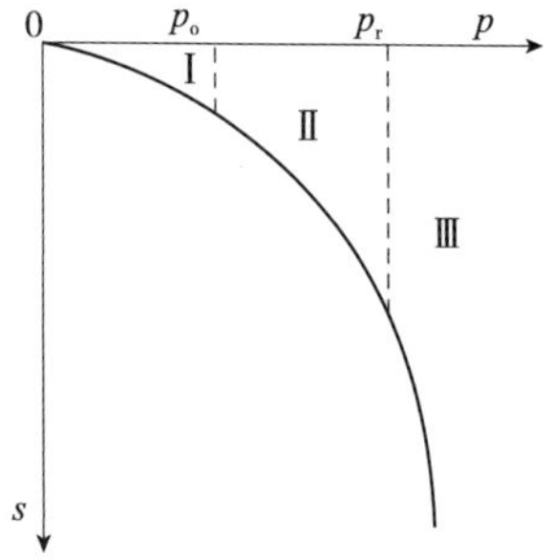

图 5-3　荷载-沉降曲线(p-s 曲线)

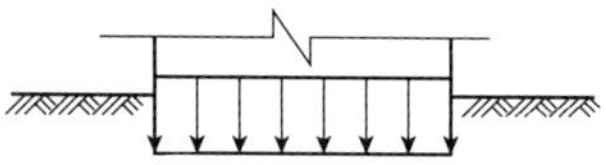
图 5-4　直线变形阶段地基土应力状态

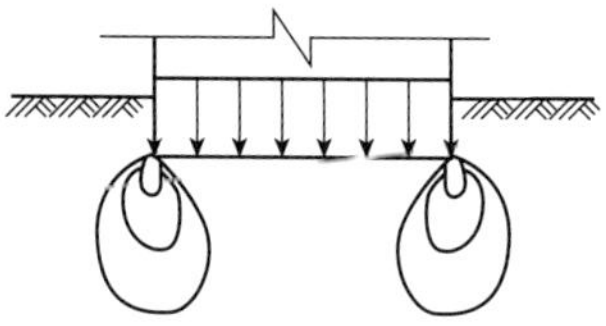
图 5-5　局部剪切阶段地基土应力状态

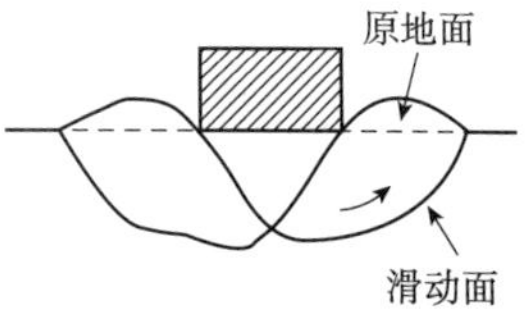

图 5-6　破坏阶段地基土应力状态

(3)破坏Ⅲ阶段

当荷载继续增加,达到极限荷载 p_r 时,承压板长时间下沉,不能保持稳定,如图 5-3 中第Ⅲ段和图 5-6 所示。此时,地基土中塑性变形区已扩大至形成连续的滑动面,土从承压板下被挤出,承载板四周土体隆起,地基土剪切破坏,丧失稳定性。

4.成果应用

(1)测定承载力特征值

①极限荷载法。

若载荷试验加载至破坏阶段,取破坏荷载的前一级荷载作为极限荷载 p_u,承载力特征值 f_{ak} 可按下式计算:

$$f_{ak}=\frac{p_u}{K} \tag{5-1}$$

式中:K——安全系数,取 2.0。

②比例界限法。

根据 p-s 曲线的直线段可以按下式计算承载力特征值 f_{ak}:

$$f_{ak} = p_0 \tag{5-2}$$

当 p-s 曲线上直线段明显时,以直线段的终点为比例界限 p_0;

当 p-s 曲线上直线段不明显时,可做出 $\lg p$-$\lg s$ 曲线或 p-$\Delta s/\Delta p$ 曲线,以拐点对应的荷载为 p_0。

(2)测定土基回弹模量

土体的变形模量 E_0 是指无侧限条件下单轴受压的应力与应变之比。E_0 应根据 p-s 曲线的初始直线段,按均质各向同性半无限弹性介质的弹性理论计算。

浅层载荷试验可按下式计算变形模量 E_0(MPa):

$$E_0 = I_0(1-\mu^2)\frac{pd}{s} \tag{5-3}$$

深层载荷试验可按下式计算变形模量 E_0(MPa):

$$E_0 = \omega\frac{pd}{s} \tag{5-4}$$

上两式中:I_0——刚性承载板的形状系数,圆形承载板取 0.785,方形承载板取 0.886;

μ——土的泊松比;

d——承载板直径或边长,m;

p——p-s 曲线上线性段的压力,MPa;

s——与 p 值相对应的沉降值,mm;

ω——与试验深度和土类别有关的系数,可按表 5-1 选用。

深层载荷试验计算系数 表 5-1

d/z	碎石土	砂土	粉土	粉质黏土	黏土
0.30	0.477	0.489	0.491	0.515	0.524
0.25	0.469	0.480	0.482	0.506	0.514
0.20	0.460	0.471	0.474	0.497	0.505
0.15	0.444	0.454	0.457	0.479	0.487
0.10	0.435	0.446	0.448	0.470	0.478
0.05	0.427	0.437	0.439	0.461	0.468
0.01	0.418	0.429	0.431	0.452	0.459

注:d/z 为承压板直径与承压板底面深度之比。

(3)确定基准基床系数

Winkler 提出假设:地基上任一点所受的压力强度 p 与该点的地基沉降量 s 成正比,这个比例系数就是基床反力系数(简称基床系数)。基准基床系数 K_v 可根据承压板边长为 30cm 的平板载荷试验,按下式计算:

$$K_v = \frac{p}{s} \tag{5-5}$$

(4)估算地基土的不排水抗剪强度

用快速载荷试验(相当于不排水条件)的极限荷载 p_u,可按下式估算饱和黏性土的不排水抗剪强度 C_u:

$$C_u = \frac{p_u - p_d}{N_c} \tag{5-6}$$

式中：p_u——快速荷载试验所得的极限荷载，kPa；

p_d——承压板周边外的超载或土的自重压力，kPa；

N_c——当周边无超载时，取 6.15；当承压板埋深超过 4 倍直径或边长时，取 9.25；当承压板埋深小于 4 倍直径或边长时，其值由线性内插法确定。

二、动力载荷试验

截至 2016 年，在我国公路相关规程中，还是以静力荷载为主。而动力荷载试验方法更接近于道路的实际受力状况，越来越受到重视。动力荷载作为标准测试方法，也将逐渐成行。其中较为成熟的动力荷载测试方法包括动态平板载荷试验（E_{vd}）、落球式岩土力学特性测试试验（FBT）。

1.动态平板载荷试验（E_{vd}）

动态变形模量 E_{vd}（英文：dynamic modulus of deformation）是指土体在一定大小的竖向冲击力 F_s 和冲击时间 t_s 作用下抵抗变形能力的参数。它由下列平板压力公式计算：

$$E_{vd} = 1.5 \times r \times \frac{\sigma}{s} \tag{5-7}$$

式中：E_{vd}——动态变形模量，MPa；

r——圆形刚性荷载板的半径，mm；

σ——荷载板下的最大冲击动应力，它是通过在刚性基础上，由最大冲击力 $F_s = 7.07$kN 且冲击时间 $t_s = 18$ms 时标定得到的，即 $\sigma = 0.1$MPa；

s——实测荷载板下沉幅值，mm；

1.5——荷载板形状影响系数。

实测结果采用公式 $E_{vd} = 22.5/s$ 计算。

1997 年 2 月德国颁布执行的《德国铁路建设轻型落锤仪使用规定》（NGT39）标志着动态变形模量 E_{vd} 标准开始在铁路工程中正式采用。该标准的最大特点是能够反映车辆在高速运行时产生的动应力对路基作用的真实状况。动态变形模量 E_{vd} 从研究开发至今已有 20 多年的历史，在欧洲普遍采用的是具有代表性的德国 HMP 公司开发的 LFG 系列动态变形模量测试仪，也称轻型落锤仪（LFG）。动态变形模量 E_{vd} 标准在德国首先应用于道路建设、路面垫层、管道和电缆沟槽、渠道、基础回填等工程。

我国相关科研单位先后也研制出了动态变形模量 E_{vd} 测试仪，如中铁五院集团公司研制的 DBM-2 型动态变形模量 E_{vd} 测试仪（图 5-7）。

图 5-7　变形模量 E_{vd} 测试仪

E_{vd} 动态平板载荷试验属于动力荷载试验，是一种快速、方便检测路基动荷载特性的承载力指标的新试验方法。其工作原理是利用落锤从一定高度自由下落在弹簧阻尼装置上，产生的瞬间冲击荷载（$F_{HP\,max}$：7.07kN±0.07kN，冲击持续时间：18ms±2ms）。通过弹簧阻尼装置及传力系统传递给 ϕ300mm 的承载板，在承载板下面（即测试面）产生符合车辆高速运行时对路基面所产生的动应力，使承载板发生沉陷，即阻尼振动的振幅，由沉陷测定仪采集记录下来。沉陷值越大，则被测点的承载力越小；反之越大。

动态弹性模量测试（E_{vd}）是一种动力测试方法，存在一定的系统误差。系统误差影响因素体现在：

(1)应变水平的影响

土体的变形特性与其应变水平有很大的关系，而 E_{vd} 测试由于难以改变荷载大小，在测试坚硬材料时，其应变水平较低，测试离散性变大，精度相应变差。根据《铁路工程土工试验规程》(TB 10102—2004)，E_{vd} 测试的沉陷范围为 0.1～2.0mm(±0.05mm)，换算其所能测试的最大变形模量为 10～225MPa，但其最大误差可超过 150MPa。因此，E_{vd} 不适用于水泥稳定土等坚硬材料的检测。

(2)惯性力的影响

E_{vd} 测试与平板载荷试验相同，在测试对象上铺有垫板。根据达朗贝尔原理，当物体产生加速度时，会产生惯性力。此外，被测土体也会产生相应的惯性力，与加载装置的惯性力一起，减少了产生土体变形的荷载。因此，采用动力测试得到的土体动态变形模量要大于其静态变形模量。如果不考虑惯性力的影响，可能会造成较大的测试误差。一般来说，E_{vd} 测试值较静态弹性模量高 30%左右。此外，对于粗粒土和碎石土，其提高比例有所增加，最大提高比例可以达到 100%左右。

此外，E_{vd} 测试中还存在如下问题需要注意：

(1)测试时需平整场地

当测试表面凹凸不平时，需垫砂子或更换场地。同时，砂子厚度过大也会对测试结果产生不利的影响。

(2)跳板现象

当测试对象较硬时，经常会产生垫板弹起的现象，使得测试失败。

(3)需要调整测试装置

为了保证测试荷载或应变水平、接触时间等参数，需要调整相应的锤重、落下高度或者更换橡胶垫等。此外，测试时还需要预压等工序，对测试者的要求高。

2.落球式岩土力学特性测试试验(FBT)

落球式岩土力学特性测试的理论基础源于 Hertz 冲击理论。H. Hertz 在 19 世纪提出了面向线弹性体的碰撞理论，即一个已知刚性的球体 A 撞击一个未知刚性的物体 B 时，B 的刚性越大，则碰撞时的接触时间越短(图 5-8)。

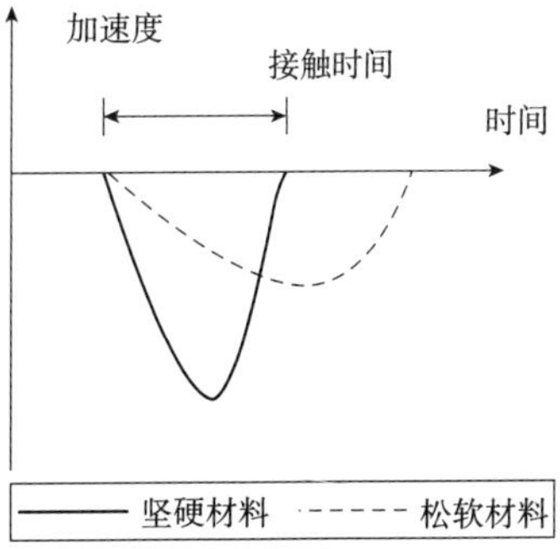

图 5-8　测试理论概要

对于球形体与半无限平面体的碰撞，其接触时间可以由下式计算：

$$T_c = 4.53\left[\frac{(\delta_1+\delta_2)m_1}{\sqrt{R_1 v_0}}\right]^{2/5} \tag{5-8}$$

式中：T_c——接触时间，s；

δ——有关材料的参数；

$$\delta = \frac{1-\mu^2}{E\pi}$$

E——变形模量，Pa，下标 1：落下球体，下标 2：平面半无限体(岩土材料，待求)；

m_1——落下球体的质量，kg；

R_1——落下球体的半径，m；

v_0——落下球体与半无限体材料碰撞时的速度，m/s，$v_0=\sqrt{2gH}$，$g=9.80\text{m/s}^2$；

H——球体的下落高度，m。

通过测试的接触时间 T_c 和对方程式(5-8)的求解，便可求得土体的变形模量 E。

需要注意 Hertz 碰撞理论仅适用于线弹性材料，而岩土材料是典型的弹塑性材料，因此，需要对该理论进行修正。

对于弹性材料冲击后产生的变形完全可以恢复，最大变形是在接触时间一半处发生。在实际的岩土材料中存在一定弹性，一般回弹的变形系数比压缩的大，对于岩土材料压缩弹性系数是最重要的参数，压缩部分和回弹部分的接触时间需要分离。

如图 5-9 所示，可以将碰撞过程分为两个部分，即压缩过程和回弹过程。

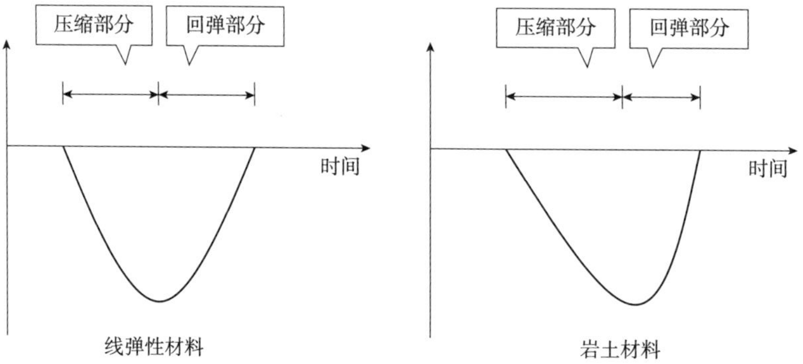

图 5-9 压缩过程和回弹过程

图 5-10 落球式岩土力学特性测试

对于线性弹性体，压缩系数(除载荷时的弹性系数)和回弹系数是一致的，对于岩土材料压缩系数和回弹系数的差别比较大。通过压缩部分的接触时间可以推算变形模量 E_c，而通过回弹部分的接触时间可以推算回弹模量 E_{ur}。

动态平板载荷试验、落球式岩土力学特性测试(图 5-10)，作为无损检测技术，能在不损坏测试对象的前提下进行检测，测试效率高，同时动力荷载更接近于道路的实际受力状况，越来越受到业内人士的青睐。

三、挖坑灌砂试验

干密度或者压实度是在道路、堤防等填方工程中控制填筑质量的一个重要指标。其中，测试干密度最直接的方法为挖坑灌砂法，该法历史古老，尽管存在诸多问题，但仍然是目前最为常用的填方工程检测手段之一。

挖坑灌砂法试验从坑中挖出土质材料，并获取挖出材料的干密度。其中，材料的干燥重量和含水率通过烘干或酒精燃烧测试获取，而材料的原状体积则通过向坑内灌入已知密度的标准砂来获取。

该试验方法适用于现场测定基层或底基层，砂石路面及路基土的各种材料压实层的密度和压实度检测；但不适用于填石路堤等有大孔洞或大孔隙材料的压实度检测。

1.仪器设备

挖坑灌砂法试验的仪具包括:

(1)灌砂筒。

(2)金属标定罐。

(3)基板、玻璃板、试验盘。

(4)天平或台秤:称量 10~15kg,感量不大于 1g。

(5)含水率测定器具:铝盒、烘箱等。

(6)其他:凿子、改锥、铁锤、长把勺、长把小簸箕、毛刷、塑料桶等。

2.试验步骤

(1)对检测对象试样用同样材料进行击实试验,获取最大干密度及最佳含水率。

(2)预先测定标准砂的密度。

(3)在试验地点,选一块平坦表面,并将其清扫干净,面积不小于基板面积。

(4)根据表 5-2 中试样的最大粒径,确定试坑具体尺寸,并选用适宜的灌砂筒;试坑深度不超过测定土层厚度。

试 坑 尺 寸　　表 5-2

试样最大粒径(mm)	试坑尺寸	
	直径(mm)	深度(mm)
5(20)	150	200
40	200	250
60	250	300

(5)按确定的试坑直径划出坑口轮廓线,在轮廓线内下挖至要求深度,边挖边将坑内试样装入盛土容器内,不要使水分蒸发,称试样质量,并应测定试样的含水率。

(6)向容砂瓶内注满砂,关阀门,称容砂瓶、漏斗和砂的总质量。

(7)将密度测定器倒置(容砂瓶向上)于挖好的坑口上打开阀门使砂注入试坑。在注砂过程中不应振动。当砂注满试坑时关闭阀门,称容砂瓶、漏斗和余砂的总质量,并计算注满试坑所用的标准砂质量。

3.成果整理

(1)试样湿密度 ρ_w 计算

$$\rho_w = \frac{m_w}{\frac{m_s}{\rho_s}} \tag{5-9}$$

式中:m_w——试坑中取出的全部材料的质量,g;

m_s——注满试坑所用标准砂的质量,g;

ρ_s——标准砂密度,g/cm^3。

(2)试样干密度计算

试样干密度 ρ_d 按下式计算,并精确至 0.1g/cm^3。

$$\rho_d = \frac{\rho_w}{1+0.01\omega_1} \tag{5-10}$$

式中：ω_1——试样材料的含水率，%。

第三节　弹性波速度检测试验

一、岩体弹性波速度检测技术

弹性波速度体现了岩体的力学特征，是岩体物理力学性质的重要指标，与控制岩体质量的一系列地质因素有着密切的关系。

1.岩体波速检测

岩体弹性波速测定与混凝土中弹性波波速的测定方法相同，具体包括岩块（试件）和岩体的测定。根据岩块和岩体弹性波波速的差别还可以进行岩体分级。

（1）岩块波速测定

岩块相对结构尺寸明确，而且可以根据检测需要进行制作。岩块弹性波速度一般采用透射法和冲击回波法进行测定。

①透过法。

透过法是根据波的传播特征，通过测定已知测线上波在结构物体内部传播的时间来计算弹性波的速度。即当岩块或制作的岩块试件，具有两个或两个以上的测试端（面）时，可以把振源和接收器分别放在岩块的两端，通过测试弹性波在岩块两个端（面）的时间差 Δt 和试样长度 L 来推算弹性波 P 波波速 V_P。透过法测定示意图如图 5-11 所示。

$$V_P = \frac{L}{\Delta t} \tag{5-11}$$

当岩块试样长度较短时，宜采用高频波进行透射测试，如超声波，其频率一般为 100kHz~2MHz，此时得到的超声波速为三维波速 V_{p3_u}。

当岩块试样长度较长（不低于 50cm）时，可采用相对低频波进行透射测试，如冲击弹性波，其频率一般为几千赫至十几千赫，此时得到的弹性波波速不一定为三维波速。

②冲击回波法。

冲击回波法是基于弹性波和物体内部结构相互作用产生共振，由共振频率来计算结构内部弹性波传播波速的无损检测方法，具有可单面检测、精度高、测深大、受结构材料组分与结构状况差异影响小的优点，因此可广泛用于确定试样波速测定。冲击回波法测试岩块波速时，在试样的一个端面激振产生冲击弹性波，并在该端面接收相关信号，根据弹性波频率和试样长度计算波速。冲击回波法所采用的波为冲击弹性波，其频率一般为十数千赫，其得到的波速为一维波速 V_{p1_e}。冲击回波法测定示意图见图 5-12。

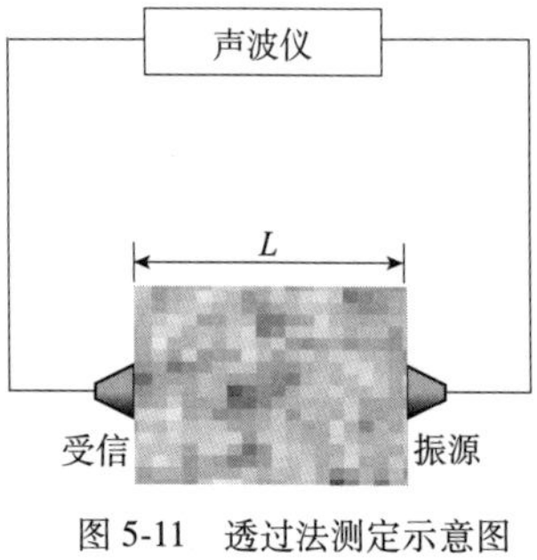

图 5-11　透过法测定示意图

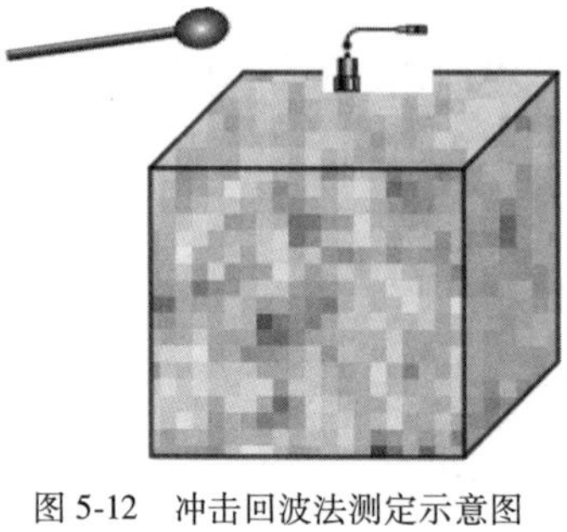
图 5-12　冲击回波法测定示意图

(2)岩体波速的现场测定

岩体弹性波的传播速度可以采用单孔或跨孔方法,在巷道帮面或平坦的岩面上测定。单孔测定的是测试孔不同深度上两接收换能器之间孔壁岩体波速的平均值;跨孔透射测定的是两孔之间不同深度上岩体波速的平均值。单孔和跨孔测试均能较好地反映被测介质的真实速度。

在岩体测试中所采用的波有超声波和冲击弹性波。其中,超声波测试距离一般不会超过1m,在实际应用中非常受限,而弹性波可达数十米,具有较大的应用空间。

在岩体弹性波波速测定中,体现岩体剪切特性的S波测定也是常用的,S波测试主要包括,如图5-13所示的两种方式。

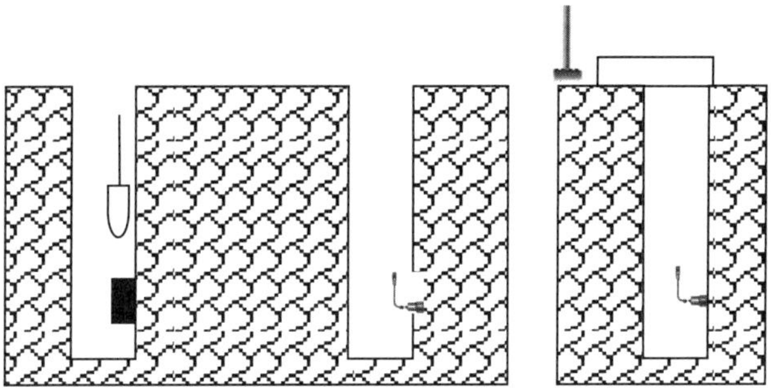

a)跨孔SV波　　b)敲击板法SH波,侧视

图5-13　岩块S波速测定示意图

其中,跨孔S波测试可靠性更高,但激振机构较为复杂。

2.岩体波速检测应用

作为运动学参数,岩体弹性波速度广泛地应用于岩体性能的综合评价,如岩体完整性评价、岩石变形特性检测等。

(1)岩体完整性评价

岩体的完整性程度是决定岩体基本质量的一个重要因素,应该采用定性划分和定量指标两种方法进行确定。岩体完整性定性划分应根据结构面发育程度(包括主要结构面组数及其平均间距),主要结构面的结合程度、主要结构面类型及其相应结构类型等进行综合判定。

岩体完整程度的定量指标可采用岩体完整性指数K_v。K_v应针对不同的工程地质岩组或岩性段,选择有代表性的点、段,测定岩体弹性纵波波速,并在同一岩体取样测定岩石弹性纵波波速。一般K_v值可按下式进行计算得到:

$$K_v = \left(\frac{V_{pm}}{V_{pt}}\right)^2 \tag{5-12}$$

式中:V_{pm}——岩体(实体)弹性纵波波速,km/s;

V_{pt}——岩石(试件)弹性纵波波速,km/s。

需要注意的是,在岩体和岩石上所采用的方法必须一致。例如,如果在试件上采用超声波测试,则在实体测试时也应该用超声波。同时,如果采用的是冲击弹性波,在试件测试采用冲击回波法(波速为V_{p1_et}),而在实体检测时则通常采用透射法(波速为V_{p3_em}),则岩体完整性指数K_v应作如下修正:

$$K_v = \left(0.96\frac{V_{p3\_em}}{V_{p1\_et}}\right)^2 \tag{5-13}$$

岩体完整性指数和岩体完整程度的对应关系,可按表5-3确定。

K_v 定性划分的岩体完整程度的对应关系 表 5-3

完整程度	完整	较完整	较破碎	破碎	极破碎
K_v	>0.75	0.75~0.55	0.55~0.35	0.35~0.15	<0.15

因此，岩体基本质量评价指标（BQ）可根据岩石坚硬程度指标 R_c（岩石单轴饱和抗压强度，可以实测得到）和完整性指数 K_v 按式(5-14)计算得到。

$$BQ=90+3R_c+250K_v \tag{5-14}$$

当 $R_c>90K_v+30$ 时，应以 $R_c=90K_v+30$ 和 K_v 代入计算 BQ 值。

当 $K_v>0.04R_c+0.4$ 时，应以 $K_v=0.04R_c+0.4$ 和 R_c 代入计算 BQ 值。

(2)岩石/体动变形特性检测

描述岩石/体动变形性的基本指标有岩石/体的变形模量和泊松比，见表 5-4。如果能够同时测试得到弹性波的纵、横波速，可以直接计算各向同性岩石/体的动弹参数。

$$\begin{cases} E_d=\dfrac{\rho V_s^2(3V_p^2-4V_s^2)}{V_p^2-V_s^2} \\ \mu_d=\dfrac{V_p^2-2V_s^2}{2(V_p^2-V_s^2)} \end{cases} \tag{5-15}$$

式中：E_d、μ_d——岩石/体动弹性模量和动泊松比；

V_p、V_s——岩石/体的纵、横波速；

ρ——岩石(体)的密度。

典型岩石的弹性模量和泊松比 表 5-4

岩石名称	弹性模量(GPa)	泊 松 比	岩石名称	弹性模量(GPa)	泊 松 比
花岗岩	30~60	0.17~0.36(0.25)	石英岩	18~69	0.12~0.27(0.20)
正长岩	48~53	0.18~0.26(0.25)	片岩	43~70	0.12~0.25(0.20)
玄武岩	41~96	0.23~0.32(0.25)	安山岩	38~77	0.21~0.32(0.25)
中砂岩	28~48	0.15~0.25(0.20)	页岩	12~41	0.10~0.35(0.30)
片麻岩	14~55	0.20~0.34(0.30)	大理岩	9.6~75	0.10~0.35(0.30)
泥灰岩	3.7~7.3	0.30~0.40(0.35)	石膏	1.1~7.7	0.30

注：表中，括弧内为一般选项。

二、岩土工程弹性波速检测技术

1.概述

岩土工程的弹性波波速测试与岩体工程弹性波波速测速本质上并无区别，但由于土质类材料为松散体，非线性强、应力依存性高，同时对弹性波的衰减大，因此，测试的参数有所侧重和不同。

(1)试件的检测

由于岩土材料取样后，会不可避免地被扰动，同时，所受应力状况也会发生变化，因此，除了少数有关抗震计算的参数以外，较少利用土质试件检测波速。

(2)水的影响

由于水具有较高的压缩刚性，弹性波中的纵波在水中的传播速度较快，可达 1450m/s 左右，比一般的土质材料的纵波波速要快。因此，在含水率较高或者地下水位以下的土质材料中测试弹性波速时，测试值明显偏高。另一方面，水不具备剪切刚性（是否具备剪切刚性是固体与流体力学特性的主要区别)，因此横波在水中无法传播，所以，横波几乎不受水的影响，从而更能反映材料的力学特性。

(3)测试方法

如前所述，土质材料中S波的测试相比P波更有意义，因此，S波检测是最为普遍的。但是，S波的测试常常比P波测试更为困难，为此，R(瑞利)波在土质材料的测试(也称为表面波法或者面波法)中得到了一定的应用。R波具有的特性是：

①能量主要集中于介质浅部，随深度的增加，能量迅速衰减，当深度达到一个波长时，振幅仅为表面的1/5，即R波的能量主要集中在一个波长深度内，其传播特性也主要受该深度内介质特性的控制。

②R波主要沿介质表面传播，由于其振幅最大、能量最大、频率最低，所以很容易识别，也易于测量，而且对检测仪器要求不高。

③R波的波速比横波略低，主要受材料的剪切刚性控制。R波波速 V_R 与剪切波波速 V_s 有如下的近似关系。

$$V_R = \frac{0.87+1.12\mu}{1+\mu} V_s \tag{5-16}$$

式中：V_s、V_R——剪切波、瑞利波波速；

μ——介质泊松比。

④在弹性成层介质中，R波波速 V_R 与频率有关，即具有频散性。V_R 与频率之间的相互关系称为频散曲线。它包含着分层厚度、弹性模量、密度等参数的影响，因而 V_R 直接反映了地下介质的结构和物性，也提供了利用R波进行测试的物理基础。

而表面波法为土体剪切波速度的测试提供了一个高效快捷的手段，即无须在地层中钻孔，震源检波器均布置在地表面上。此外，通过对频散曲线的分析(如 *F-k* 法，SWR法等)，还可以推算地下结构的层状分布，是一种适用范围广泛的原位测试方法。

需要注意的是，由于表面波法是一种依据频散曲线反推地下构造的方法，因此，其测试结果具有一定的多解性，亦即解析结果可能不唯一，所以，对表面波测试的结果最好能够用其他方法进行校验。

表面波法根据其激振方式，可分为瞬态表面波法和稳态表面波法。当然，稳态表面波的测试更为稳定和可靠，但设备较重，工作效率较低。

(4)动静模量间的关系

由于土体部分具有较强的非线性和黏性，动测法得到的动弹性模量要远远大于静测法得到的模量，而且其相差可达数十倍甚至上百倍，因此，一般不采用动测法来推算材料的静弹性模量。

2.岩土工程弹性波检测应用

公路行业典型应用如路基结构层厚度检测。应用R波测定路基结构层的厚度是基于层状介质中R波频散曲线的变化规律，它除与结构层的物理参数有关外，还与结构层厚度密切相关，尤其是频散曲线的拐点即 $\frac{\partial V_R}{\partial \lambda}$($V_R$ 为R波波速，λ 为波长)的极值点，只与结构厚度有关。各层的界面深度为：

$$H_j = \beta\lambda_j \quad (j=1,2,3,\cdots) \tag{5-17}$$

式中：H_j——第 j 层底界面深度，m；

β——系数,可取 0.35~0.5;

λ_j——极值点处对应的波长,m。

图 5-14　S 波检测实景

确定了各层的底界面的深度,即可计算出各层的厚度。

三、应用实例

1.S 波检测实例

如图 5-14 所示为 S 波检测实景。

2.跨孔 P 波检测结果

作者对某水电站隧道岩体的 P 波波速进行了跨孔弹性波 CT 检测。测试采用孔内激振/接收。现场测试情景如图 5-15 所示。

图 5-15　跨孔现场检测

测线布置及现场测试原始波形如图 5-16 所示。

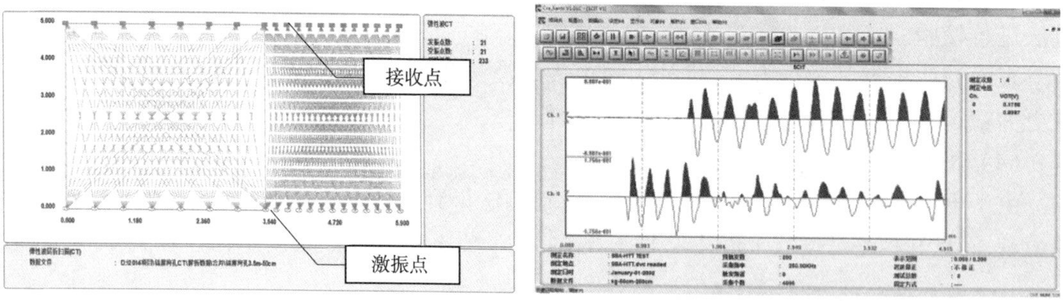

图 5-16　测线布置及测试波形图

图 5-17 中蓝色表示弹性波波速较低,即表明岩体质量相对较差。

3.R 波检测结果

作者对某胶凝砂砾石坝进行了 R 波波速检测。现场测试情景如图 5-18 所示。

R 波测试试验,布点如图 5-19 所示。R 波试验传感器间距为 2m,激振位置距离触发传感器 2m,受信传感器 4m。一次测试完成后,移动后一个传感器,仍然保持传感器间距为 2m,激振位置距离触发传感器 2m,受信传感器 4m,进行下一段 2m 测试,以此类推。

如图 5-20 所示，蓝色表示 R 波波速较低，即表明坝体质量相对较差，同时等值线云图也反映了碾压不均匀。

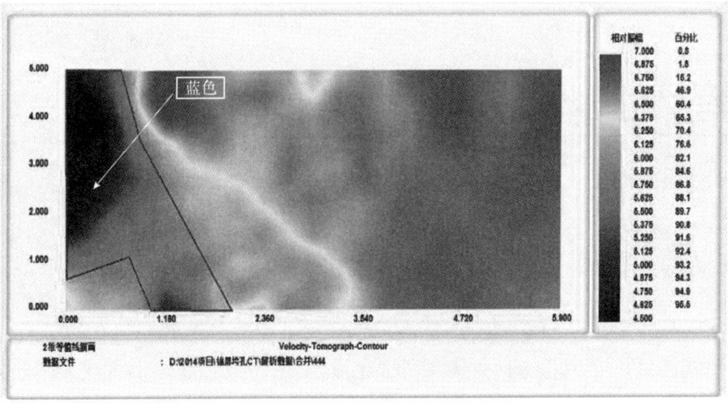

图 5-17　断面测试结果等值线图

图 5-18　R 波现场检测

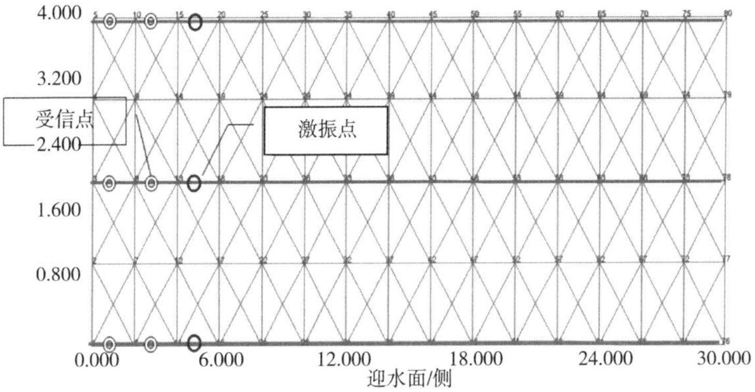

图 5-19　R 波试验布点图

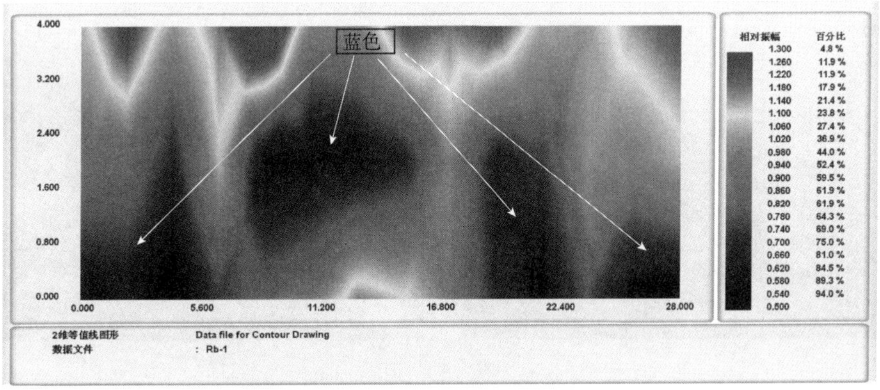

图 5-20　测试坝段 R 波等值线分布图（500~1300m/s）

习　　题

5-1　在岩体测试中，测得纵波波速为 4500m/s，横波波速为 2500m/s，密度为 2700kg/m^3，试求该岩体的动弹性模量及其泊松比。

5-2　在岩体、岩土检测中，弹性波可以在哪些方面发挥其优势？

第六章　预应力结构

学习指南

本章阐述预应力结构特点及其工程应用，详细介绍预应力、灌浆密实度的检测方法，需要掌握空悬式锚索、埋入式锚索预应力的主要检测方法及孔道灌浆密实度的定性、定位检测方法。

预应力结构，是在结构构件受外力荷载作用前，先人为地对它施加压力，由此产生的预应力状态用以减小或抵消外荷载所引起的拉应力，即借助于混凝土或者岩体较高的抗压强度来弥补其抗拉强度的不足，达到推迟受拉区开裂的目的。以预应力混凝土制成的结构，应以张拉钢筋的方法来达到预压应力，所以也称预应力钢筋混凝土结构。由于采用了高强度钢材和高强度混凝土，预应力混凝土构件具有抗裂能力强、抗渗性能好、刚度大、强度高、抗剪能力和抗疲劳性能好的特点，对节约钢材（可节约钢材 40%～50%、混凝土 20%～40%）、减小结构截面尺寸、降低结构自重、防止开裂和减少挠度都十分有效，可以使结构设计得更为经济、轻巧与美观。

此外，广义的预应力结构还可以包括拉索、拉杆等承载、支护结构。典型的有悬索桥、斜拉桥、边坡锚索等。预应力桥梁如图 6-1 所示。

a)

b)

图 6-1　预应力桥梁

预应力结构根据预应力度的大小可分为全预应力混凝土和部分预应力混凝土。全预应力混凝土结构系指在全部荷载（按荷载效应的标准组合计算）及预应力共同作用下受拉区不出现拉应力的预应力混凝土结构，具有抗裂性能好、抗疲劳性好、设计计算简单等优点；部分预应力混凝土则允许构件在承受较重荷载时出现拉应力。

预应力结构根据预应力的施加方法分为先张法和后张法。先张法即先张拉预应力钢束，后浇筑结构混凝土，等混凝土养护期过后放开两端的张拉设施形成结构内的预应力；后张法是先浇筑结构混凝土，预留预应力管道，等养护期过后，在管道内穿入预应力钢束，在两端进行预应力张拉。不同点在于先张法需要专门的预应力张拉台座，预压力束直接由预应力束与混凝土的黏结力锚固，一般不需要锚具；后张法需要锚具，不需预应力张拉台座。

预应力结构主要由预应力筋/索、保护介质（灌浆料）和锚固装置三大部分组成，每个部分都对预应力的保证起重要作用。工程中导致预应力损失的原因主要有：

（1）预应力本身缺陷

现场张拉采用液压千斤顶进行张拉，在张拉工程中，由于控制不严格或者锚固装置的损坏都会导致张拉不充分，导致预应力值达不到设计要求。其次，随着预应力结构的使用，预应力筋疲劳，也会导致预应力的损失。

（2）保护介质的缺陷

保护介质的缺陷主要体现在管道灌浆不密实。灌浆不密实则会导致钢筋与筋体之间黏结力不够，也会导致水和空气进入，使得钢绞线锈蚀。

第一节　预应力检测

斜拉桥、吊桥和中、下承式拱桥及幕墙、大跨度屋顶等结构，以其良好的跨越能力和优美的造型受到设计者的青睐。在其施工及成桥后的维护中，拉索与吊杆的张力测试将贯穿整个过程。预应力结构（混凝土梁、岩锚、吊杆、拉杆等）在运行的过程中，不可避免地会出现各种老化、劣化现象（如混凝土强度降低，预应力损失等）。同时，在预应力结构的制作中，预应力张力的损失也时有发生，严重时甚至造成安全隐患和垮桥等恶性事故，从而造成社会经济的损失。

锚索的分类按照外露情况可分为埋入式和空悬式，按照锚索锚固结构可分为拉力型、压力型和荷载分散性（拉力分散型、压力分散型、剪力分散型和拉压复合型）。锚索的检测内容主要包括：

（1）空悬拉杆、吊杆、锚索的张力。

（2）埋入预应力体系的锚下预应力。

一、空悬式锚索预应力检测

1.概述

斜拉桥、吊桥和中下式拱桥、幕墙等结构在工程中有广泛应用，为了保证结构整体的受力性能，在这些结构中都会使用大量的预应力锚索杆，所以在后期使用过程中对吊索、拉杆的张力检测贯穿全程。

像吊索、拉杆这类外部没有包裹的预应力结构就视作空悬式锚索/杆。空悬式锚索/杆可以分为两类：

（1）均质结构：锚索，拉杆本身均质。

（2）层状结构：锚索外部有外壳保护层。

2.预应力测试方法

目前国内外常用的索力测试方法有以下几种：

（1）油压表法

该方法利用液压千斤顶在油压面积一定时，筋体张力与油泵液压成正比的原理来检测。

在现场可以由张拉系统上经过标定的油压表直接读出张力。

(2)传感器法

该方法是直接在拉索或吊杆锚头与垫板之间放置压力传感器测定其张力。在传感器受力时,内部的应变片会产生相应的伸长或者压缩,利用测量仪器可测试出应变片相应的电阻,通过变换关系可以换算成相应的应变。根据弹性力学应力应变关系就可以算出相应的力值。

(3)频率法

利用附着在拉索上的精密传感器,采集拉索在环境激励或人工激励下的振动信号,经过频谱分析确定拉索的自振频率,然后根据自振频率与索力的关系确定索力。该法测试索力具有操作简单、费用低和设备可重复利用的优点,特别适用于对索力的复测和测试活载对索力的影响。但是,该方法需要激发锚索的基频,对于很长的锚索,可能存在难以激发的问题。

频率法的理论可类似于琴弦,弦越紧,则频率越高,反之则越低。

对于自由锚索、拉杆,张力 T 与其第 N 阶横向自振频率 f_N 的关系可以表示为式(6-1),右边第一项即反映了弦振动,第二项则反映了弯曲刚度 EI 的影响。

$$T=\frac{4\rho\cdot L^2\cdot f_N^2}{N^2}-\frac{EI\cdot N^2\cdot \pi^2}{L^2} \tag{6-1}$$

式中:E——材料的弹性模量,对锚索可取 200GPa,拉杆可取 206GPa;

I——截面惯性矩,对于圆形界面,有 $I=\pi D^4/64$,D 为截面直径,m;

L——锚索自由部分的长度或称为计算长度,略短于实际长度,m;

ρ——锚索的线密度,即单位长度的质量,kg/m。

在实际的索力测试中,要注意以下影响因素:

①边界条件的影响以及计算长度的确定。

②测试频率的阶数的确定。

③阻尼器的影响。

④外壳的影响,包括外壳承担的张力、振动频率的影响等。

(4)磁通量法

弹性磁学法是利用小型电磁传感器,测试磁通量变化,再根据索力、温度与磁通量变化的关系,推算索力。电磁传感器由两层线圈组成,除磁化拉索外,它不会影响拉索的其他任何力学特性和物理特性。铁磁材料的磁通量特性取决于其内部的应力状态,只要通过试验得出某种铁磁材料的磁通量随应力、温度变化规律,就可使用弹性磁学法测试该种材料制造的拉索索力。该方法的磁通量传感器为非接触性传感器,对结构无损伤、维护成本低、使用寿命长、抗干扰能力强、测量精度高,但测试前需要预埋传感器,成本高,主要针对桥梁的重要部分。该法对于激振困难的拉索等也有效,目前尚处于研究试验阶段。

3.工程实例

如图 6-2 所示,在贵州惠水的某桥的检测中,采用频率法对吊杆的加载前、后张力进行测试。桥梁为钢筋混凝土中承式双曲拱桥,孔跨布置为净跨 90m,桥梁全长 115.6m,桥面宽 20.5m,设计荷载等级为 A 级。其中主孔为双肋式中承拱,拱肋为普通混凝土结构。吊杆顺桥向间距 485cm,采用 OVMLZM(K)7 型高强钢丝成品束,吊杆两端均采用冷铸锚,上下两端分别锚于拱肋及横梁内。

其中，上游方向16、17号及下游1、2号吊杆均为下端裸露，上端有套筒，其余吊杆整体均有吊杆。为了检验外壳对测试结果的影响，对拉杆在钢绞线上，以及外壳上均进行了对比测试，如图6-3所示。

a) b)

图6-2 桥梁及测试情景

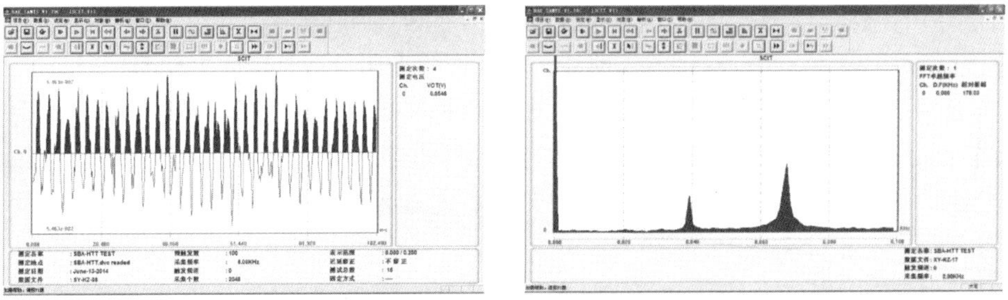

图6-3 典型测试波形及分析频谱

测试分两次进行，即加载前（无交通荷载）和加载后（道路中央6辆30t的载重汽车，共计1800kN）。

测试结果表明：

（1）尽管大部分吊杆有套筒，但通过合适的传感器固定方式（如粘贴）和激振方式，以及采用频谱对比的方式，还是可以得到合理的测试结果。

（2）加载前张力的分布呈两端大，中间小的趋势。加载后张力的变化率则相反，呈两端小，中间大的趋势。

（3）加载后全部吊杆的张力增加值为1525kN，与加载荷载1800kN吻合（部分荷载由两端支座承受）。

二、埋入式锚索预应力检测

1.概述

埋入式锚索是将锚索埋于孔道中，通常还有灌浆体保护。埋入式锚索与空悬式锚索的边界条件有很大的不同，而且埋入式锚索无法对内部锚索激发自由振动，只能通过对锚头或露出锚索激振。因此，单纯依靠频率的测试方法有非常大的缺陷，严重影响了测试范围和测试精度。

在有的工程中，存在钢绞线不连续（图6-4）的情况，导致张力严重不足，威胁结构的安全。

造成钢绞线不连续的原因主要有：

（1）在反弯点以及管壁变形，或者管壁破损造成混凝土浆液流入硬化，使得钢绞线难以穿

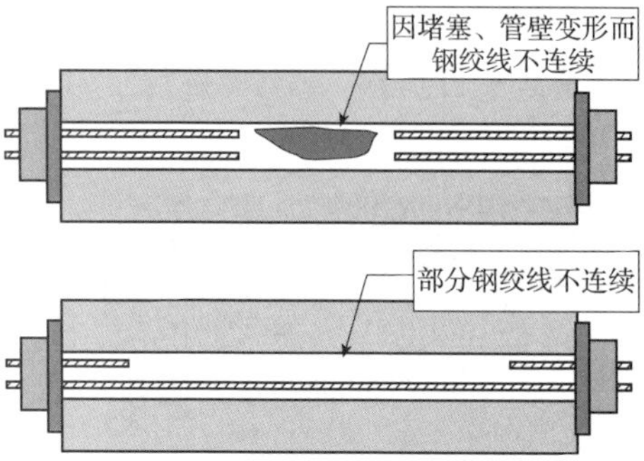

图 6-4　钢绞线不连续

过。此时,有的施工人员就采取从两端伸入钢绞线的方法(图 6-4)。

(2)有的施工人员则恶意地偷工减料,在两端设置设计所要求的钢绞线,而在中间则减少钢绞线的根数。

上述情况都会造成钢绞线的有效截面积不够,无法张拉到设计的预应力值,甚至完全不张拉,导致结构抗拉能力严重不足、结构断裂,因此,准确地检测出锚索(杆)的现有张力是十分必要的。

2.有自由段索力检测

对于有自由段的锚索,通常采用单根张拉的方法对结构的预应力进行检测。

单根张拉法的概念如图 6-5 所示,在外露的钢绞线上安装工具锚,并在工具锚和原锚头之间设置千斤顶的位移、压力传感器。其中位移传感器测夹片的位移。

张拉钢绞线,当反拉力小于原有预应力时,夹片与钢绞线不发生位移;当反拉力大于有效预应力时,夹片向外移动,随着钢绞线的伸长一起发生位移。反拉法张拉力—位移曲线如图 6-6 所示。从理论上讲,只要夹片相对于锚头位移,即可判断张拉力已经大于有效预应力值。此外,夹片产生的相对于锚头的相对位移与孔道内钢绞线的自由段长度有密切关系。

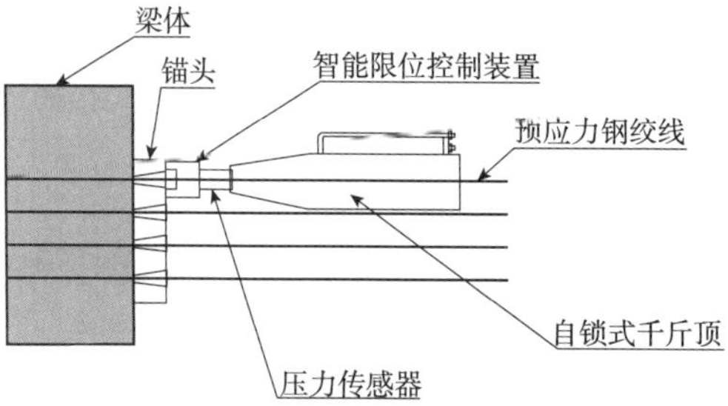

图 6-5　二次张拉法检测示意图

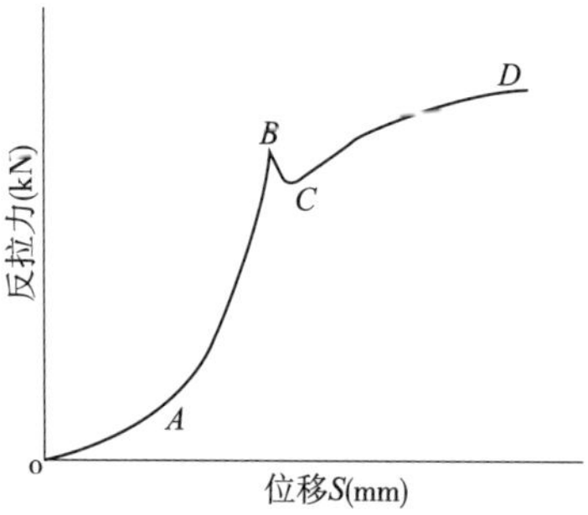

图 6-6　反拉法张拉力—位移曲线

反拉检测开始时,随着油泵加压,反拉力慢慢增大,各个部件的间隙被逐渐排除,此阶段反拉力增加速度较慢,而位移增加量较大;如图 6-6 所示中 *OA* 段,反拉结束后斜率趋于稳定,随着反拉力增加,钢绞线产生弹性变形,曲线斜率稳定;到如图 6-6 所示中的 *AB* 段末,反拉力达到有效预应力和静摩擦力之和,反拉力持续作用,完成克服摩擦力,夹片将随着钢绞线向外移动,直至被限位板限制住;当夹片松动后反拉力继续增大,位移增长更为明显。

其测试过程为在外露单根钢绞线上直接安装集成式前卡千斤顶(含智能限位装置及压力传感器),千斤顶启动后钢绞线被张拉,在反拉过程中识别反拉力及锚索产生的位移,通过对反拉力及位移的变化的监视来智能终止反拉。根据记录的反拉力值绘制曲线进行分析,以计算出锚索的有效预应力,同时又不破坏锚索的现有状况。

现场反拉试验及软件测试曲线如图 6-7 所示。

3.埋入式索力检测

当埋入式锚索整体灌浆不存在自由段时,则无法采用上述二次张拉法。在这种情况下,可采用等效质量法(TTEM)进行测试。

a)

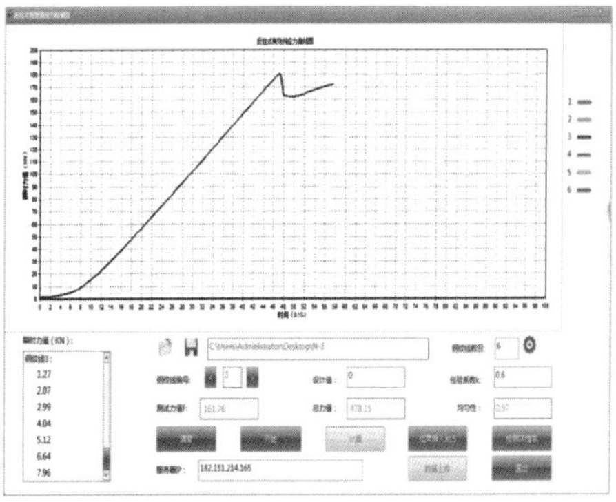

b)

图 6-7　现场反拉试验及软件测试曲线

在此,可以将锚头与垫板、垫板与后面的混凝土或岩体的接触面模型简化成如图 6-8 所示的弹簧支撑体系。

该弹簧体系的刚性 K 与张力(有效预应力)有关,在锚头激振诱发的系统基础自振频率 f 可以简化表示为:

$$f=\frac{1}{2\pi}\sqrt{\frac{K}{M}} \tag{6-2}$$

由上式发现,埋入式锚索在检测时,锚固力越大,自振频率 f 也就越大。

根据“等效质量”原理,利用激振锤(力锤)敲击锚头,并通过粘贴在锚头上的传感器拾取锚头的振动响应,可以快速、简单地测试锚索(杆)的现有张力,如图 6-9 所示。

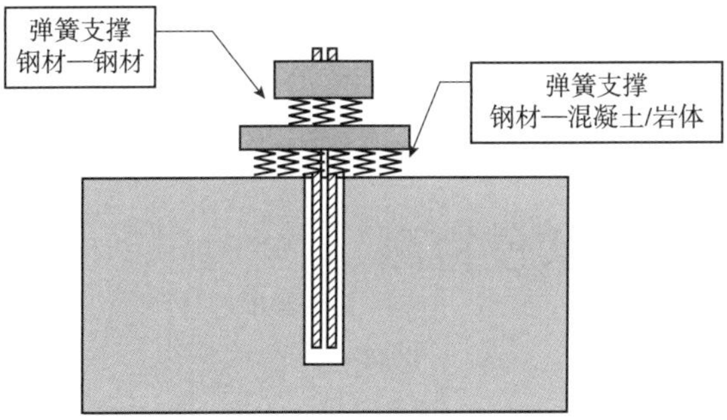

图 6-8　简化后的弹簧支撑体系

图 6-9　等效质量法测试模型

但该方法也受到一些边界条件的限制,如外露钢绞线过长时会影响测试精度,而且计算参数的标定较为复杂,感兴趣的同学可以查阅相关资料。

4.工程实例

下面是采用等效质量法对贵阳某大桥预制箱张力进行的检测和验证,如图 6-10、图 6-11 所示。

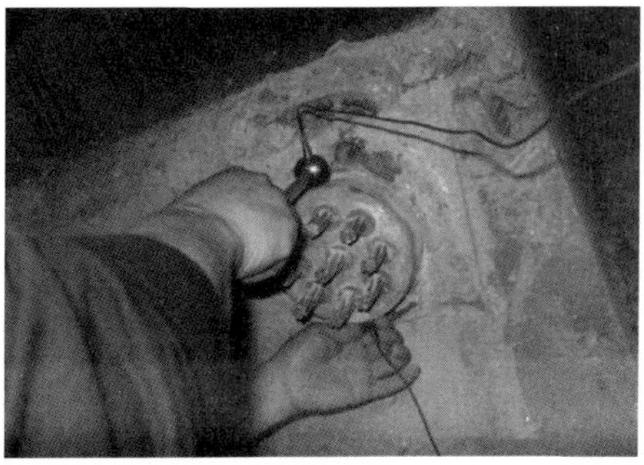

图 6-10　现场张力检测场景

a)　　　　b)

图 6-11　现场张力标定(压力机加压和测量伸长值)

(1)验证结果

张力验证测试结果如表 6-1 所示。

张力验证测试结果(9 束)　　表 6-1

锚索编号	T1Z-1-D9	T1Y-2-D9	T2Z-1-D9
实际张力(kN)	1757.7		
测试结果(kN)	1756.7	1666.9	1642.8
相对误差	-0.06%	-5.17%	-6.54%

(2)实际应用

对 3 个 12 束锚索(设计值应为 2343kN),现场测得 H1-1、H1-2、H1-4 的张力分别为 1332.01kN、1780.55kN、387.98kN,其张力数值均低于理论值。同时,测得的灌浆密实度指数也很低,表明这些锚索存在极大的安全隐患,因此,施工方对此 3 个孔道及时进行退束(推出钢绞线)处理,发现正如检测结果所反映的那样,灌浆质量很差。为此,施工方重新进行了张拉和灌浆,从而保证了施工质量。

第二节　孔道灌浆密实度检测

一、概述

高强度钢绞线在张力的作用下很容易发生腐蚀和应力腐蚀,所以要保证预应力混凝土的强度和耐久性,就必须使混凝土对钢绞线包裹密实。当波纹管内灌浆不密实时,水和空气很容易进入波纹管内,导致处于高度张拉状态的钢绞线发生腐蚀,造成有效预应力降低,极大地影响桥梁的安全性、耐久性,甚至发生工程事故。同时,水的冻胀作用会使原来的小缺陷越变越大,加剧结构内部钢筋的腐蚀。因此,对灌浆缺陷的检测成为保证预应力桥梁质量的重要环节。

在 20 世纪 50 年代,诸多学者就如何保证预应力混凝土灌浆密实的质量进行了研究。直到 1985 年,位于英国威尔士的 Ynys-y-Gwas 大桥(建于 1953 年),在没有一点预兆的情况下突然倒塌,才真正引起人们的重视。经调查,其原因正是由于预应力孔道内灌浆不密实,水和空气渗入,导致预应力钢筋锈蚀、断裂,如图 6-12 所示。

a)

b)

图 6-12　灌浆不密实或未灌浆，波纹管内钢筋锈蚀严重

二、孔道灌浆密实度缺陷的成因及其等级划分

造成孔道灌浆密实度缺陷有诸多因素，最为常见的有如下几点：

1.真空负压效果差导致灌浆不饱满

有的工程虽然使用了真空泵，但是效果不明显，没有形成理想真空效果是导致灌浆不饱满的首要原因。塑料波纹管预应力孔道在施工过程中难免会被混凝土挤压而有所变形。穿了钢绞线后孔道空隙更小，孔道真空负压极小，水泥浆压进过程沿途压力损失比较大，推进动力只有外压力而没有内吸力，因此随着不断压进，压力逐渐减小。而孔道断面较大，水泥浆由从压浆口开始的整个断面推进逐渐变成断面下部先推进，随着压浆泵持续加压，后进的水泥浆才逐渐充满整个断面。当某个断面因为孔道变形而变得比较小时，该断面就会先于它前后的断面充满了水泥浆。也隔断了这个断面与压浆口之间的空隙空气的排出通道，最后该部分空气便遗留在孔道内无法排出。当这部分空气被压缩到和水泥浆的压力平衡时，也就形成最终无法充满的比较大的空间。这样不但使该段预应力孔道不能充满，还加大了后面水泥浆的压力损失，使后面的推进更容易形成空隙。

2.排气孔和灌浆孔的位置不正确，导致排气不完整

在工程中，部分预应力孔道的排气孔位置布置不妥，给孔道留下灌浆盲端和盲点，致使压浆不饱满。比如横向预应力孔道的排气孔和灌浆孔，大多数都偏离了施工图所设计的位置，离预应力孔道两个端部普遍有 25～40cm 的距离，如图 6-13 所示。

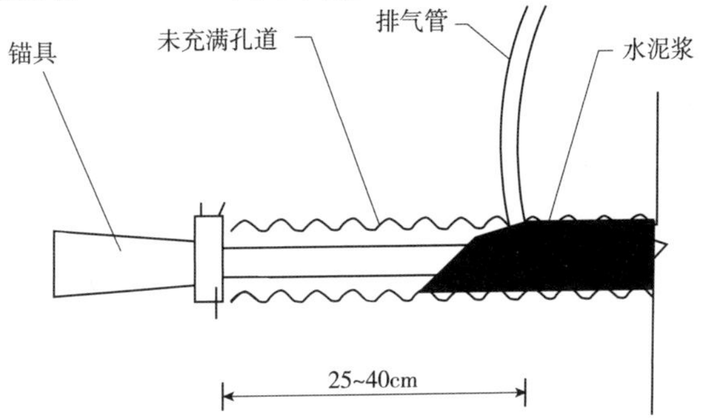

图 6-13　横向预应力孔道灌浆效果

结合国外经验与东南大学叶见曙教授等学者提出的灌浆密实度的分级标准，根据对钢绞线的危害程度，可将灌浆密实度分为如下 4 级。灌浆危害等级示意图如图 6-14 所示。

A 级：注浆饱满或波纹管上部有小蜂窝状气泡、浆体收缩等，与钢绞线不接触。

B 级：波纹管上部有空隙，与钢绞线不接触。

C 级：波纹管上部有空隙，与钢绞线相接触。

D 级：波纹管上部无砂浆，与钢绞线相接触并严重缺少砂浆。D 级又可细分为 D1、D2 和 D3 级，分别对应于大半空、接近全空和全空。

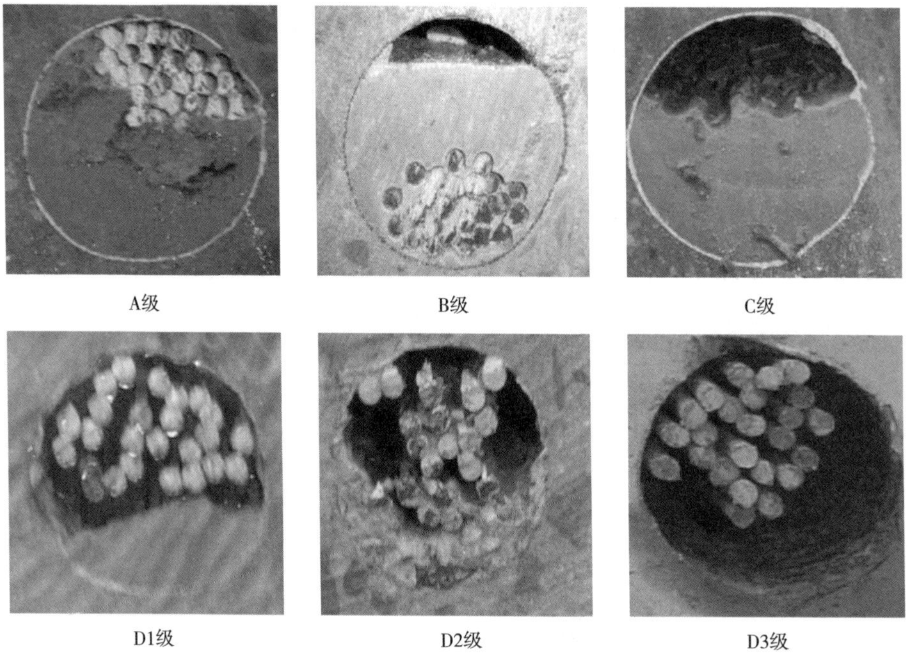

图 6-14　灌浆危害等级示意图

三、灌浆密实度检测方法

按照检测所使用的媒介，检测技术大致可以分为以下几种方法：

1.钻芯、钻孔检测法

钻芯、钻孔检测是最传统的灌浆缺陷检测技术，是一种局部破损的检测方法，加之钻芯、钻孔的工作量大、效率低、费用高，容易对结构内部钢筋造成损伤等原因，无法进行大面积的检测。

2.基于放射线的检测方法

这里的放射线主要是指 γ 射线、X 光、中子线等。这种检测方法的优点在于成像直观，分辨能力强。但缺点是测试设备庞大，测试所需的费用高，检测效率低且有一定的危险性。所以，这种检测方法在国内没有推广使用。

3.电磁波雷达法

电磁波遇到障碍物会被反射回来，因而雷达根据电磁波的这个特性随之产生。探地雷达能够对预应力混凝土的孔道缺陷进行检测，但电磁波对于铁皮波纹管以及钢筋排布密集的部位则无法穿透，所以无法用探地雷达对上述两种情况进行检测。

4.超声波透射法和超声相阵法

超声波透射法要求测试结构必须有两个相对的面是外露的。超声波透射法要求发射信号和接收信号的探头的连线必须垂直于检测面，且不适合箱梁等结构。超声透射法检测费时，对测试面的要求高，在工程中应用较少。

超声相阵法采用的是反射的方法，不需要两个相对的测试面，通过分析从缺陷位置反射回来的信号，然后通过多点相阵成像，发现缺陷位置。但是，超声相阵法与超声透过法一样，对检测面的要求比较高，检测的效率低，对铁皮波纹管的检测也存在一定问题。

5.冲击弹性波法

冲击弹性波（冲击回波法）的检测原理与超声波检测原理相似，但是弹性波的能量更大，并且可以用于频谱分析，所以在检测领域的应用比较广泛。针对预应力孔道灌浆密实度检测，冲击弹性波法不仅可以在一个侧面进行检测，找出缺陷位置，而且可以在结构的两端进行透射，从而对整个孔道定性分析出整个孔道的灌浆情况。这是上述的其他方法所无法代替的。

冲击回波法（Impact-Echo Method，简称 IE 法）是 20 世纪 80 年代中期由美国康奈尔大学和美国国家标准与技术研究院率先提出的，用于对混凝土和砌体结构进行无损评价，并且被证明是一种全方位的检测技术。

研究表明，评估铁质孔道灌浆密实度最有效的方法就是冲击回波法（IE）。通过冲击回波法的频谱图，能基本评估出塑料孔道内的压浆情况。冲击回波法的测试方式是在检测对象表面使用激振锤对结构进行敲击，此时混凝土内部会产生 P 波、S 波和 R 波。这些波在混凝土内部传播时由于阻抗差异，弹性波会在混凝土内部产生反射、折射、绕射，导致波的能量发生变化。在混凝土表面放置的加速度传感器可以将反射回来的弹性波接收，接收器接收到反射回波后，通过频谱分析结束将时域转化为频域数据，然后确定回波的频率峰值 F。其中，D 为计算的结构厚度；b 为形状系数；V_p 是压缩波波速（图 6-15）。

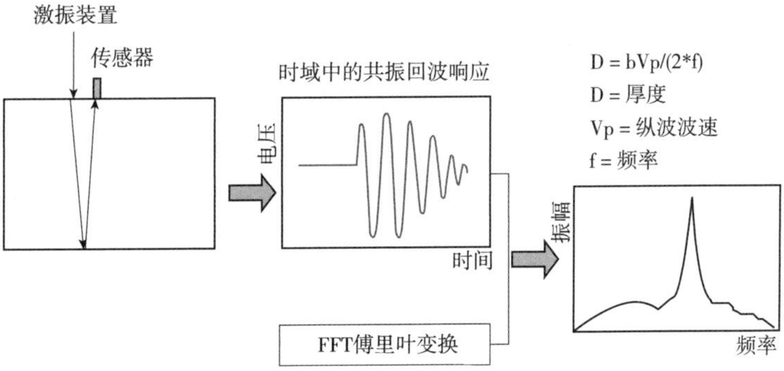

图 6-15　冲击回波法（IE）原理图

四、定性检测

定性检测可以反映孔道整体的灌浆情况，是一种基于冲击弹性波的检测方法。在检测过程中对钢绞线的两端进行敲击，通过传感器接收的信号得到综合灌浆密实度指数（I_f）来对灌浆质量进行综合评判。由于灌浆料是一种半流体，灌浆缺陷通常出现在管道上部，所以在对孔道灌浆密实度进行检测的时候，只需要对最上面的一根钢绞线进行敲击即可，如图 6-16 所示。

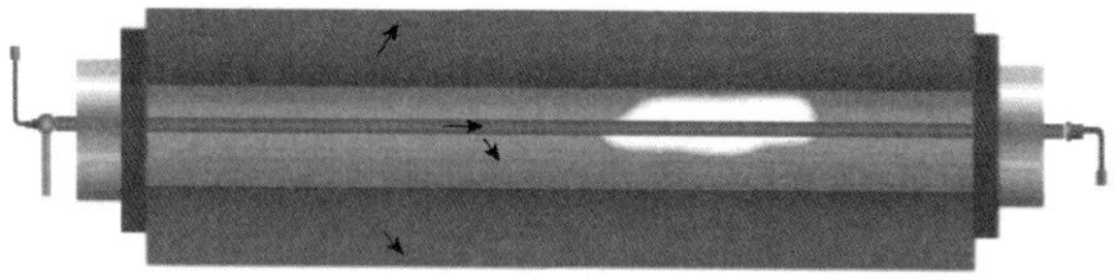

图 6-16　灌浆定性检测示意图

综合灌浆指数是通过对数据进行全长衰减法、全长波速法、传递函数法三种方法解析，分别得到的三个指标。由于三种方法所需的测试信号类型相同，所以只需一次敲击就可以同时进行以上三种方法的解析。

1.全长衰减法(FLEA)

由于弹性波在钢绞线中传播的过程中能量会逸散到混凝土中，而且灌浆越密实，能量逸散越快，衰减就大，接收到的信号的振幅比就小；若孔道灌浆不密实，弹性波就直接沿着钢绞线传播，能量衰减小，接收到的信号的振幅比就大。

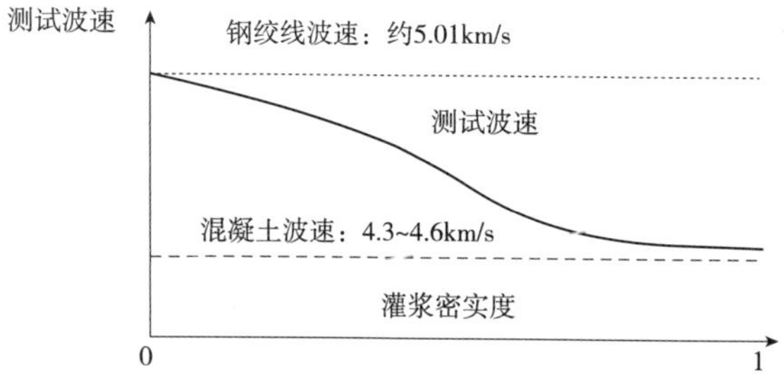

图 6-17　全长波速法原理

2.全长波速法(FLPV)

在不同介质中，弹性波的波速是不一样的。全长波速法(图 6-17)是通过计算激振端和接收端的声时差来计算弹性波的波速，判断孔道全长的灌浆情况。在孔道几乎没有灌浆时，弹性波相当于在钢绞线上传播，波速约为 5.01km/s。随着灌浆密实度的增加，弹性波波速逐渐降低，当灌浆完全密实时，波速接近混凝土的波速。

3.传递函数法(PFTF)

该方法主要检测孔道端头附近的灌浆指数。在预应力梁的一端进行激振，当接收端存在不密实的情况时，会接收到高频的激振信号。因此，可以通过接收频率的变化来判断孔道灌浆情况。

根据上述 3 种不同评定方法可得到对应每种方法的灌浆指数 I_{EA}、I_{PV}和 I_{TF}。同时，综合灌浆指数可以定义为：

$$I_f = (I_{EA} \cdot I_{PV} \cdot I_{TF})^{1/3} \tag{6-3}$$

这样，只要某一项的灌浆指数较低，综合灌浆指数就会有较明显的反应。通常，压浆指数大于 0.95，一般意味着灌浆质量较好，而灌浆指数低于 0.80 则灌浆质量较差。

五、定位检测

传统的定位检测是采用冲击回波法(IE)进行检测，通过敲击结构的侧壁或者顶端进行激振，接收在管道底端的反射信号，来对缺陷的大小和位置进行确定。但是这种方法测试精度不高。后经改进有冲击回波等效波速法(IEEV)、冲击回波共振偏移法(IERS)等,测试精度得到大幅度提高。

1.检测原理

根据在波纹管位置反射信号的有无以及梁底端的反射时间的长短,即可判定压浆缺陷的有无和类型。当孔道压浆存在缺陷时,产生如下情况(图 6-18):

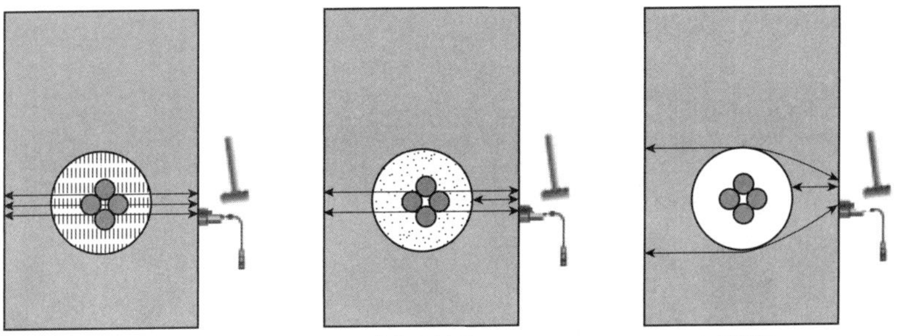

a)灌浆密实　　b)灌浆有缺陷　　c)未灌浆

图 6-18　冲击回波等效波速法检测原理

(1)激振的弹性波在缺陷处会产生反射(IE 法的理论基础)。

(2)激振的弹性波从梁对面反射回来所用的时间比压浆密实的地方长,因此,等效波速(2倍梁厚/梁对面反射来回的时间)就显得更慢(IEEV 法的理论基础)。

(3)当激振信号产生的结构自由振动的半波长与缺陷的埋深接近时,缺陷反射与自由振动可能产生共振的现象,使得自由振动的半波长趋近于缺陷埋深(即共振偏移,IERS 法的理论基础)。

在定位检测时需要对不同的构件进行波速标定,通过标定的波速设定构件内部的基准线,与需要检测的构件的解析图形进行对比,即可判别缺陷的大小和位置,如图 6-19 所示。

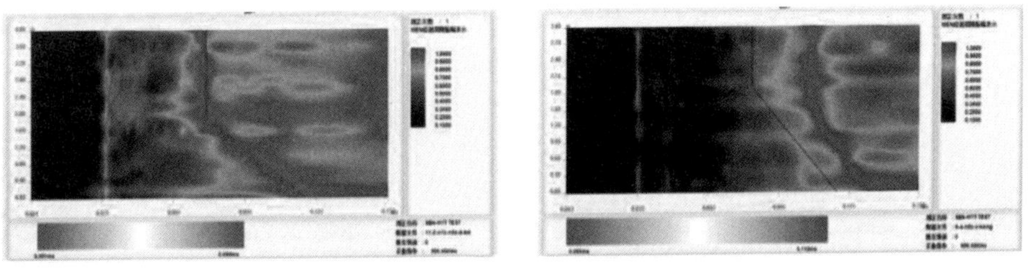

图 6-19　标定图像(左)和检测图像(右)

2.工程实例

对佛山境内九江大桥的梁顶部(测区区域顶板板厚约为 25cm,铁皮波纹管直径约为 10cm)的灌浆密实度进行检测和验证。

测试采用传感器专用支座及 D17 型敲击锤,结果显示测区内 0~5 测点范围内存在较为严重灌浆缺陷,6~9 测点范围内灌浆较为密实。钻孔验证结果显示测区 0~5 测点内存在大量积水,且仅有少量灌浆料,对 0~5 钻孔孔道内进行打气,每孔均有气体冒出。6~9 测点内灌浆密实,未存在明显缺陷。

测试孔道等值线图如图 6-20 所示。测试时现场图如图 6-21 所示。

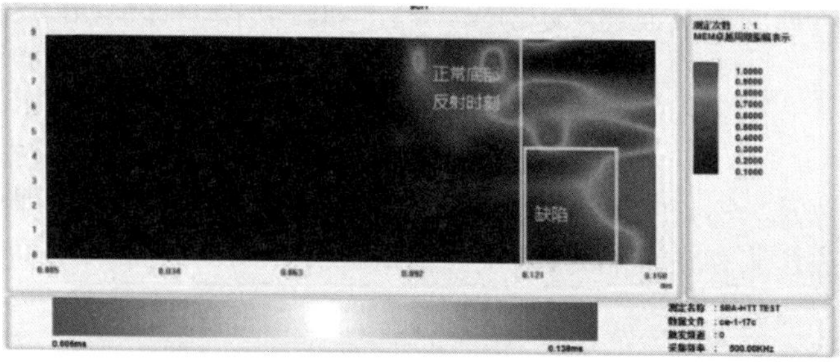

图 6-20　测试孔道等值线图

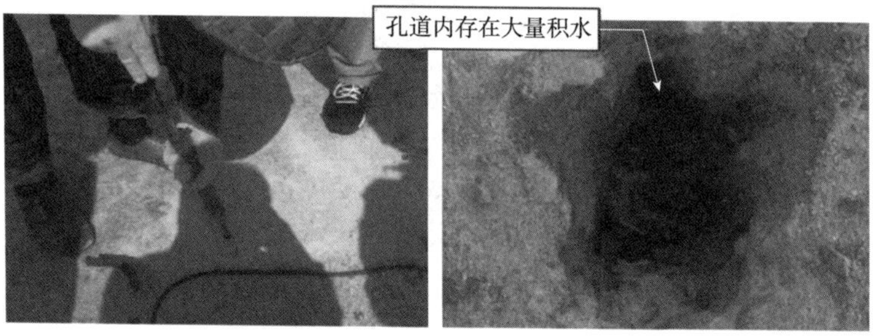

图 6-21　测试孔道钻孔、打气验证

习　　题

6-1　什么是预应力结构？预应力结构有哪些优点？

6-2　空悬式锚索预应力的检测方法有哪些？

6-3　埋入式锚索预应力检测方法有哪些？

6-4　测试孔道灌浆密实度有哪些方法？

6-5　灌浆定性检测的评判依据是什么？定性检测方法各有什么优缺点？

第七章　现场试验检测

学习指南

本章主要介绍了道路工程、桥梁工程、隧道工程等公路工程中常见的工程现场试验检测，是我国公路水运工程试验检测中助理试验检测师和试验检测师水平考试公路工程类重要的考试内容。

现场试验检测又称原位检测，是工程质量保证的重要环节之一。现场试验检测对象为结构系统部位或部件，为整个结构系统的一部分，一般不容易破坏，或破坏后修复困难，因此，目前多提倡无损检测作为评定工具。本章在介绍相关现场试验检测时，以无损检测为主，也介绍部分有损或微损检测。

第一节　道路工程现场试验

道路工程包括路基、路面工程，针对道路工程现场检测试验，我国专门颁布了《公路路基路面现场测试规程》(JTG E60—2008)，检测内容包括几何尺寸、压实度、平整度、强度和模量、承载力、水泥混凝土强度、抗滑性能、渗水性等。由于部分内容已在相关章节中涉及，如水泥混凝土强度、路基路面强度和模量、路基路面承载力等已在混凝土材料及结构、岩土材料中涉及。因此，本节将作重介绍几何尺寸、平整度、抗滑性能、渗水性等相关现场检测试验。

一、路基路面几何尺寸测试

需测试的路基路面几何尺寸一般包括各部分的宽度、纵断面高程、横坡及中线偏位、路面厚度等。

1.宽度测试

路基路面各部分的宽度及总宽度要求用钢尺沿中心线垂直方向水平测量，以“中心为单位，对于高速公路及一级公路，准确至 0.005m；对其他等级公路，准确至 0.01m。测量时钢尺应水平，不得将尺紧贴路面量取”。路基路面宽度的测定方法看起来很简单，但对宽度的定义则各有各的理解，尤其是当路面有路拱、横坡时，路面宽度必须是水平宽度，如果尺子贴地面测量，测定的是斜面，是不正确的。另外测定时不得使用皮尺，必须使用钢尺。

2.纵断面高程测试

纵断面高程测试时，将精密水准仪架设在路面平顺处调平，将塔尺分别竖立在中线的测点位置上，以路线附近的水准点高程作为基准。测记测定点的高程读数，以 m 表示，准确至 0.001m。连续测定全部测点,并与水准点闭合。

现在道路设计时对断面高程规定的断面位置并不统一,有的以中线位置为设计断面,有的以路基边缘为设计断面,对有无中央分隔带的情况也不一致,因此,实际测试时无法规定测定位置,而应根据道路设计标准来确定测定位置。

3.路面横坡测试

路面横坡、纵坡概念如图 7-1 所示。

对设有中央分隔带的路面:将精密水准仪架设在路面平顺处调平,将塔尺分别竖立在路面与中央分隔带分界的路缘带边缘 d_1 及路面与路肩交界处(或外侧路缘石边缘)的标记 d_2 处,d_1 与 d_2 两测点必须在同一横断面上,测量 d_1 和 d_2 处的高程,记录高程读数,以 m 表示,准确至 0.001m。

对无中央分隔带的路面:将精密水准仪架设在路面平顺处调平,将塔尺分别竖立在路拱曲线与直线部分的交界位置 d_1,路面与路肩(或硬路肩)的交界位置 d_2 处,d_1 与 d_2 两测点必须在同一横断面上。测量 d_1 与 d_2 处的高程,记录高程读数,以 m 表示,准确至 0.001m。

用钢尺测量两测点的水平距离,以 m 表示,对高速公路及一级公路,准确至 0.005m;对其他等级公路,准确至 0.01m。路面横坡测量如图 7-2 所示。

图 7-1 路面横坡/纵坡示意

图 7-2 路面横坡测量

4.路面中线偏位测试

公路竣工以后,其中线的实际位置与设计位置之间的偏移量,称之为中线偏位。中线偏位的产生一般是在施工放样过程中,由测量误差引起的,也可能是施工中个别部位尺寸控制不严造成的。在《公路工程质量检验评定标准》(JTG F80/1—2004)中规定,对竣工后的土石方工程、路面工程等都要确定其平面位置、纵向高程和几何尺寸,以确定该工程的优劣,而其中公路中线的偏位检测最为重要。

检测中线偏位的方法有很多种。对于有中线坐标的道路,首先从设计资料中查出待测点 P 的设计坐标,用经纬仪对该设计坐标进行放样,并在放样点 P' 做好标记,量取 PP' 的长度,即为中线平面偏位 Δcl,以 mm 表示。对高速公路及一级公路,准确至 5mm;对其他等级公路,准确至 10mm。

而对于无中桩坐标的低等级道路,应首先恢复交点或转点,实测偏角和距离,然后采用链距法、切线支距法或偏角法等传统方法敷设道路中线的设计位置,量取设计位置与施工位置之间的距离,即为中线平面偏位 Δcl,以 mm 表示,准确至 10mm。

5.厚度测试

路基路面各结构层厚度的检测方法与结构层的层位及其种类有关，基层和砂石路基的厚度可用挖坑法测定，沥青面层及水泥混凝土路面板的厚度应用钻孔法或地质雷达法测定。对于路基路面各层施工完成后及工程交工验收检查使用时，必须进行厚度的检测。

（1）挖坑法

挖坑法测定路面厚度，根据现行相关规范的要求，按随机选点法，随机取样决定挖坑检查的位置。如为旧路，测点有坑洞等显著缺陷或处于接缝处时，可在其旁边检测。在选择试验地点，选一块约 40cm×40cm 的平坦表面作为试验地点，并用毛刷将其清扫干净。根据材料坚硬程度，选择镐、铲、凿子等适当的工具，开挖这一层材料，直至层位底面。在便于开挖坑的前提下，开挖面积应尽量缩小，坑洞大体呈圆形。边开挖边将材料铲出置于方盘内，用毛刷将坑底清扫，作为下一层的顶面。将一把钢板尺平放横跨于坑的两边，用另一把钢尺或卡尺等量具在坑的中部位置垂直伸至坑底，测量坑底至钢板尺底面的距离，即为检查层的厚度，以 mm 计，精确至 1mm。

测试完成后，应对测试试坑进行修复处理，一般用取样层的相同材料填补试坑。对有机结合料稳定类结构层，应按相同配比用新版的材料分层填补，并用小锤夯实整平；对无机结合粒料结构层，可用挖坑时取出的材料，适当加水拌和后分层填补，并用小锤夯实整平。

（2）钻芯取样法

钻机取样法（图 7-3）测定路面厚度，根据现行相关规范的要求，按随机选点法，决定钻孔检查的位置。如为旧路，测点有坑洞等显著缺陷或处于接缝处时，可在其旁边检测。按钻机取芯样的方法用路面取芯机钻孔，仔细取出芯样，清除表面灰土，找出下层的分界。用钢板尺或卡尺沿圆周堆成的十字方向四处量取表面至上下层面的高度，取其平均值，即为该层的厚度，准确至 1mm。

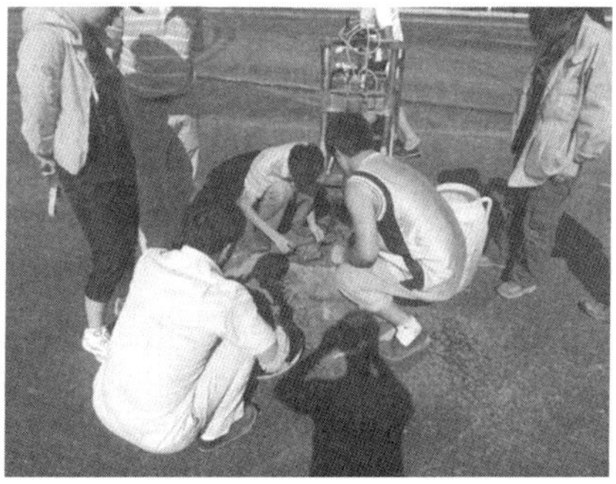

图 7-3　路面厚度钻芯测量

在沥青路面施工过程中，当沥青混合料尚未冷却时，可根据需要随机选择测点，用大改锥插入量取或挖坑量取沥青层的厚度，但不得使用铁镐等扰动四周的沥青层，如图 7-4 所示。

同样在钻芯取样后，应对钻孔进行修复处理，用取样层的相同材料填补钻孔。对正在施工的沥青路面，用相同的级配热拌沥青混合料分层填补，并用热的铁锤或热夯夯实整平；旧路钻孔也可用乳化沥青混合料修补；对水泥混凝土面板，应按相同配比用新拌的材料分层填补，并用小锤夯实。新拌材料中宜掺加快凝早强的外掺剂。

（3）地质雷达法

无论是挖坑测厚还是钻芯取样法检测，均会对测试层面产生一定破坏，而且修复复杂或修复之后达不到应有的效果。随着科学技术的发展，地质雷达、冲击回波等无损测试方法也开始应用到路基路面厚度检测当中。其中冲击回波法可以用于测试沥青路面和水泥混凝土路面的厚度，具体测试方法可参考混凝土材料及结构相关内容。而相对于冲击回波法，地质雷达用于路面检测更加快速高效，如图 7-5 所示。

图 7-4　热沥青路面厚度测量

图 7-5　车载雷达测量路面厚度

雷达测试只需要开启测试设备，沿着测试路面按一定速度匀速推行设备（独立式）或驾车行驶（车载式），当行进到达测试终点后，停止采集即可。行进过程中需要对特殊构造物，如涵洞、桥梁等加以记录。另外，为了准确计算出路面厚度，必须知道路面材料的介电常数，通常采用在路面上钻芯取样方法，以获取路面材料的介电常数。做法是首先令雷达天线需要标定芯样点的上方采集，然后钻芯，最后将芯样的真实厚度数据输入到设备程序中，计算出路面材料的介电常数或者雷达波在材料中的传播速度。路面材料的介电常数会随集料类型、沥青产地、密度、湿度等而不同，因此，雷达测试路面厚度时，应注意相关干扰因素，对测试结果的影响。

二、路面平整度测试

路面的平整度与路面各结构层次的平整状况有着一定的联系，即各层次的平整效果将累积反映到路面表面上。路面平整是汽车快速、舒适、安全行驶的基本要求，平整度检测是用规定的标准量规，间断地或连续地测量路表面的凹凸情况，即不平整度的指标，是路面进行验收和养护的重要环节。按常用的平整度测试设备大致可分为两类，即断面类和反应类。

断面类是通过测量路面纵向断面高程值，直接计算出国际平整度指标 IRI 表征路面的平整度，如 3m 直尺、连续式平整度仪、激光断面测试仪等。反应类是通过测量车辆在路面上通行时车轴与车身之间的垂直位移或车身的加速度作为路面不平整度的反应值，其测试结果与车辆的动态性能有关，因而具有时间不稳定、不易转换、难以进行比较等固有特征，需要通过与国际平整度指数 IRI 之间的相关关系，间接换算成国际平整度指数 IRI 表征路面的平整度，如车载式颠簸累积仪、BPR 平整度测试仪等。根据相关规程内容，下面对 3m 直尺、连续式平整度仪、车载式激光平整度仪、车载式颠簸累积仪的试验方法作简要介绍。

图 7-6　3m 直尺测试路面平整度

1.3m 直尺法

3m 直尺测定法有单尺测定最大间隙及等距离（1.5m）连续测定两种。两种方法测定的路面平整度有较好的相关关系。前者常用于施工质量控制与检查验收，单尺测定时要计算出测定段的合格率；等距离连续测试也可用于施工质量检查验收，要算出标准差，用标准差来表示平整程度。

如图 7-6 所示，3m 直尺测试时，应按有关规范规定选择测试路段，在测试路段路面上选择测试地点，并清扫路面测定位置处的污物。当为沥青路面施工过程中质量检测需要时，测试地点应选在接缝处，以单杆测定评定；除高速公路以外，可用于其他等级公路路基路面工程质量检查验收或进行路况评定。当为路基、路面工程质量检查验收或进行路况评定需要时，每 200m 测 2 处，每处连续测量 10 尺。除特殊需要者外，应以行车道一侧车轮轮迹（距车道线 80~100cm）带作为连续测定的标准位置。对旧路面已形成车辙的路面，应取车辙中间处为测定位置，用粉笔在路面上做好标记。

在施工过程中检测时，按根据需要确定的方向，将 3m 直尺摆在测试地点的路面上，目测 3m 直尺底面与路面之间的间隙情况，确定间隙为最大的位置。用有高度标线的塞尺塞进间隙处，量测其最大间隙的高度，或用深度尺在最大间隙位置量测直尺上顶面距地面的深度，该深度减去尺高即为测试点的最大间隙的高度，精确至 0.2mm。

单杆检测路面的平整度计算，以 3m 直尺与路面的最大间隙为测定结果。连续测定 10 尺时，判断每个测定值是否合格，根据要求计算合格百分率，并计算 10 个最大间隙的平均值。

2.连续式平整度仪试验

连续式平整度仪（图 7-7）的标准长度为 3m，前后各有 4 个行走轮，前后两组轮的轴间距离为 3m。机架中间有一个能起落的测定轮，机架上装有蓄电源及可拆卸的检测箱，检测箱可采用显示、记录、打印或绘图等方式输出测试结果。测定轮上装有位移传感器、距离传感器等，自动采集位移数据时，测定间距为 10cm，每一计算区间的长度为 100m，100m 输出一次结果。

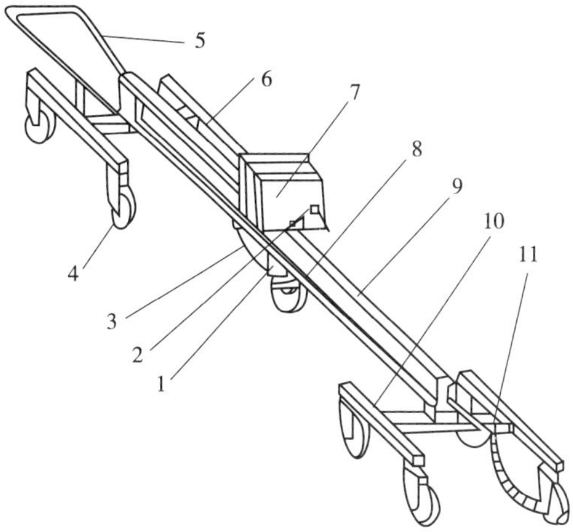

图 7-7　连续式平整度仪构造图

1-测量架；2-离合器；3-拉簧；4-脚轮；5-牵引架；6-前架；7-记录计；8-测定轮；9-纵梁；10-后架；11-软轴

连续式平整度测定仪测试时，应按有关规范规定选择测试路段，当为施工过程中质量检测需要时，根据需要在测试路段路面上选择测试地点，并清扫路面测定位置处的污物。当为路面工程质量检查验收或进行路况评定需要时，通常以行车道一侧车轮轮迹（距车道线 80~100cm）带作为连续测定的标准位置。对旧路已形成车辙的路面，应取一侧车辙中间位置为测定位置。

图 7-8　牵引连续式平整度仪

使用连续式平整度测定仪进行检测时，将测定仪置于测试路段路面起点上，在牵引汽车的后部，将平整度的挂钩挂上后，如图 7-8 所示。放下测定轮，启动检测器及记录仪，随即启动汽车，沿道路纵向行驶、横向位置保持稳定，并检查平整度检测仪表上测定数字显示、打印、记录的情况。如检测设备中某项仪表发生故障，即停车检测，牵引连续式平整度仪的速度应均匀，速度宜为 5km/h，最大不得超过12km/h。在测试路段较短时，亦可用人力拖拉平整度仪来测定路面的平整度，但拖拉时应保持匀速前进。

3.车载式激光平整度仪试验

国际平整度指数仪与路面的纵断面高程有关，具有客观性和唯一性，已在国外实施多年。

目前中国的规范中已经引进国际平整度指数，同时很多单位也引进了能够测量路面纵断面、输出国际平整度指数的激光平整度仪。路面纵断面的测量可分为惯性原理和非惯性原理。国外的激光检测仪一般采用惯性原理，即在检测系统中利用惯性元件（加速度计）校正车辆本身的振动。

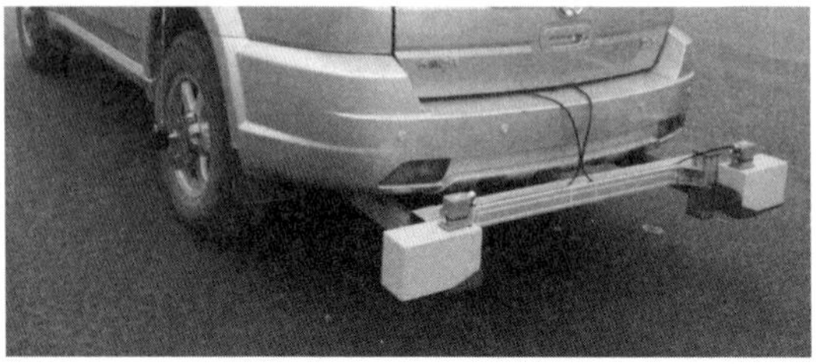

图 7-9　车载式激光平整度仪

车载式激光平整度仪（图 7-9）采用激光传感器、垂直加速度传感器组合成惯性参照路面纵断面剖面检测系统，实时检测包括短波长及长波长的路面纵断面剖面曲线（直线式检测类），同时获取各种路面评价指标，包括国际平整度指标（IRI）、平整度标准差（σ）、观测打分值（RN）、行驶质量指标（RQI）、路面构造深度（TD）。可在正常车速条件下对路面进行长距离快速自动检测。车载式激光平整度仪可以在新建、改建路面工程质量验收和无严重坑槽、车辙等病害及无积水、积雪、泥浆的正常通车条件下连续采集路段平整度数据。车载式激光平整度仪测试系统工作参数：测试速度区间为 30～100km/h；采样间隔小于 500mm；传感器测试精度小于等于 0.5mm；距离标定误差小于 0.1%；系统工作环境温度区间为 0～60℃。

设备安装到承载车上以后应进行测试值与国际平整度指数（IRI）的相关性试验，并按要求对测试系统各传感器进行校准。检查测试车轮胎气压，应达到车辆轮胎规定的标准气压，车胎应清洁，不得黏附杂物。距离测量装置需要现场安装的，根据相关说明进行安装，确保机械紧固装置安装牢固。检查测试系统各部分应符合测试要求，不应有明显的可视性破损。

测试开始之前应让测试车以测试速度行驶 5～10km，按照设备使用说明规定的预热时间对测试系统进行预热。测试车停在测试起点前 50～100m 处，启动平整度测试系统程序，按照设备操作手册的规定和测试路段的现场技术要求，设置所需的测试状态。驾驶员应按照设备操作手册要求的测试速度范围驾驶测试车，宜在 50～80km/h 之间，避免急加速和急减速，急弯路段应放慢车速，沿正常行车轨迹驶入测试路段。进入测试路段后，测试人员启动系统的采集和记录程序，在测试过程中必须及时准确地将测试路段的起终点和其他需要特殊标记的位置输入测试数据记录中。当测试车辆驶出测试路段后，测试人员应停止数据采集和记录，并恢复仪器各部分至初始状态。

激光平整度仪采集的数据是路面相对高程值，应以 100m 为计算区间长度，用 IRI 的标准计算程序计算 IRI 值，以 m/km 计。

4.车载式颠簸累积仪试验

车载式颠簸累积仪检测路面平整度，可高效、连续地采集和显示测试路段的断面信息，作为工程质量验收评定的重要手段，特别是具有效率高、操作简便等优点，在公路工程建设中应用将越来越广泛，特别适合长路段、公路普查或路面质量评价等。

在测试车底板上安装的位移传感器，用钢丝绳与后桥相连，另一端与传感器的定量位移轮连接。当装载颠簸累积仪的车辆，在被测路面以一定的速度行驶时，路面上的凹凸不平引起汽车的激振，使后桥与车厢间产生上下相对位移，钢丝绳带动定量位移轮转动输出脉冲信号，此信号经计算机数据采集处理判别，换算成位移量并记录下来，即为位移累积值 VBI，以 cm/km 计，用来表征路面的平整度状况。VBI 越大，说明路面平整性越差，人体乘坐汽车时越不舒适。

将测试得到的颠簸积累值 VBI,按照与国际平整度指数(IRI)相关性标定,并以 100m 为计算区间换算成相应的 IRI。

车载式颠簸累积仪测试系统工作参数:测试速度区间可在 30~80km/h 范围内选定;最大测试幅值为±20cm;最大显示值为 9999cm;系统最高反应频率为 5kHz;垂直位移分辨率为 1mm;距离标定误差小于 0.5%;系统工作环境温度区间为 0~60℃。

车载式颠簸累积仪试验测试过程与车载式激光平整度仪基本一致,在此不再累述。

3m 直尺给出的是最大间隙值;连续式平整度仪给出的是均方差;激光平整度仪给出的是国际平整度指数(IRI);颠簸累积仪使用的是颠簸累积值。为研究各项指标之间的关系,交通部和各省交通部门都曾立项,以期实现各种评价指标的统一。

三、路面抗滑性能测试

路面抗滑性能用以表征车辆在行驶或受到制动时,车辆轮胎沿路表面滑移所产生的力,直接影响高速行驶车辆的安全性。因此,公路建设部门和养护管理部门越来越重视路面的抗滑性能,并将其作为高等级公路交、竣工验收及养护质量检查评定中的一项重要指标。

高速公路、一级公路沥青路面的抗滑性能,以横向力系数测试车在 60km/h 车速下测得的横向力系数(SFC_{60})和构造深度(TC)为主要指标。在交工验收前或开放一年之内(除冬季外)测试的路面抗滑性能指标应符合表 7-1 的技术要求。

沥青路面抗滑技术指标 表 7-1

年平均降雨量(mm)	交工验收值		
	横向力系数 SFC_{60}	动态摩擦系数 DF_{60}	构造深度 TD(mm)
>1000	≥54	≥0.59	≥0.55
500~1000	≥50	≥0.54	≥0.50
250~500	≥05	≥0.47	≥0.45

抗滑性能的试验方法有多种,下面就横向力系数(SFC_{60})、构造深度(TD)相关测试方法加以介绍。

1.横向力系数测试系统

横向力系数(SFC_{60})测试系统(图 7-10)在世界许多国家被采用,但在测试轮偏角、测试轮荷载、轮胎类型等方面的技术标准却有所差别。我国相关测试规程中,介绍了单轮式横向力系数测试和双轮式横向力系数测试的方法,用于测定路面摩擦系数。

单轮式横向力系数测试系统由承载车辆、距离测试装置、横向力测试装置、供水装置和主控制系统组成。其中,主控制系统除实施对测试装置和供水装置的操作控制外,同时还控制数据的传输、记录和计算环节。该系统适用于在新建、改建路面工程质量验收和无严重坑槽、车辙等病害的正常行车条件下连续采集路面的横向系数。

双轮式横向力系数测试系统(图 7-11)由牵引车、供水系统、测量机构(包括荷载传感器)、电子控制和数据处理系统、标定装置等组成。其中牵引车最高行驶车速应大于 80km/h,车辆后部可安装专用拖挂的装置,并配备警示标示。该系统适用于在新建、改建路面工程质量验收和无严重坑槽、车辙等病害的正常行车条件下测定沥青路面或水泥混凝土路面的摩擦系数。

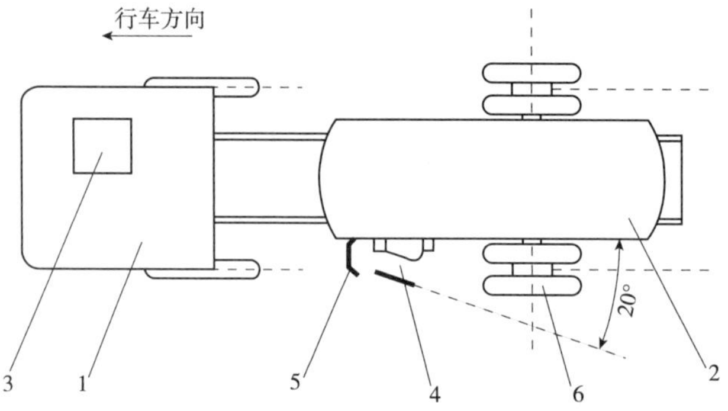

图 7-10　单轮式横向力系数测试系统构造示意图

1-承载车;2-水罐;3-数据采集与处理系统;4-测试轮系统;5-喷水系统;6-测试轮备胎

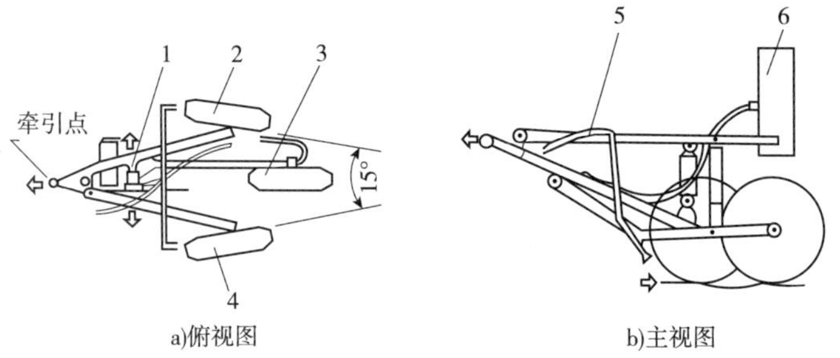

图 7-11　双轮式横向力系数测试系统构造示意图

1-拉力测试装置;2-旋转测试轮;3-距离测试装置;4-固定测试轮;5-供水装置;6-计算机控制系统

2.构造深度测试系统

路面表面的构造深度(TD)以前称纹理深度,是路面粗糙度的重要指标,它与路表抗滑性能、排水、噪声等都有一定关系。构造深度测试试验方法包括手工铺砂法、电动铺砂法、激光法等。其中,激光法试验与平整度激光法测试基本一致。但需要注意的是,由于计算模式的差别,激光法与铺砂法测试结果存在一定的差异,因此做测试之前需要与铺砂法进行相关性对比试验,在此不再叙述。

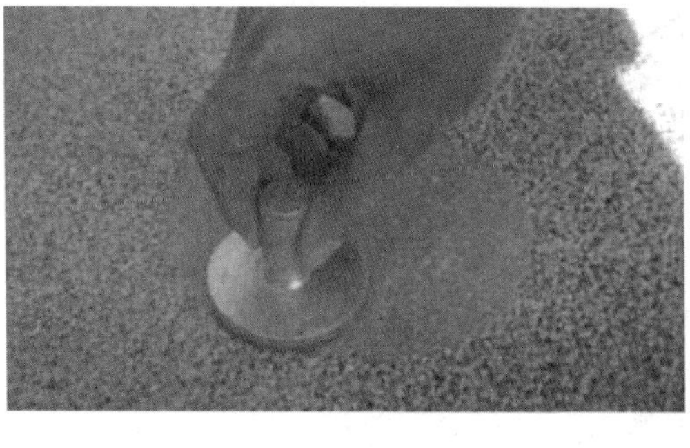

图 7-12　手工铺砂法铺砂图

手工铺砂法(图 7-12)与电动铺砂法都是将细砂铺在路面上,计算嵌入凹凸不平的表面空隙中的砂的体积与覆盖面积之比,从而求得构造深度。这是目前工程上最为基本也是最为常用的方法。铺砂试验方法适用于测定沥青路面及水泥混凝土路面表面构造深度,用以评定路面表面的宏观构造深度,从而对路面抗滑性能进行评价。

虽然手动和电动铺砂法原理相同,但测定方法有差别。手工法是将全部砂都填入凹凸不平的空隙中,而电动法是在玻璃板上摊铺后比较求得,所以两法测定结果存在差异。一般认为手工铺砂法误差较大,其原因有很多,例如装砂的方法无标准,摊砂用的推平板无标准等。因此采用手工铺砂法时,标准应尽可能统一或明确。而电动铺砂法需要对铺砂器进行标定,怎么标定,测试时做法要一致,如用砂应为同种砂,标定和测试应由同一试验人员完成。

四、路面渗水性测试

沥青路面渗水性能是反映路面沥青混凝土混合料级配组成的一个间接指标，也是沥青路面水稳定性的一个重要指标。如果整个沥青层均透水，则水势必进入基层或路基，使路面承载力降低。相反如果沥青面层中有一层不透水，而表层能很快透水，则不致形成水膜，对抗滑性能有很大好处。所以路面渗水系数已成为评价路面使用性能的一个重要指标，被列入相关技术规程中。

渗水性试验用于在路面现场测定沥青路面的渗水系数。现场试验如图7-13所示。路面渗水仪上部盛水量筒由透明有机玻璃制成，容积600mL，上有刻度，在100mL及500mL处有粗标线，下方通过直径10mm的细管与底座相接，中间有一开关。量筒通过支架联结，底座下方开口内径150mm，外径220mm，仪器附不锈钢压重铁圈2个，每个质量约5kg，内径160mm。另外需要水桶、秒表、密封材料及其他辅助工具（如刮刀、粉笔、水、扫帚等）。

图7-13　渗水性试验现场图

渗水性试验测试时，在测试路段的行车道面上，按随机取样方法选择测试位置，每一个检测路段应测定5个测点，用刮刀或刷子将路面表面杂物清除，并用扫帚清扫表面，确保无杂物影响路面渗水性，且保证密封效果。

将清扫后的路面用粉笔按测试仪器底座大小画好圆圈记号。在路面上沿底座圆圈抹一薄层密封材料，边涂边用手压紧，使密封材料嵌满缝隙且牢固地黏结在路面上，密封料圈的内径与底座内径相同，约150mm。将组合好的渗水试验仪底座用力压在路面密封材料圈上，再加上压重铁圈压住仪器底座，以防止水从底座与路面间流出。关闭细管下方的开关，向仪器的上方量筒中注入清水至满，总量为600mL。迅速将开关全部打开，水开始从细管下部流出，待水面下降100mL时，立即开动秒表，每间隔60s，读记仪器管的刻度一次，至水面下降500mL时为止。测试过程中，如水从底座与密封材料间渗出，说明底座与路面密封不好，应移至附近干燥路面处重新操作。如水面下降速度很慢，从水面下降至100mL开始，测得3min的渗水量即可停止。若试验时水面下降至一定程度后基本保持不动，说明路面基本不透水或根本不透水，则在报告中注明。按同样方式对5个测点测定渗水系数，取其平均值作为检测结果。

第二节　桥梁工程现场检测

桥梁具有灵活的跨越性，可跨越天然的河谷山涧、沼泽海峡等障碍，也可跨越人工设施等障碍，因此桥梁在现代道路工程中，受到工程师们广泛欢迎，是常见工程结构形式。在我国随着一批批具有国际先进水平的特大桥梁的建成，如杭州湾跨海大桥（图7-14）、马鞍山长江大桥等，又有许多特大桥梁正在如火如荼地建设，如港珠澳大桥、被誉为"川藏第一桥"的大渡河兴康特大桥（图7-15）等，新桥型、新材料、新工艺等在桥梁施工中得到了广泛应用。为了保障桥梁的安全施工和运营，对这些桥梁的监测检测是一项艰巨而光荣的任务。桥梁作为重要的工程结构，检测不宜执行破坏其结构力学特征的有损检测，而宜采用现场无损检测。

图 7-14　杭州湾跨海大桥

图 7-15　“川藏第一桥”兴康特大桥（2017 年在建）

有关桥梁工程原材料的试验检测及基础检测，如混凝土试验、地基承载力试验、桩基完整性检测等，已在前面章节中涉及或部分涉及，在此不再赘述。

一、桥梁外观检测

桥梁外观检测往往是桥梁经常性检查，以目测方式为主，也可配以简单的记录、测量工具，如照相机、摄像机、钢卷尺等。桥梁外观检测主要针对桥面设施、上部结构、下部结构等出现的缺损及病害程度做一个资料记录与说明，并估计缺损范围及养护工作量，为后期工作提供依据。

1.桥面设施检查

桥面设施检查主要包括：桥面是否整洁，有无杂物堆积，杂草蔓生；铺装是否平整，有无裂缝、局部坑槽、积水、沉陷等；排水设施是否完好，桥面泄水管是否堵塞和破损；伸缩缝是否堵塞卡死，连接部件有无松动、脱落等；桥头是否存在跳车；构件表面涂层是够完好；构件有无损坏、缺件、老化变色、开裂、起皮、剥落、锈迹，连接部位是否松动、错位等，如图 7-16、图 7-17 所示。

图 7-16　桥面裂缝及破损

图 7-17　伸缩缝堵塞清理

2.上部结构检测

桥梁上部结构的检测根据桥梁类型不同，检测的内容或着重点有所区别。如悬索桥、斜拉桥，在经常检测中，应着重检测拉杆、斜拉索有无异常，应力索有无外露、锈蚀等；拉杆拉索锚固端有无异常;索塔有无裂缝及混凝土缺陷等。而拱桥上部结构的检测则需着重检测拱板结构是否存在异常,如混凝土拱板需要检测混凝土有无裂缝及其他缺陷,有无钢筋外露或钢筋有无锈蚀等。其他预应力混凝土梁则需要着重检测混凝土材质有无老化劣化,有无裂缝缺陷等。

无论何种桥型,经常做上部结构检测的目的是一样的,即针对特殊桥梁类型,及早发现关键部位的损伤或缺陷,及早采取进一步措施,这对维护桥梁安全运营是非常必要的。索塔结构外观检查如图 7-18 所示。

图 7-18 索塔结构外观检查

3.下部结构检测

桥梁下部结构指"梁"以下的结构,如墩台及其下部基础设施等。下部结构检测即对这些结构部位进行检查,并做好资料记录。如墩台检测需要检查墩台是否有被撞击损伤等。而桥梁下部结构中的基础设施往往具有较强的隐蔽性,难以采用目测的方式进行经常性检查。

二、桥梁专项检测

桥梁专项检测往往是根据外观检测的结果,认为需要对某些损伤进行专门检测或应急检测的行为。其覆盖范围很广,如索力、混凝土缺陷、裂缝等。

桥梁专项检测内容与桥型息息相关,下面讲到的专项检测可能有的只适合某一类型桥梁的某一方面的检测。

1.预应力专项检测

目前桥梁预应力专项检测,只能在桥梁施工过程中进行。一种是反拉法,该方法测试可靠性高,但需要在预应力孔道灌浆前,且张拉工作段未截断时进行,检测窗口时间很有限;另一种为无损检测,被称作等效质量法,该方法检测只要求预应力锚索锚固端外露,要求简单,但该方法标定要求较为苛刻,因此,这种方法多用于对比检测。

2.索力专项检测

该专项检测多指检测斜拉索、悬索拉杆的应力检测,常见的检测设备为索力检测仪、预应力锚索(杆)张力检测仪等。

3.结构混凝土检测

该专项检测多指对桥梁中的混凝土材料进行相应的现场检查,如现场检测混凝土材质,包括其弹性模量和强度;混凝土裂缝、表层缺陷及内部缺陷;混凝土结构钢筋保护层厚度、碳化深度等。用到的主要仪器有超声回弹仪、裂缝深度检测仪、钢筋保护层厚度检测仪、混凝土多功能测试仪等。

4.钢筋检测

该专项检测指专门针对钢筋混凝土结构中钢筋的含量、直径、位置、锈蚀等进行的检测。主要用到的设备仪器如钢筋定位仪等。

5.结构检测

桥梁结构检测主要测量的是桥梁的变形、位移和桥面线性等，一般需要用到全站仪、精密水准仪等。

三、桥梁荷载试验

桥梁荷载试验是检验桥梁结构工作状态或实际承载能力的一种试验手段。一般桥梁荷载试验任务包括：

（1）检验桥梁设计与施工质量。

（2）验证桥梁结构设计理念和设计方法。

（3）评定桥梁结构的实际承载能力。

（4）桥梁结构动力特性及动态反应的测试研究。

桥梁荷载试验包括静载试验和动载试验，试验的目的是获取荷载作用下桥梁结构响应的各种参数，如图 7-19 所示。

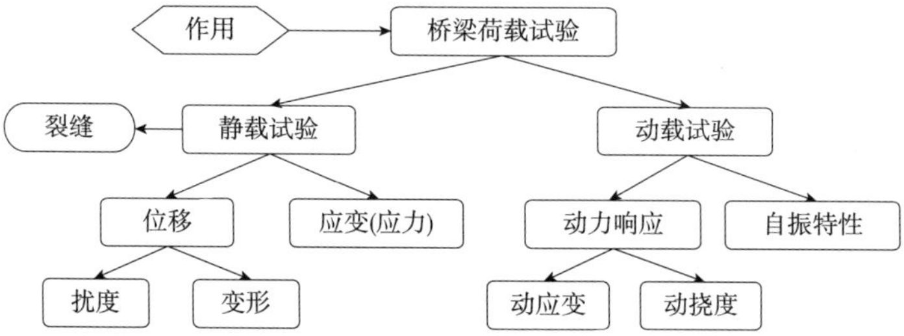

图 7-19　荷载试验检测参数

1.桥梁静荷载试验

桥梁静荷载试验是评估桥梁质量、结构承载能力及其他工作性能的基本方法。主要检测参数为桥梁的静载位移、应变沉降等。

静荷载试验开展的工作包括：试验计算、加载试验、试验数据整理等。

（1）试验计算

静载试验应进行必要的与试验有关的计算。所有相关计算结果是试验荷载大小、加载等级等的理论依据，也可作为试验加载响应的期望值。如静力加载效率可按下式计算：

$$\eta_q = \frac{S_s}{S'(1+\mu)} \tag{7-1}$$

式中：S_s——静力试验荷载作用下，某一加载试验项目对应的加载控制截面内力、应力或变位的最大计算效应值；

S'——检算荷载产生的同一加载控制截面内力、应力或变位的最不利效应计算值；

μ——按规范取用的冲击系数值；

η_q——静力试验荷载效率。

静力荷载试验效率η_q是某一控制截面在试验荷载作用下的计算效应与该截面对应的设计控制效应的比值。对于在用桥梁，其使用荷载变化情况复杂且长期处于各种荷载作用之下，为使荷载试验能充分反映结构的受力特点，一般要求采用较高的荷载试验效率，其取值范围宜介于 0.95~1.05 之间。

(2)加载试验

加载试验是整个实桥静载试验的核心内容,考虑加载时温度变化和环境的干扰,静载试验一般安排在晚上进行,如果加载时温度变化和环境的干扰不大,不一定非要安排在晚上。

试验荷载应分级施加,加载级数应根据试验荷载总量和荷载分级增量确定,可分成 3~5 级。当桥梁的技术资料不全时,应增加分级。重点测试桥梁在荷载作用下的响应规律时,可适当加密加载分级。

加载过程应保证非控制截面内力或位移不超过控制荷载作用下的最不利值。当试验条件限制时,附加控制截面可只进行最不利加载。

加载时间间隔应满足结构反应稳定的时间要求。应在前一荷载阶段内结构反应相对稳定,进行了有效测试及记录后方可进行下一荷载阶段。当进行主要控制截面最大内力(形变)加载试验时,分级加载的稳定时间不应少于 5min,对尚未运营的新桥,首个工况的分级加载稳定时间不宜少于 15min。

(3)试验数据整理

整理桥梁现场数据,不仅要求有完整的原始记录,还需要对试验得到的数据进行整理、计算、分析。静载试验得到的原始数据、曲线和图像等,只是试验过程获得的重要的第一手资料,这些数据往往数据量庞大,也不直观,无法直接用来进行结构的评价,必须进行必要的处理分析。如桥梁位移包括挠度和各种非竖向位移,这些参数不仅反映了桥梁载荷在下的形变特征,这些参数的大小或变化趋势,跟桥梁类型、传感器位置等都有关系。因此,即使是同样的位移,也要结合原始记录等进行综合分析,方可得到科学合理的试验结果。

桥梁静载试验(图 7-20)测试精度高,也是公认的精密检测方法,许多高校桥梁试验室也把它作为王牌试验教学,但同时我们也应该认识到静载试验的不足,以达到对该试验的全面认识。其不足主要体现在:若对成桥做整体静荷载试验,必须施行限行措施,需要安装各类传感器,以采集相应的响应特征,不仅对交通影响大,成本也非常高。荷载过程中虽然是分级加载,但对于承载力较低的桥梁,试验过程中很容易对桥梁造成一定的塑性变形,存在一定损伤,严重时可能致使桥梁出现裂缝等。另外挠度测试、应力应变测试也存在不同程度的局限。同时不可回避的是,静载试验难以对桥墩、盖梁等下部进行检测,下部结构成为静载试验的盲区。

如图 7-21 所示为单梁静载试验。

图 7-20　桥梁静载试验

图 7-21　单梁静载试验

2.桥梁动荷载试验

桥梁静载试验反映的是桥梁结构本身的动力特征，而桥梁是承受动荷载的结构物，因此，我们也要关注桥梁运营过程中的动态问题，还要研究车辆移动荷载引起的车辆振动及其他动力响应等。这些就需要做桥梁动载试验。

桥梁动载试验涉及的问题和所有工程振动试验研究的问题相似，基本可以归为三个方面，即桥梁外部振源、结构动力特征和动力反应。桥梁外部振源是引起桥梁振动的外作用，如行驶的车辆的激励、船舶碰撞、强风对大跨度悬索桥的激励以及地震等。

结构动力特征是桥梁的固有特征，主要包括固有频率、阻尼比、动力冲击系数及动力响应等，是桥梁动态试验中最基本的内容，也是评价桥梁结构整体刚度及运营能力的重要指标。

动力反应表示桥梁在特定动荷载作用下的动态输出，桥梁结构动力响应主要参数为动应力、动挠度、加速度等。

桥梁动载试验（图 7-22、图 7-23）是利用某种激励方式激起桥梁结构的振动，测定桥梁结构的固有频率、阻尼比、振型、动力冲击系数、动力响应（加速度、动扰度）等参量的试验项目，从而宏观判断桥梁结构的整体刚度和运营性能。桥梁动载试验最常用的激励形式如跑车试验、跳车试验、停车制动试验等。

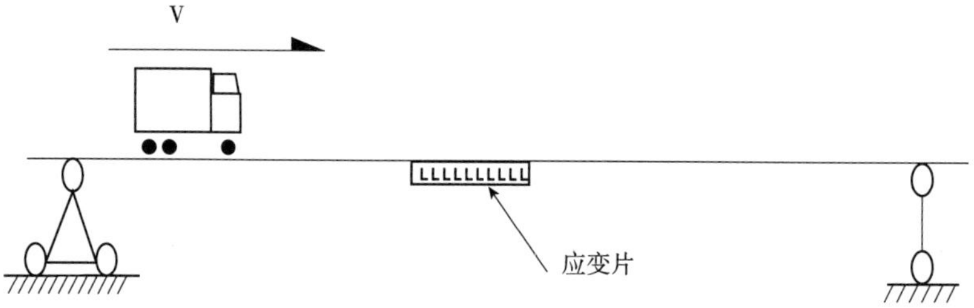

图 7-22　桥梁荷载试验示意

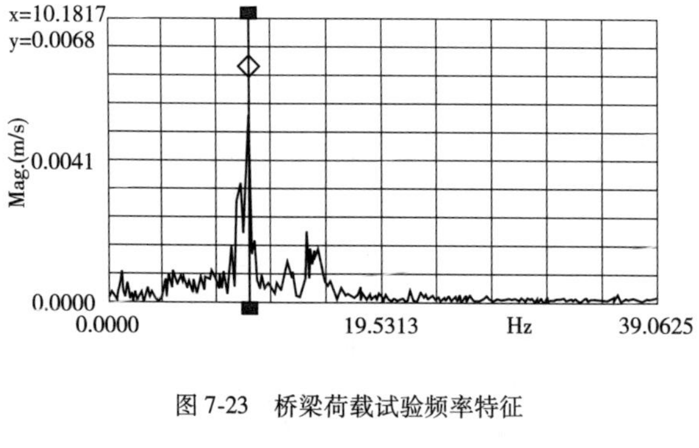

图 7-23　桥梁荷载试验频率特征

第三节　隧道工程现场检测

隧道是现代交通工程、水利工程、国防工程等常用到的工程结构形式。隧道往往横贯于山体之中或纵横于地下，是典型的地下工程。隧道本体既包括围岩，又包括锚杆、衬砌等人工设施，其中锚杆主要用于加固混凝土衬砌，用以及时地进行支护，控制围岩的变形和松弛，使围岩成为支护体系的组成部分。隧道工程运营中，要求支护体系具有相当的承受能力，否则会给隧道安全造成巨大隐患。隧道工程病害是否能及早检测发现，及早进行防治处理，直接关系到隧道长期稳定和使用功能的正常发挥。因此，保证隧道工程质量，保障安全施工、安全运营的现场试验必不可少。

隧道工程现场检测主要包括：洞深开挖质量检测、喷锚衬砌施工质量检测、混凝土衬砌施工质量检测、防排水检测、辅助工程施工质量检查、施工监控量测、超前地质预报、运营隧道结构检查等。

一、隧道开挖质量检测

隧道开挖质量的评定包括两项内容，一项是检测开挖断面的规整度，一般采用目测的方法进行评定。另一项是超欠挖控制，需通过对大量实测开挖断面数据进行计算分析，才能做出正确的评价。

隧道开挖是控制隧道施工工期和造价的关键工序。超挖或欠挖是隧道开挖过程中的普遍现象。超挖不仅会增加出渣量、衬砌工程量和额外增加回填工程量，导致工程造价上升，同时，局部的过渡超挖会引起应力集中，影响围岩稳定性；而欠挖，因侵占了结构空间，直接影响到支护结构厚度，带来工程质量问题，产生安全隐患。欠挖处理费工费时，影响工期，且欠挖处理时开挖轮廓不易控制、容易引起更大超挖。因此，必须保证开挖质量，为围岩的稳定和支护创造有利条件。

超欠挖检测试验一般采用激光断面仪，激光断面仪是把现代激光测距和计算机技术相结合开发出来的硬件、软件一体化的隧道断面测量仪器。激光断面仪法的测量原理为极坐标法，以某物理方向（如水平方向）为起算方向，按一定间距依次测定仪器旋转中心与实际开挖轮廓线的交点质检的距离及其与水平方向的夹角，将这些交点依次相连即可获得实际开挖的轮廓线，如图 7-24 所示。

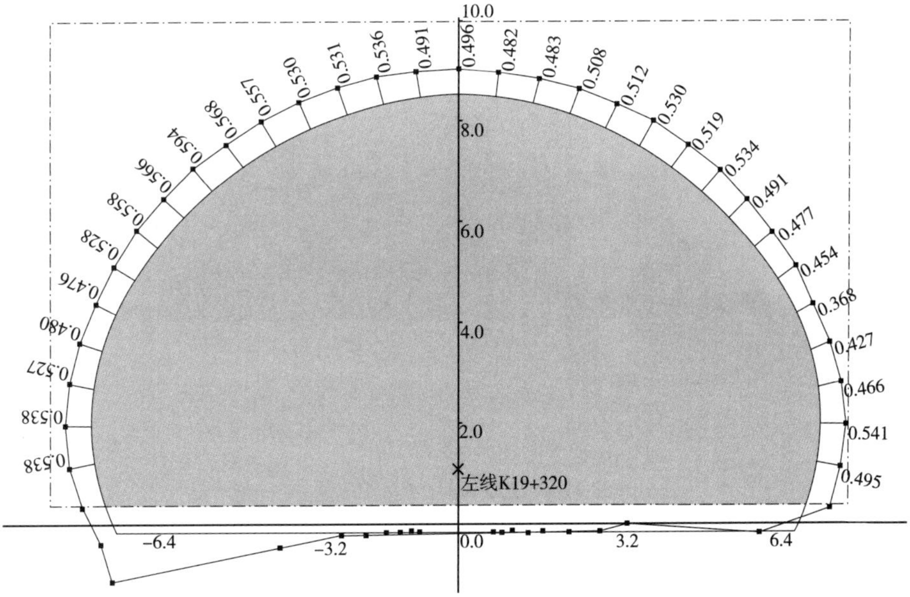

图 7-24 断面仪测试断面

超欠挖计算在计算软件的帮助下自动完成实际开挖轮廓线与设计开挖轮廓线的空间匹配，并可输出各点与相应设计开挖轮廓线之间的超欠挖值。

二、喷锚衬砌施工质量检测

喷锚衬砌是喷射混凝土支护、锚杆支护、喷射混凝土+锚杆支护、喷射混凝土+锚杆支护+钢筋网支护、喷射混凝土+锚杆支护+钢筋网支护+钢架支护的统称，是一种加固围岩、控制围岩变形、能充分利用和发挥围岩自承力的衬砌形式，具有支护及时、柔性、紧贴围岩、与围岩共同工作等特点。

喷锚衬砌是一个复杂复合结构体，其质量检测往往采用分项进行。即：

锚杆现场质量检测，包括锚杆孔位、锚杆方向、钻孔深度、孔径、锚杆锚固剂强度、锚杆垫板、锚杆数量、锚杆抗拉拔力、锚杆锚固长度和灌浆质量。主要用到的仪器设备如锚杆拉拔计、锚杆质量无损检测仪等。

喷射混凝土现场质量检测，包括喷射混凝土强度、厚度、外观及平整度、背后空洞等。主要用到的仪器设备如回弹仪、地质雷达及基于冲击弹性波的混凝土质量测试仪等。

另外，在喷锚衬砌中还有钢筋网检测、钢架检测、断面尺寸检测等。

三、混凝土衬砌施工质量检测

混凝土衬砌是隧道结构的重要组成部分，是隧道防水工程的最后一道防线，也是隧道外观的直接体现。混凝土衬砌质量检测包括强度、结构厚度、密实度、衬砌外观、背后脱空等。具体检测方式方法可以参见混凝土结构材料相关内容。

隧道衬砌脱空检测多采用雷达法进行，也可以采用冲击弹性波检测。如图 7-25～图 7-27 所示，采用两种测试方法对隧道脱空进行同步检测，检测结果见表 7-2。

两种方法检测结果 表 7-2

检测方法	EWR(时域)	地质雷达
脱空位置范围	94～114m　129～156m	93～106m　122～135m

图 7-25　探地雷达和弹性波检测现场

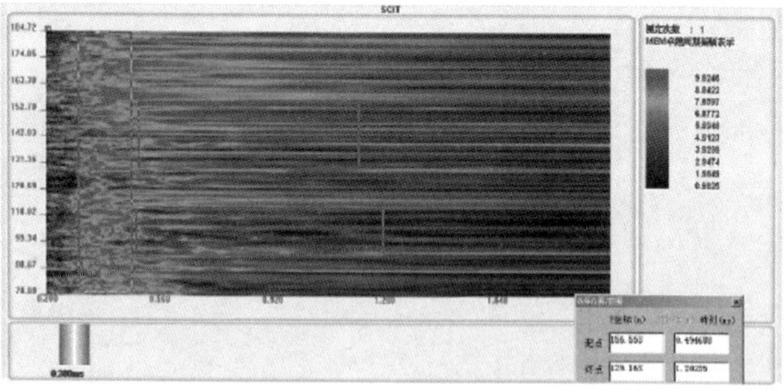

图 7-26　弹性波反射法检测云图

四、隧道防排水检测

隧道渗漏水是隧道的常见病害之一，由于隧道渗漏水，将加快衬砌混凝土的碳化速度，缩短隧道的使用寿命。隧道防排水是隧道工程的一项重要内容。

防水检测主要包括防水层质量检测和止水带的施工质量检测。

排水系统质量检查内容包括排水盲管、横向导水管、路侧边沟、深埋水沟、防寒泄水洞等。

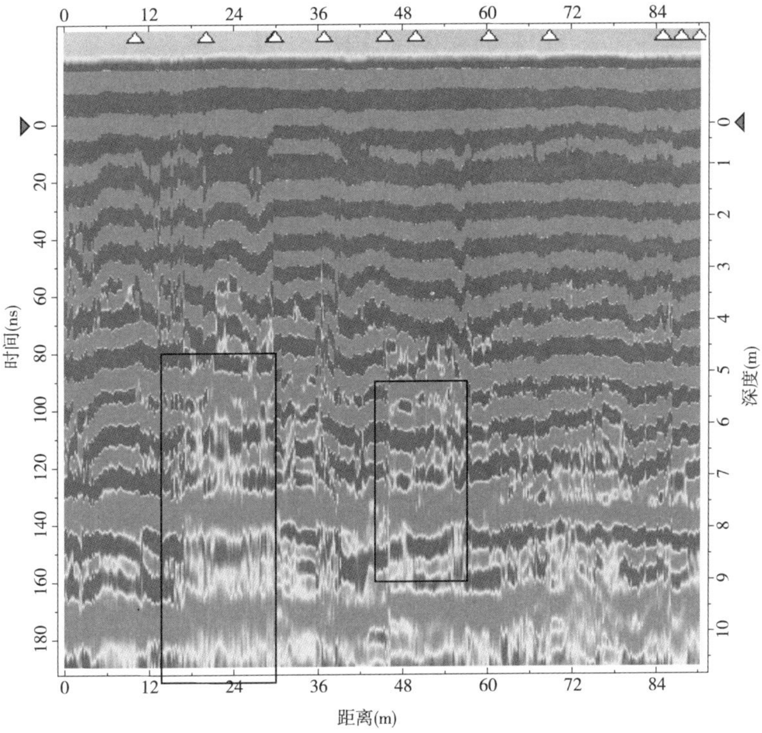

图 7-27 探地雷达检测剖面图

五、辅助工程施工质量检查

辅助工程是指在一定围岩条件下,需要在隧道开挖前或开挖中采取一定辅助施工措施。采用辅助施工措施对隧道不良地质地段的围岩进行加固,以确保隧道结构的稳定性和安全性。

对于该类结构的超前锚杆、小导管等相关规程提出了明确的检测评定标准。检测项目包括长度、孔位、钻孔深度、孔径等。除此之外,还需要对注浆效果进行检查,注浆效果检测方法包括分析法、检查孔法、物探无损检测法,注浆效果如未达到设计要求,应补充钻孔再注浆。

六、施工监控量测

隧道施工质量监控量测是指在隧道施工过程中使用各类型的仪表和工具,对围岩和支护衬砌变形、受力状态的监测。监控量测的内容较多,通常分为必测量测项目和选测量测项目两类。

必测量测项目包括洞内外观察(现场观测、地质罗盘等)、拱顶下沉量测(水准测量的方法,水准仪、钢尺、全站仪等)、周边收敛量测(各类收敛计、全站仪等)、地表弯沉观测(水准测量的方法,水准仪、钢尺、全站仪等)。

选测量测项目较多,包括围岩内部位移量测、锚杆轴力量测、围岩与喷射混凝土间接触压力量测、喷射混凝土与二衬间接触压力量测、喷射混凝土内应力量测、二衬内应力量测等。

七、超前地质预报

隧道超前地质预报是一项复杂的系统工作,由于地质勘查精度有限,不可能将施工中所有遇到的地质情况全部查清，或由于其他种种原因，设计图纸中常常遗漏很多严重影响施工的地质构造（如断层）或其他不良地质，有时还会出现判断上的失误或严重失误；特别对于数量占大多数、勘察程度较差的中长、中小隧道来说，上述问题尤其突出。所以，隧道施工地质人员第一项重要的工作，就是对设计单位提交的图纸进行地质复查和核实。

地质调查，可分为重点复查和全面调查两类。前者适用于地质勘查工作做得较好、精度较高的隧道，主要为少数长大隧道；后者适用于地质勘查工作做得较差或很差、设计图纸与施工实践不符或严重不符的隧道，主要为占大多数的中长、中小隧道。

地质具体调查方法和工作步骤，视调查对象而定。主要的地质调查（复查）对象可划分为五个方面：

（1）地层地质方面：包括岩层层序，特殊岩层。

（2）构造地质方面：包括断层及其破碎带，背斜、向斜褶皱，岩浆岩及其接触界面等。

（3）岩溶地质方面：溶洞与暗河，岩溶陷落柱与淤泥带等。

（4）瓦斯地质方面：主要是煤系地层调查。

（5）水文地质方面：包括汇水区、泄水区、泉水分布、地貌特征等。

上述五个方面的地面调查（复查）工作不是孤立进行的，而是相互关联、互为补充，常常一种调查方法可以解决几方面问题。

八、运营隧道结构检查

对运营期的公路隧道进行检查和调查，以便尽早发现隧道劣化、损伤、缺陷等病害，从而真实地掌握结构物的性能状况。参照我国制定与实施的《公路隧道养护技术规范》（JTG H12—2015），对隧道等土建结构的检查工作分为四类：日常检查、定期检查、特别检查和专项检查，各类检查的检查频率、内容和判定标准不一。

隧道的健康检测主要包含衬砌裂缝的调查与分析，衬砌混凝土强度、衬砌厚度及背后回填状况检测以及隧道断面检测等方面。2004 年，我国在《铁路隧道衬砌质量无损检验规程》（TB 10223—2004）中详细说明了铁路隧道衬砌质量无损检验的技术要求，同时，介绍了如地质雷达法、声波法等检测衬砌混凝土强度、厚度及背后回填状况的方法。此规程也为公路隧道的衬砌质量检验提供了借鉴。

运营隧道变异的产生是在各种因素的综合作用下的结果。产生隧道病害的原因主要分为两类，一是外因，即环境条件以及外力等外部因素；二是内因，即设计、施工以及材料等构造方面的影响。

在《公路隧道养护技术规范》（JTG H12—2015）当中，隧道按其检查结果分为三个方面，首先是外荷载作用，其次是材料劣化，最后是渗漏水，并对这三种主要情况进行判定与分类。运营隧道的安全评估是对隧道健康状态进行的综合评价，依据隧道病害的检测结果，结合隧道健康状态综合评价方法，利用评价指标和评价模型来完成。

习　　题

7-1　路面平整度测试方法按测试设备大致可分为几类，分别举例说明。

7-2 判定道路抗滑性能的构造深度测试方法有哪些?

7-3 桥梁的哪些性能可以通过静力荷载试验加以检验?

7-4 桥梁动荷载试验内容主要有哪些? 简要说明。

7-5 隧道工程现场检测内容有哪些?

7-6 喷射混凝土需要检测的参数包括哪些? 分别可使用什么方法加以测试?

7-7 超前地质预报一般预报内容包括哪些?

第八章　现代信息技术

学习指南

本章介绍了数据库技术、物联网技术和 BIM 系统。在学习过程中，需要正确认识现代信息技术的主要特点，了解数据库技术、物联网技术和 BIM 系统等现代信息技术在现代工程中的作用和意义。

第一节　数据库技术

一、数据库技术的产生及发展

数据库技术产生于 20 世纪 60 年代末 70 年代初，其目的是为了研究和解决计算机信息处理过程中大量数据的有效组织和存储问题，在数据库系统中减少数据存储冗余、实现数据共享、保障数据安全以及高效地检索数据和处理数据。数据库技术的根本目标是要解决数据的共享问题。数据库技术是现代信息科学与技术的重要组成部分，是计算机数据处理与信息管理系统的核心。

数据模型是数据库技术的核心和基础，因此，对数据库系统发展阶段的划分应该以数据模型的发展演变作为主要依据和标志。按照数据模型的发展演变过程，数据库技术从开始到现在短短的几十年中，主要经历了三个发展阶段：第一代是层次和网状数据库系统，第二代是关系数据库系统，第三代是以面向对象数据模型为主要特征的数据库系统。数据库技术与网络通信技术、人工智能技术、面向对象程序设计技术、并行计算技术等相互渗透、有机结合，成为当代数据库技术发展的重要特征。

第一代数据库系统是 20 世纪 70 年代研制的层次和网状数据库系统。层次数据库系统的典型代表是 1969 年 IBM 公司研制出的层次模型的数据库管理系统 IMS。20 世纪 60 年代末 70 年代初，美国数据库系统语言协会 CODASYL(Conference on Data System Language)下属的数据库任务组 DBTG(Data Base Task Group)提出了若干报告，被称为 DBTG 报告。DBTG 报告确定并建立了网状数据库系统的许多概念、方法和技术，是网状数据库的典型代表。在 DBTG 思想和方法的指引下，数据库系统的实现技术不断成熟，开发了许多商品化的数据库系统，它们都是基于层次模型和网状模型的。

可以说，层次数据库是数据库系统的先驱，而网状数据库则是数据库概念、方法、技术的奠基者。

第二代数据库系统是关系数据库系统。1970 年 IBM 公司的 San Jose 研究实验室的研究员 Edgar F. Codd 发表了题为《大型共享数据库数据的关系模型》的论文，提出了关系数据模型，开创了关系数据库方法和关系数据库理论，为关系数据库技术奠定了理论基础。Edgar F.Codd 于 1981 年被授予 ACM 图灵奖，以表彰他在关系数据库研究方面的杰出贡献。

20 世纪 70 年代是关系数据库理论研究和原型开发的时代，其中以 IBM 公司的 San Jose 研究试验室开发的 System R 和 Berkeley 大学研制的 Ingres 为典型代表。大量的理论成果和实践经验终于使关系数据库从实验室走向了社会，因此，人们把 20 世纪 70 年代称为数据库时代。20 世纪 80 年代几乎所有新开发的系统均是关系型的，其中涌现出了许多性能优良的商品化关系数据库管理系统，如 DB2、Ingres、Oracle、Informix、Sybase 等。这些商用数据库系统的应用使数据库技术日益广泛地应用到企业管理、情报检索、辅助决策等方面，成为实现和优化信息系统的基本技术。

从 20 世纪 80 年代以来，数据库技术在商业上的巨大成功刺激了其他领域对数据库技术需求的迅速增长。这些新的领域为数据库应用开辟了新的天地，并在应用中提出了一些新的数据管理的需求，推动了数据库技术的研究与发展。1990 年高级 DBMS 功能委员会发表了《第三代数据库系统宣言》，提出了第三代数据库管理系统应具有的三个基本特征：应支持数据管理、对象管理和知识管理，必须保持或继承第二代数据库系统的技术，必须对其他系统开放。

二、数据库技术的应用及特点

数据库最初是在大公司或大机构中大规模事务处理的基础。后来随着个人计算机的普及，数据库技术被移植到 PC 机（Personal Computer，个人计算机）上，供单用户个人数据库应用。接着，由于 PC 机在工作组内连成网，数据库技术就移植到工作组级。现在，数据库正在 Internet 和内联网中广泛使用。

20 世纪 60 年代中期，数据库技术用来解决文件处理系统问题。当时的数据库处理技术还很脆弱，常常发生应用不能提交的情况。20 世纪 70 年代关系模型的诞生为数据库专家提供了构造和处理数据库的标准方法，推动了关系数据库的发展和应用。1979 年，Ashton-Tate 公司引入了微机产品 dBase Ⅱ，并称之为关系数据库管理系统，从此数据库技术移植到了个人计算机上。20 世纪 80 年代中期到后期，终端用户开始使用局域网技术将独立的计算机连接成网络，终端之间共享数据库，形成了一种新型的多用户数据处理，称为客户机/服务器数据库结构。现在，数据库技术正同 Internet 技术相结合，以便在机构内联网、部门局域网甚至 WWW 上发布数据库数据。

三、数据库技术在建筑上的应用

随着计算机、通信、网络为标志的高新技术的飞速发展和信息技术在社会各个领域的广泛应用，使得使用信息管理系统数据库技术代替原来的手工管理方式，以及重新认识和再造各种企业原有的业务流程，成为企业在激烈的市场竞争中取胜的战略手段。使用信息管理系统（数据库技术），可以实现自动化管理流程，降低管理人员的工作负荷，加快信息处理的速度，提高信息的质量和利用率，敏捷反映顾客需求的变化。信息系统通过降低成本，提高工作质量，缩短产品或服务的交付周期，使得企业获取更高的利益，从根本上提升企业的市场竞争能力。

在国内,已经有一些比较知名的此类型软件系统,例如,“3H 通用建设工程质量检测管理信息系统”建立在专业数据库平台和 Internet 平台上,信息化管理覆盖整个检测工作流程,减少了人工干预,提高了检测工作的科学性、准确性和公正性,同时通过 Internet 平台定时汇总见证送检检测结果数据,确保各地市建设行政主管部门能够随时调用和查看检测数据及相关质量信息,进行各种数据汇总和统计,及时准确地了解工程质量情况。

建设工程质量检测管理信息系统,主要特点是利用 Internet 技术和分布式数据库技术,在一定范围内建立建设工程质量检测信息监管网络,为上级工程质量主管部门建立一个能及时汇总工程质量检测(见证取样送检)信息的数据集成管理平台,实现对工程建设项目施工质量及检测机构的监管。

图 8-1　某公司开发的数据库管理系统

建材检测管理系统从建筑工程材料质量检测行业的实际应用出发,涵盖了工程管理、委托收样、收费登记、试验、审核、签发、打印流程,可设置用户相关的职务权限、工作权限,使用了模板报表的技术,采用动态模板作为报表载体,支持用户对报表的二次开发。

图 8-1 所示为某公司开发的数据库管理系统。

第二节　物联网技术

一、物联网技术的产生及发展

物联网(Internet of Things)指的是将无处不在的末端设备和设施,包括具备“内在智能”的传感器、移动终端、工业系统、数控系统、家庭智能设施、视频监控系统等和“外在使能”的如贴上 RFID 的各种资产、携带无线终端的个人与车辆等“智能化物件或动物”或“智能尘埃”,通过各种无线/有线的长距离/短距离通信网络实现互联互通,应用大集成以及基于云计算的 SaaS 营运等模式,在内网、专网或互联网环境下,采用适当的信息安全保障机制,提供安全可控乃至个性化的实时在线监测、定位追溯、报警联动、调度指挥、预案管理、远程控制、安全防范、远程维保、在线升级、统计报表、决策支持、领导桌面等管理和服务功能,实现对“万物”的“高效、节能、安全、环保”的“管、控、营”一体化。

物联网这个词国内外普遍公认的是最早由 MIT Auto-ID 中心 Ashton 教授于 1999 年在研究 RFID 时提出来的。在 2005 年国际电信联盟发布的同名报告中,物联网的定义和范围已经发生了变化,覆盖范围有了较大的拓展,不再只是指基于 RFID 技术的物联网。

自 2009 年 8 月时任国家总理温家宝提出“感知中国”以来,物联网被正式列为国家五大新兴战略性产业之一,写入政府工作报告,物联网在中国受到了全社会极大的关注,其受关注程度是在美国、欧盟以及其他各国不可比拟的。

物联网的概念与其说是一个外来概念,不如说它已经是一个“中国制造”的概念,它的覆盖范围与时俱进,已经超越了 1999 年 Ashton 教授和 2005 年 ITU 报告所指的范围,物联网已被贴上“中国式”标签。

二、物联网技术的体系架构

物联网典型体系架构(图 8-2)分为 3 层,自下而上分别是感知层、网络层和应用层。感知层实现物联网全面感知的核心能力,是物联网中关键技术、标准化、产业化方面亟须突破的部分,关键在于具备更精确、更全面的感知能力,并解决低功耗、小型化和低成本问题。网络层主要以广泛覆盖的移动通信网络作为基础设施,是物联网中标准化程度最高、产业化能力最强、最成熟的部分,关键在于为物联网应用特征进行优化改造,形成系统感知的网络。应用层提供丰富的应用,将物联网技术与行业信息化需求相结合,实现广泛智能化的应用解决方案,关键在于行业融合、信息资源的开发利用、低成本高质量的解决方案、信息安全的保障及有效商业模式的开发。

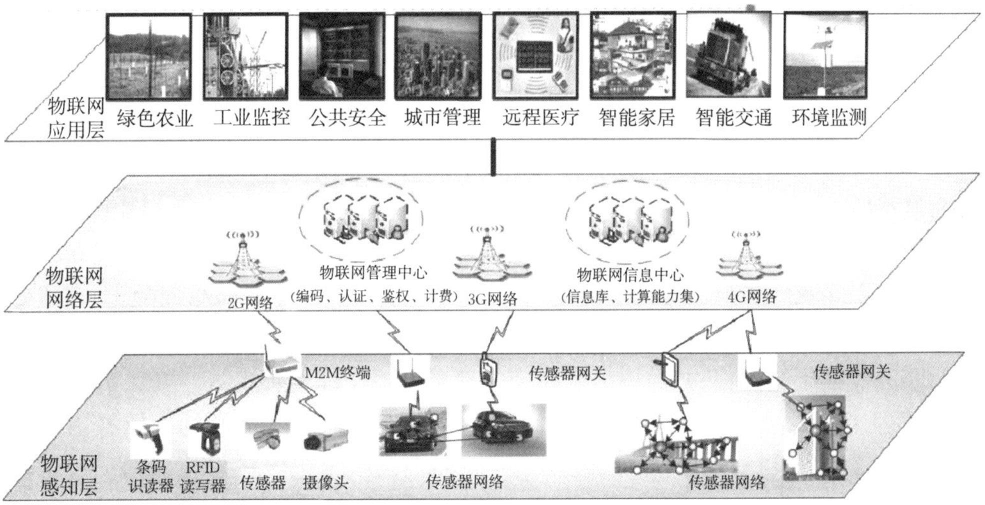

图 8-2　物联网典型体系架构

物联网体系主要由运营支撑系统、传感网络系统、业务应用系统、无线通信网系统等组成。

通过传感网络,可以采集所需的信息,顾客在实践中可运用 RFID 读写器与相关的传感器等采集其所需的数据信息,当网关终端进行汇聚后,可通过无线网络运程将其顺利地传输至指定的应用系统中。此外,传感器还可以运用 ZigBee 与蓝牙等技术实现与传感器网关有效通信的目的。市场上常见的传感器大部分都可以检测到相关的参数,包括压力、湿度或温度等。一些专业化、质量较高的传感器通常还可检测到重要的水质参数,包括浊度、水位、溶解氧、电导率、藻蓝素、pH 值、叶绿素等。

运用传感器网关可以实现信息的汇聚,同时可运用通信网络技术使信息可以远距离传输,并顺利到达指定的应用系统中。我国无线通信网络主要有 4G、3G、WLAN、LTE、GPRS 等。

移动业务运营商所定义的机器对机器通信(M2M)的简称也是另一种狭义的物联网业务,其特指基于蜂窝移动通信网络(包括 CDMA 1X/EVDO、GPRS、WCDMA、TD-SCDMA 等),使用通过程序控制自动完成通信的无线终端开展的机器间交互通信业务,其中至少一方是机器设备。物联网和 M2M 已成为继计算机、互联网与移动通信网之后的世界信息产业第三次浪潮。调研机构 Forrester 预测,到 2020 年,物物互联业务与现有人人互联业务之比将达到 30∶1,下一个万亿级的信息产业将是物物互联。M2M 业务可以广泛地应用到众多的行业中,包括车辆、电力、金融、环保、石油、个人与企业安防、水文、军事、消防、气象、煤炭、农业与林业等。

M2M 平台具有一定的鉴权功能，因此可以为顾客提供必要的终端管理服务，同时，对于不同的接入方式，其都可顺利接入 M2M 平台，因此可以更顺利、更方便地进行数据传输。此外，M2M 平台还具备一定的管理功能，其可以对用户鉴权、数据路由等进行有效的管理。而对于 BOSS 系统，其由于具备较强的计费管理功能，因此在物联网业务中得到广泛的应用。

业务应用系统主要提供必要的应用服务，包括智能家居服务、一卡通服务、水质监控服务等，所服务的对象，不仅仅为个人用户，也可以为行业用户或家庭用户。在物联网体系中，通常存在多个通信接口，对通信接口未实施标准化处理，而在物联网应用方面，相关的法律与法规并不健全，这不利于物联网的安全发展。

三、物联网技术在建筑上的应用

突破传统思维，过去是将物理设施和 IT 设施分开，一路是机场、公路、建筑物等现实的世间万物；另一路是数据电脑、宽带等虚拟的“互联网”。而在“物联”时代，“现实的世间万物”将与“虚拟的互联网”整合为统一的“整合网络”，全球全世界的运转以此为基础，经济管理、生产运行、社会管理乃至个人生活—全球世界—互联物联—整合大同。

智能建筑监控系统通过物联网对建筑设备和人员的监控，实现水、电及门禁系统的智能化管理。这样做不仅可以提高居住环境的舒适度和安全性，同时也能节约能源使建筑物绿色智能化。物联网在建筑原材料供应链中的应用，实现了对建筑材料（如商品混凝土、名贵装饰材料等）供应链的全过程实时监控和透明管理，从而减少其中的冗余环节，降低供应成本。生产商利用物联网监控生产流程，并且根据产品销售情况合理安排生产。

安全管理定位系统结合物联网的概念，以技术为核心。该系统通过将标签附着于监控对象（如工人、材料、机械设备等）上，经无线传感器网络收集包含对象位置的动态信息并反馈给管理者的读写器，从而实现了对施工现场的人员、设备、环境进行动态监控，以便于合理安排和协调各种资源。如果有人员进入潜在危险区域，系统会主动发出警示，避免安全事故的发生。

无锡市质监站对于物联网技术在工程质量检测中的应用进行了一些研究，他们的研究课题《基于物联网技术的见证取样检测管理系统》是利用电子标签、图像采集、定位、数据上传等技术，通过建立现场试件材料信息、见证取样人员信息以及材料检测信息的数据库，实现了对见证取样过程的动态实时监控，规范了见证取样过程，保证了材料见证取样的真实性和代表性。

物联网在楼体结构安全检测方面也得到了应用：首先，运用无线传感器网络对楼体的不同部位进行安全隐患检测。在此基础上对不同区域的缺陷程度做关联性计算，求出内在安全性联系系数，从而对各区域进行安全性评估，最后得到对建筑物整体的安全性评估。该方法在一定程度上实现了对楼体的整体检测，相对于以往检测中只是对不安全因素的简单相加来进行评估更为科学合理。但是该方法是在对各隐患区域检测和评估的基础上，通过相关性计算从而实现对整体地评估，并不是直接在结构整体上进行的检测方法。

物联网在建筑工程中的应用研究已经取得一些成果。随着应用的逐渐深化，物联网的应用将会全面地改变工程建设全过程的工作模式。物联网在工程质量检测方面的应用方法也将成为今后一段时间的研究热点。

第三节 BIM 系统

一、BIM 系统的产生及发展

建筑信息模型(Building Information Modeling)是以建筑工程项目的各项相关信息数据作为模型的基础进行建筑模型的建立,通过数字信息仿真模拟建筑物所具有的真实信息。从BIM 设计过程的资源、行为、交付三个基本维度,给出设计企业的实施标准的具体方法和实践内容。BIM(建筑信息模型)不是简单地将数字信息进行集成,而是一种数字信息的应用,并可以用于设计、建造、管理的数字化方法。这种方法支持建筑工程的集成管理环境,可以使建筑工程在其整个进程中显著提高效率、大量减少风险。

1975 年,“BIM 之父”——乔治亚理工大学的 Chuck Eastman 教授创建了 BIM 理念至今,BIM 技术的研究经历了三大阶段:萌芽阶段、产生阶段和发展阶段。BIM 理念的启蒙,受到了1973 年全球石油危机的影响,美国全行业需要考虑提高行业效益的问题,1975 年“BIM 之父”Eastman 教授在其研究的课题《Building Description System》中提出“a computer-based description of-a building”,以便于实现建筑工程的可视化和量化分析,提高工程建设效率。

二、BIM 系统的特点

真正的 BIM 符合以下八个特点:

(1)可视化:可视化即“所见所得”的形式,对于建筑行业来说,可视化的真正运用在建筑业的作用是非常大的。传统的施工图纸,各个构件的信息在图纸上采用线条绘制表达,但是其真正的构造形式就需要建筑业参与人员去自行想象了。

(2)协调性:BIM 建筑信息模型可在建筑物建造前期对各专业的碰撞问题进行协调,生成协调数据,提供出来。

(3)模拟性:模拟性并不是只能模拟设计出的建筑物模型,还可以模拟不能够在真实世界中进行操作的事物。

(4)优化性:事实上整个设计、施工、运营的过程就是一个不断优化的过程,当然优化和BIM 也不存在实质性的必然联系,但在 BIM 的基础上可以做更好地优化。

(5)可出图性:BIM 通过对建筑物进行了可视化展示、协调、模拟、优化以后,可以帮助业主出各种图纸。

(6)一体化性:基于 BIM 技术可进行从设计到施工再到运营贯穿了工程项目的全生命周期的一体化管理。BIM 的技术核心是一个由计算机三维模型所形成的数据库,不仅包含了建筑的设计信息,而且可以容纳从设计到建成使用,甚至是使用周期终结的全过程信息。

(7)参数化性:参数化建模指的是通过参数而不是数字建立和分析模型,简单地改变模型中的参数值就能建立和分析新的模型。BIM 中图元是以构件的形式出现,这些构件之间的不同,是通过参数的调整反映出来的,参数保存了图元作为数字化建筑构件的所有信息。

(8)信息完备性:信息完备性体现在 BIM 技术可对工程对象进行 3D 几何信息和拓扑关系的描述以及完整的工程信息描述。

三、BIM 系统在建筑上的应用

建立以 BIM 应用为载体的项目管理信息化，提升项目生产效率、提高建筑质量、缩短工期、降低建造成本。BIM 系统示意图如图 8-3 所示。

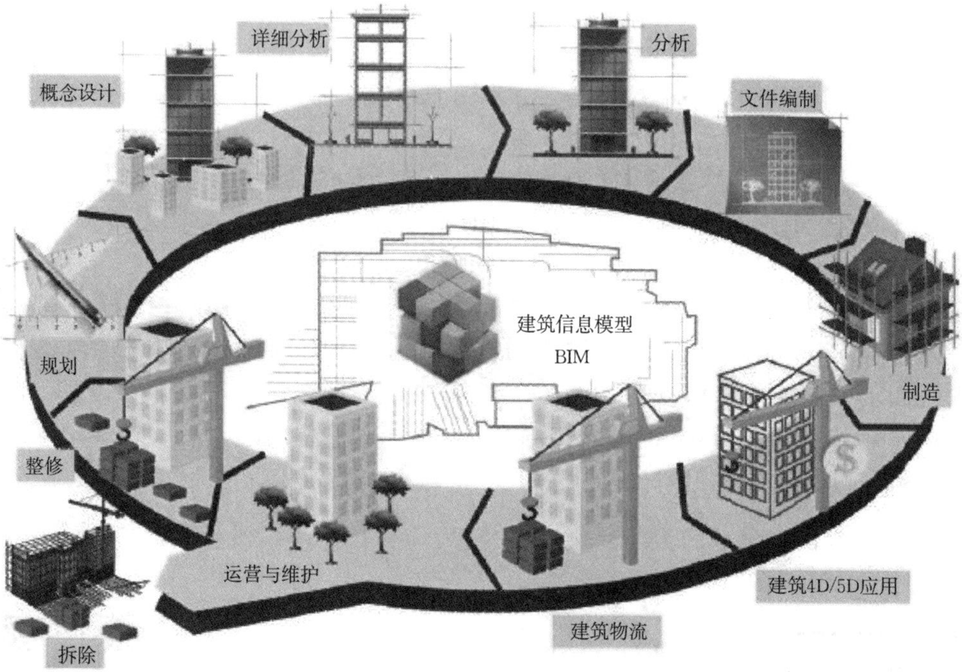

图 8-3　BIM 系统示意图

BIM 数据库的创建，通过建立 5D 关联数据库，可以准确快速计算工程量，提升施工预算的精度与效率，让相关管理条线快速准确地获得工程基础数据，为施工企业制定精确人才计划提供有效支撑，大大减少了资源、物流和仓储环节的浪费，为实现限额领料、消耗控制提供技术支撑。如图 8-4 所示为某建筑 BIM 系统模型。

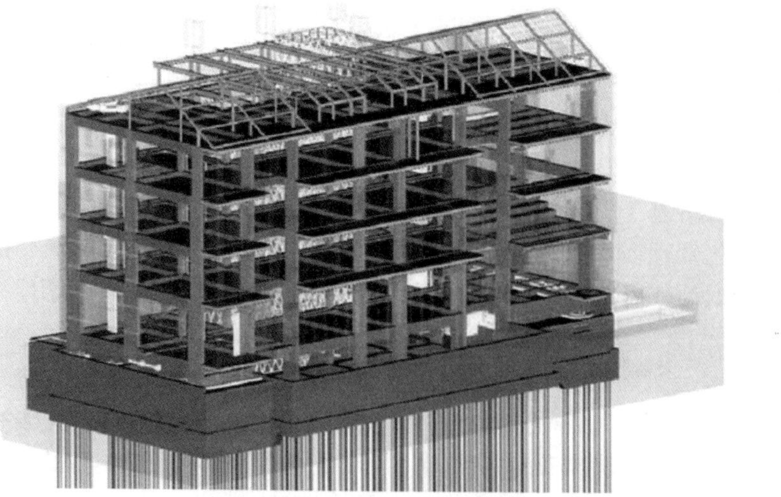

图 8-4　某建筑 BIM 系统模型

在结构安全鉴定中，建筑各种安全质量问题，以及市场中不断涌现的新产品和新技术，对我国现有的结构安全鉴定技术和方法提出了新的挑战。建筑的检测鉴定作为建筑加固改造或运维的重要技术支撑及参考依据，可以划分在建筑全生命周期的第五阶段。但是目前在除建筑设计和施工方面应用较为广泛外，尚未真正应用到检测鉴定领域。

建筑行业目前的信息化程度已愈难满足要求，传统的检测方法已不能适应当前信息技术的发展要求。比如，检测后根据构件鉴定的不同等级如何用不同特征的标识表示出来，新旧构件的协调显示及碰撞冲突检查等。

BIM 技术为检测领域提供了新方法。利用 BIM 技术，构建结构的三维信息模型，使之能全面覆盖结构构造信息。在检测过程中，利用 BIM 软件二次开发工具，将构件检测数据链接到结构的三维信息模型中。这样，BIM 技术构建的三维信息模型，将包含建筑物多种数据信息。依托于 BIM 技术的可视化、信息化、标准化、模块化及面向对象等特性，该方法协助检测人员对检测项目进行统一管理，使各检测人员能够做到协同工作。同时，能够降低检测项目成本，提高效率，并实现结构可靠性检测过程的全生命周期管理。检测人员能够方便快捷地查看已检测项目及检测部位或待检测项目等，随时提取检测项目相关数据，包括构件强度、裂缝情况等。利用数据库技术，将标注在结构三维信息模型中的各种检测项目的检测数据提取至数据库中，在数据库中对检测数据进行智能查找、管理等，并结合规范自动生成检测报告，实现了检测现场检测数据记录无纸化，并且后期数据处理方便快捷，提高了检测效率和准确率。

习　　题

8-1　数据库技术的发展经历了哪三个阶段？

8-2　物联网技术的体系架构包括哪些方面？

8-3　BIM 的概念是什么？BIM 系统有哪些特点？

第九章　远 程 监 测

学习指南

本章重点讲解了检测中桥梁及边坡远程监测系统及架构的相关组成。在学习过程中，需要了解远程监测系统主要构架，了解现代桥梁健康监测系统以及边坡稳定远程监测系统的设计方法。

伴随现代计算机技术、通信技术和网络技术的发展，各种远程监测系统在国民经济的诸多领域得到了日益广泛地应用。远程监测具有远程可操控性，在远端可以得到清晰的图像，并可以实施一定的控制，极大地方便了用户的操作，能够满足不同客户对监控的需求。监测系统是利用现代电子、信息、通信及计算机技术，可实现对对象结构物监测指标的实时采集、实时传输、实时预警的监测技术。所谓远程监控技术就是主控端 Remote（或称主机、总机）与被控端 Host（或称分机、终端）之间实现遥控、遥信、遥测和遥调技术的总称。这里的远程，一般是指通过网络通信技术来实现主、被控端的对话。而在土木工程检测中，同样可以将高性能采集系统与远程遥信遥测技术相结合，形成对被测物进行监测的系统，我们亦称它为远程监测系统。

第一节　远程监测系统及架构

理想的远程监测系统满足精确性、完整性和适用性的要求。对结构应力、变形等桥梁和边坡结构行为的检测，是保证结构在运营期处于健康运营状态，降低维修成本、延长使用寿命的重要因素之一。智能远程监测系统即通过监测反映被测结构关键性能的技术指标，实现对被测结构病害和损伤的判别，并及时实现对被测结构的维护、检修，从而形成可以合理评估结构的承载能力和剩余使用寿命的评估系统，以便相关管理部门及时做出决策。远程监测系统示意如图 9-1 所示。

远程监测系统有三个重要组成部分：①高性能的采集系统，主要是指传感器及信号的后期处理部分；②监测对象，主要为复杂大型结构体，如桥梁、边坡等；③远程监测系统的架构。

传感器总是位于监测系统的最前端，主要用于获取监测信号，其性能将直接影响整个监测系统，对测量精准度起着决定性作用。传感器是指能感受规定的被测物理量，并按照相应规律转换成可输出信号的器件或装置，主要功能是实现检测信号和信号转换。

根据监测结构特点和监测要求确定监测类别和监测项目，具体参考表 9-1 选择对应的传感器，并确定主要监测参数。

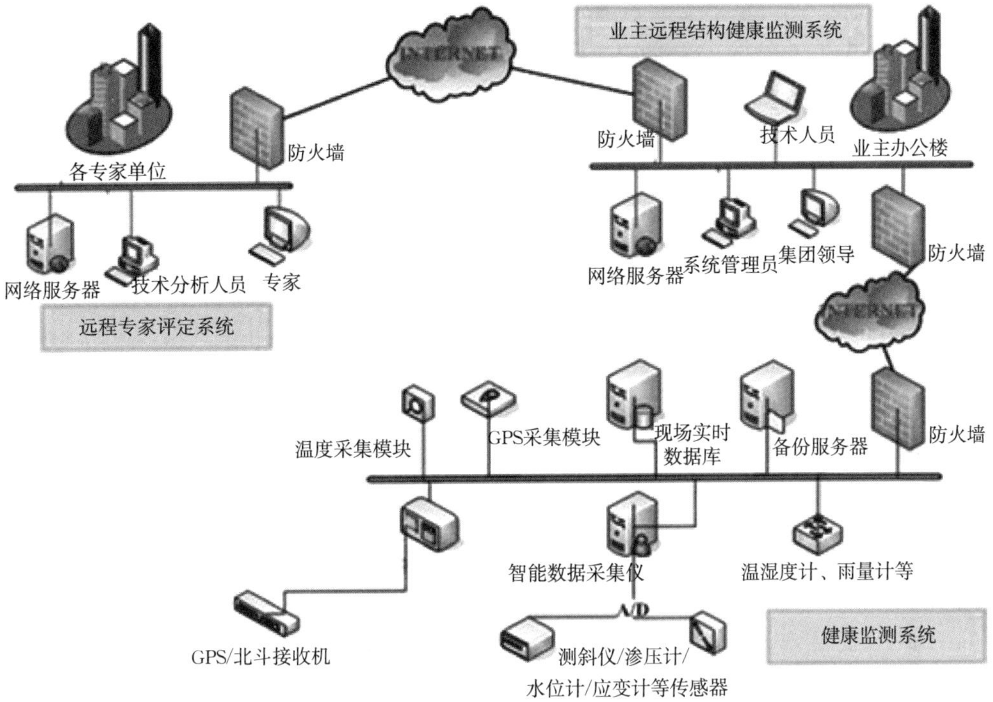

图 9-1　远程监测系统示意图

传感器与监测参数　　表 9-1

监测类别	监测项目	所需传感器类型	主要监测参数
荷载	风荷载	超声波式风速计 螺旋桨式风速计 气压表 雨量计	静风、阵风风力玫瑰图 渐变风、阵风速度轮廓图 风力影响范围 风紊流强度等
	温度荷载	铂电阻温度计 热点耦合温度计	结构有效温度场 温度差 大气温度 沥青铺面温度
	公路荷载	动态荷载传感器 应变片 摄像机	车辆重量 轴重分配 横向荷载分配系数 桥梁挠度 主梁应力应变分布等
	铁路荷载	应变片 摄像机	各线路列车转向架荷载 列车荷载谱 桁架应力应变分布
	腐蚀状态	伺服加速度计	塔和地锚等处加速度 主梁和塔的反应谱

采集系统收集并处理控制由点式布置的仪器采集得到的数据，并将这些数据储存或者传送出去。采集系统由数据采集、数据处理和数据传输三个部分构成，具有适应能力强、抗干扰能力强、可靠性高、便于数据融合处理和可灵活组网等优点。

为了实现数据共享,整个监测系统必须要能够支持网络访问和存取数据。当前具有网络通信支持的应用程序架构主要为:C/S(客户端 Client/服务器 Server)架构和 B/S(浏览器 Browse/服务器 Server)架构。

1.C/S 架构

C/S 架构是一种典型的两层架构,其全称是 Client/Server,即客户端服务器端架构。其客户端包含一个或多个在用户的电脑上运行的程序,而服务器端有两种,一种是数据库服务器端,客户端通过数据库连接访问服务器端的数据,另一种是 Socket 服务器端,服务器端的程序通过 Socket 与客户端的程序通信。

C/S 架构也称胖客户端程序,如图 9-2、图 9-3 所示,分为客户端和服务器。第一层是在客户端系统上结合了表示与业务逻辑,第二层是通过网络结合了数据库服务器。简单地说就是第一层是用户表示层,第二层是数据库层。

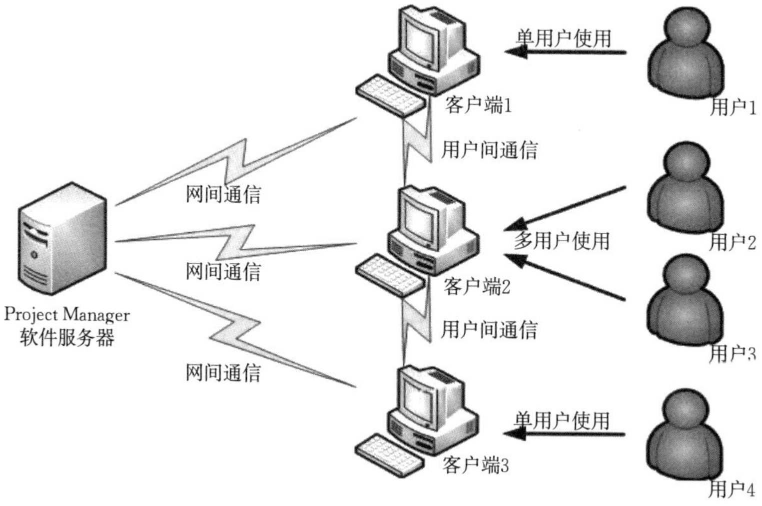

图 9-2 C/S 系统架构

图 9-3 某公司 C/S 构架数据库管理系统

客户端和服务器直接相连,这两个组成部分都承担着重要角色,第一层的客户机并不是只有输入输出、运算等能力,它可以处理一些计算、数据存储等方面的业务逻辑事务;第二层的服务器主要承担事务逻辑的处理，本来事务很重，但是由于客户机可以分担一些逻辑事务，所以减轻了服务器的负担，使得网络流量增多。

C/S 架构的建立基于以下两点：首先，建立网络的起因是网络中软硬件资源、运算能力和信息不均等，需要共享，从而造就拥有众多资源的主机提供服务，资源较少的客户请求服务这一非对等作用。其次，网间进程通信完全是异步的，相互通信的进程间既不存在父子关系，又不共享内存缓冲区，因此需要一种机制为希望通信的进程间建立联系，为二者的数据交换提供同步。早期的软件系统多以此作为首选设计标准。

2.B/S 架构

B/S 架构也称瘦客户端程序，即浏览器 Browse/服务器 Server 架构，是随着 Internet 技术的兴起，对 C/S 架构的一种变化或者改进的架构。在这种架构下，用户工作界面是通过 WWW 浏览器来实现的，Web 服务器接收客户端发来的 HTTP 请求，对请求进行分析，如果请求的是静态页面，那么就将所请求的页面发送给客户端；如果请求的是动态页面，那么就首先执行该动态页面，然后将执行结果发送给客户端。极少部分事物逻辑在前段(Browser)实现，但是主要事物逻辑在服务器端(Server)实现。这样就大大简化了客户端电脑载荷，减轻了系统维护与升级的成本和工作量，降低了用户的总体成本。

如今，多数 Web 应用都需要复杂的表现和逻辑处理。采用的是三层体系结构，将数据生成和数据表现两者集中在动态页面中，如图 9-4、图 9-5 所示。这样，动态页面显得相当庞大，同时应用的表现和逻辑处理混合在一块，给 Web 应用系统的开发和维护带来了诸多难题。就此，扩展 B/S 结构，形成浏览器、Web 应用服务器、Web 应用程序、数据库服务器的结构。事实上，针对三层结构进一步进行了扩充，成为多层体系结构，将应用的逻辑处理和应用的表现相分离。

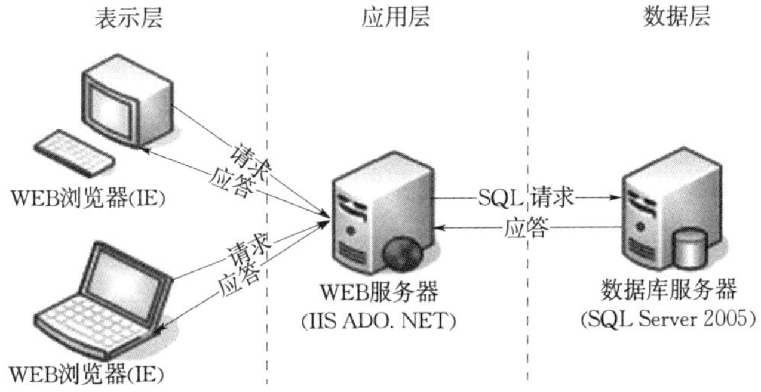

图 9-4　单层 B/S 系统架构

图 9-5　某公司 B/S 构架数据库管理系统

3.C/S 与 B/S 的关系及区别

在当今信息急剧膨胀的社会,人类正进入一个崭新的时代——信息时代。信息时代的一个主要而显著的特征就是计算机网络的应用。计算机网络从最初的集中式计算,经历了 Client/Server 阶段(有两层 C/S 和三层 C/S),已发展到目前最流行的 Browser/Server 计算模式。其中颇具争论和影响力的是 C/S 以及 B/S 架构,C/S 是一种历史悠久且技术非常成熟的架构,B/S 是新生代架构,从 C/S 派生出来,有很多创新,在 web 信息时代得到了诸多关注。以目前的技术来看,B/S 体系结构是传统的 C/S 架构的发展,代表了企业级应用的未来。建立 B/S 结构的网络应用,相对易于把握、成本较低。B/S 体系结构可以实现不同的人员在不同的地点、以不同的接入方式管理和操作共同的数据库;B/S 结构能有效地保护数据平台和管理访问权限,服务器数据库也很安全。因此,基于 C/S 体系结构的 B/S 体系势必在未来的工程中发挥重要作用。

总之,两种架构各有千秋,都是非常重要的网络架构。在响应速度、用户界面、数据安全等方面,C/S 强于 B/S,但是在业务扩展和适用 WWW 条件下,B/S 明显胜过 C/S。可以说,B/S 的强项就是 C/S 的弱项,反之亦然。它们各有优缺点,相互无法取代。两者区别如表 9-2 所示。

C/S 与 B/S 的区别 表 9-2

角度	C/S 架构	B/S 架构
硬件环境	专用网络	广域网
安全要求	面向相对固定的用户群 信息安全的控制能力强	面向不可知的用户群 对安全的控制能力相对弱
程序架构	更加注重流程 系统运行速度较少考虑	对安全以及访问速度需要多重考虑, 建立在需要更加优化的基础上
软件重用	差	好
系统维护	升级难	开销小、方便升级
处理问题	集中	分散
用户接口	与操作系统关系密切	跨平台,与浏览器相关
信息流	交互性低	交互密集

第二节 现代桥梁健康监测系统

在各种重大工程结构中,桥梁结构具有数量众多、投资巨大和意义重大等特点,因此桥梁结构健康监测得到了国内外的广泛关注。桥梁结构的使用时期长,在环境侵蚀、材料老化和荷载的长期效应、疲劳效应和突变效应等灾害因素的共同作用下,将不可避免地导致结构系统的损伤累积和抗力衰减,从而导致抵抗自然灾害,甚至在正常环境下工作的能力下降,而且有的构件损伤可能扩展很快,极端情况下易引发灾难性的突发事故。为了保障桥梁结构的安全性、完整性、适用性与耐久性,已建桥梁急需采用有效的技术手段监测和评定其安全状况,并及时修复和控制结构损伤;新建的桥梁总结以往经验和教训,可在桥梁修建的同时安装长期的结构健康监测系统,以监测和评价结构的服役安全状况,同时为研究桥梁结构服役期间的损伤演化规律提供有效和直接的试验验证平台。因此,桥梁结构的健康监测系统具有重要的理论意义和学术价值,同时又具有现实意义和广阔的应用前景。

一、桥梁结构健康监测的意义

伴随我国基础设施建设的飞速发展,桥梁结构在各大公路、铁路地应用相当广泛。目前,我国有公路桥梁 70 余万座(不算铁路桥梁)。从跨径来看,大跨径桥梁(单跨跨径在 50m 以上)占桥梁总数的 6.3%,中跨径(单跨跨径在 20~50m)占桥梁总数的 22%,小跨径桥梁(单跨跨径在 5~20m)占桥梁总数的 71%。可见,中、小跨径桥梁占据绝大多数,其中,又以预应力混凝土桥梁最为普遍。从使用年限来看,我国大约有 60%~70%的桥梁是在近 20 年间修建的,但也有 30%~40%的桥梁使用年限在 20 年以上。

随着国民经济的迅速发展以及交通运输能力要求的不断提高,许多桥梁到达或即将到达设计服务期,桥梁的老化和功能退化呈加速趋势。依据国外经验,设计平均寿命为 75 年的桥梁实际使用寿命平均为 40 年左右,而我国桥梁设计标准普遍低于国外标准。更为严峻的是,由于施工质量常常得不到保证,以及超载现象的普遍化,使得我国桥梁的损伤和老化速度非常迅速。可以预见,从现在开始,我国必将迎来大范围的桥梁老化现象,如不加以控制,大部分桥梁将提前达到使用寿命。据不完全统计,目前有 1/3 的桥梁存在各类缺陷,危桥已超过一万座。

桥梁的结构损伤如果不能得到及时维护和维修,不仅会影响行车的安全,缩短桥梁的使用寿命,甚至会发生桥梁的突然破坏或倒塌等惨痛事故。例如 1962 年,美国 Kings 钢桥因疲劳而倒塌;2001 年 11 月,四川宜宾南门大桥桥面突然断裂;2007 年 8 月 1 日,美国 Minnesata 州横跨 Mississppi 河的Ⅰ-35W(全长 581m、三个主跨、拱式钢桁桥)在使用 40 年后突然倒塌。这些灾难性的事故不仅造成了重大的人员伤亡和经济损失,而且引起了公众舆论的密切关注,产生了极为恶劣的社会影响。

已有桥梁的损伤检测问题在 20 世纪 50 年代就已提出,并且以人工检测为特征的桥梁检测标准在美国等一些国家已开始施行,人们主要通过定期对桥梁结构进行例检以维持长期的监测。从 1985 年起,我国交通部亦相继颁布《公路旧桥承载力鉴定方法》和《公路养护技术规范》等技术标准。这些标准对采用人工方法进行桥梁损伤鉴定和状态评估作了详细规定。桥梁的状态检测方法总体上可分为局部检测方法和整体检测方法两大类。局部检测的目的是为了对桥梁重点部位的详细调查,掌握桥梁结构局部的物理、力学状态的实际情况。

传统的人工为主的桥梁检测是较为经济可行的方法,但对于大跨度桥梁而言,这类方法的不足在于:

(1)人工检测主观性强,往往需要凭借检测人员的经验判断。

(2)整体性差,一般只做局部检查,设备不宜到达检测处的结构损伤不能被外观检查所发现。

(3)实时性差,不能及时损伤预警。

(4)影响正常交通,并缺乏科学历史的数据累积。

1994 年韩国汉城(首尔)的圣水大桥突然倒塌,2000 年 8 月我国台湾的高屏大桥突然发生断裂等。这些事故表明进一步发展桥梁结构整体健康监测及状态评估的技术,对重要的大跨桥梁结构建立长期自动监测系统等都具有极其重要的必要性。

二、桥梁结构健康监测系统

桥梁结构健康监测系统是集结构监测、系统辨识和结构评估于一体的综合监测系统。为实现桥梁结构的健康监测和状态诊断,进行损伤预测和评估,桥梁结构健康监测系统的基本功能是通过采集桥梁在运营状态下的实时信号,进行数据处理分析,对桥梁的安全可靠性进行评估。因此,智能桥梁健康监测系统监测应满足以下要求:

(1)精确性。在智能桥梁健康监测系统的数据采集过程中,保证采集数据的精确性是关键要求。精确性包含精密性和正确性两个方面,精密性表示测量结果的分散性,正确性表示测量结果偏离真值大小的程度。而精确性是两者之和,反映测量的综合优良程度。

(2)完整性。在健康监测系统设计中,必须避免信息不足的情况发生,即要保证系统测试的完整性。信息不足一般是由在系统设计中对系统的功能和目的的考虑不周所致。系统不能完整提供所需信息,必然会导致系统整体功能的显著下降。

(3)适用性。在健康监测系统设计中,还应防止信息过多的情况发生,也就是要保证系统测试的适用性。这种情况一般是由不断提高的系统水平和不断扩大的测量范围所致,形成一种以高精度和高分辨率采集可以得到所有信息的趋势,这将导致有用数据夹杂在大量无关的信息之中,且这些无关数据的存在,给系统的数据处理和计算机存储带来了沉重的负担,并使系统的硬件投入成本飙升。

根据上述定义,桥梁结构健康监测系统可以划分为在线测试、实时分析、损伤诊断、状态评估以及维护决策五个阶段。理想的桥梁结构健康监测系统通过对结构应力、变形等桥梁结构行为的监测,不仅可使桥梁结构在运营期内处于健康运营状态,而且还可以降低维修成本,延长使用寿命,因此国内外对桥梁健康监测系统的研究越来越多。智能桥梁健康监测系统是通过监测反映桥梁结构关键性能的技术指标,实现对桥梁病害和损伤的识别,实时反映结构状况,及时对桥梁结构进行维护、检修,形成合理评估桥梁的承载能力和剩余寿命的评估系统,以便桥梁管理部门及时做出决策。

在此基础上相关单位开发了基于 BIM 的工程质量及健康信息系统——BQIM 系统(Building Quality & Health Information Modeling System,BQIM)。

如图 9-6 所示,BQIM 系统架构以实体检测为中心,真实反映实体结构的实际情况;具备 GPS、实时数据传输机能,可定时定位;系统与 CAD 结合,可与设计资料进行对比、校核;可视化程度高;扩展性好,可支持各种设备。数据架构统一信息模型,实现无缝共享。BQIM 系统包括如下模块和功能:

(1)实体检测模块:对路桥结构实体(包括地基、基础、上部结构、支护结构等)进行无损检测。

(2)结构远程监测模块:针对桥梁、路基、边坡、基坑等,采用 IoT 和 B/S 构架的远程监测体系。

(3)数据库模块:CI-DBS 不仅可以记录不同时期、不同地点的检测信息(包括位置信息、工程信息、原始测试数据、报告等),而且储存、检索方便,有助于职能部门对检测工作的监督和管理。

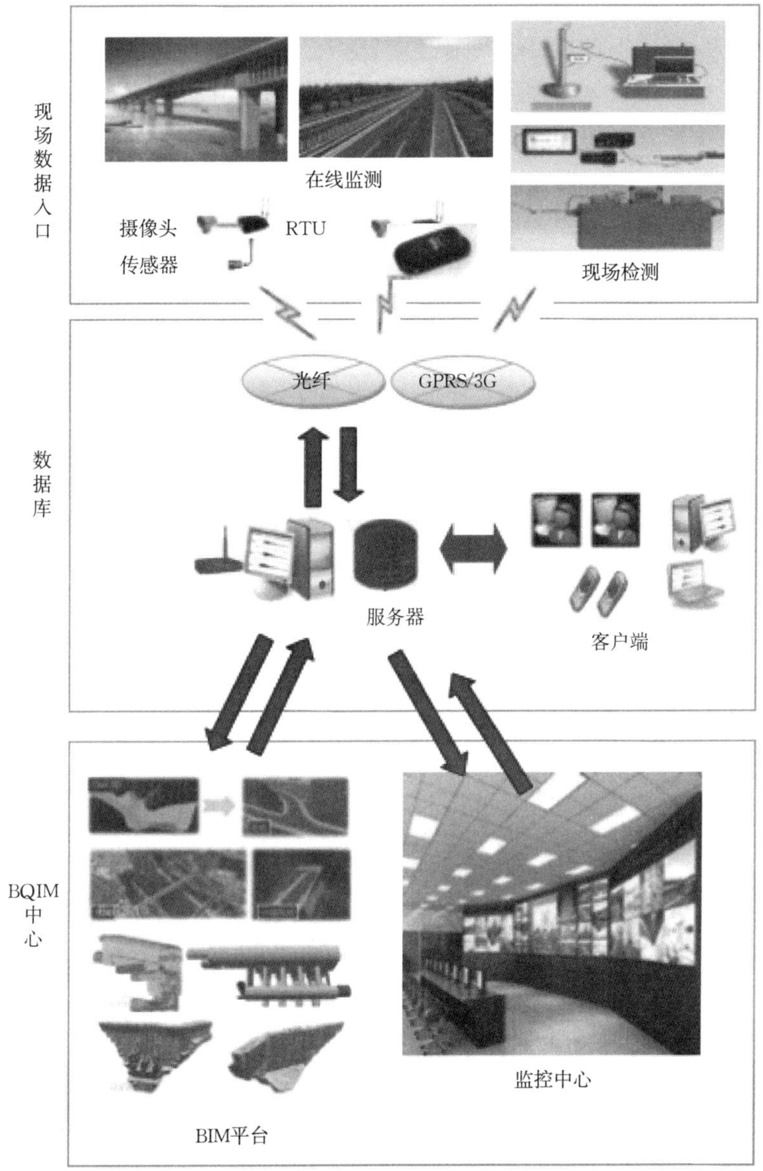

图 9-6　BQIM 系统的构成

(4)BIM 模块(内含 GIS 机能):可查阅、提取、添加检测监测数据、报告,也可提取和添加法律法规、标准规范等非结构性文档信息,信息查找和存储方便,并通过可视化直观展现。同时,支持客户在不同地点,可使用移动 IPad 登录 BQIM 服务器,在信息模型中进行虚拟漫游,以及查阅、提取检测数据和报告文档。

(5)辅助决策模块:利用数值仿真以及专业评估,对质量判断、加固决策等进行辅助。施工过程中检测得到的数据为结构服役期间的检测、评估提供参照,方便结构养护且有利于降低结构全寿命期费用,即 LCC(Life Cycle Cost)最小化。

三、桥梁结构健康监测的应用

国外桥梁结构监测系统的应用可以追溯到 20 世纪 80 年代,当时英国北爱尔兰的 Foyle 桥安装了长期监测仪器和自动数据采集系统,以校验大桥的设计并测量和研究车辆风和温度荷载对大桥动力响应的影响。此后,随着现代传感技术,计算机与通信技术、信号分析与处理技术及结构分析理论的迅速发展,许多国家都开始在一些新建和既有大型桥梁中建立结构健康监测系统。我国桥梁结构健康监测系统的研究与应用始于 20 世纪 90 年代,依托我国大规模基础设施建设的背景,桥梁结构健康监测在我国得到了一定的应用。与世界其他国家相比,我国桥梁结构健康监测系统具有数量多、桥梁规模大的特点。表 9-3 列出了国内外已安装(或正在实施)结构健康监测系统的主要桥梁。

国内外安装结构监测系统的部分桥梁 表 9-3

桥梁名称	结构类型	跨度(m)	国家
Sunshine Skyway 桥	斜拉桥	164.7+366+164.7	美国
Golden Gate 桥	悬索桥	343+1280+343	美国
多多罗桥	斜拉桥	270+890+270	日本
明石桥	悬索桥	960+1991+960	日本
Foyle 桥	梁桥	144.3+233.6+144.3	英国
Saohae 桥	斜拉桥	60+200+470+200+60	韩国
Confederation 桥	梁桥	45×250	加拿大
Normandie 桥	斜拉桥	856	法国
青马桥	悬索桥	455+1377+300	中国(香港)
江阴大桥	悬索桥	1385	中国
苏通大桥	斜拉桥	主跨 1088	中国
南京长江三桥	斜拉桥	主跨 648	中国
虎门大桥	悬索桥	主跨 888	中国
钱塘江四桥	系杆拱桥	主跨 580	中国
松花江大桥	斜拉桥	主跨 365	中国

从国内外主要桥梁结构健康监测系统的监测目标、系统功能及系统运营等方面来看,目前国内外桥梁结构健康监测系统的研究与应用已取得了一定的成果与进展,主要反映如下:

(1)监测信息全面。通过测量结构各种响应的传感器装置,能够获取反映结构行为的各种记录,并在桥梁通车运营后连续或间断地监测结构状态,力求获取桥梁结构连续、完整的信息。

(2)监测内容全面。除了监测结构本身的状态和行为(应力、位移、倾角、动力特性等)以外,还强调环境条件(风、地震、温度、车辆荷载等)的监测和记录分析,同时试图通过桥梁在正常车辆与风荷载下的动力效应来建立结构总体监测样本,并借此开发实时的结构整体性与安全性评估技术。

(3)监测仪器多样、先进、监测功能不断完善。一些监测系统具有快速大容量的信息采集、通信与处理能力,并实现网络共享。

(4)桥梁结构损伤诊断理论与方法的研究取得了一定的进展。开发了各种基于频率、振型、振型曲率、应变振型等改变量的损伤检测和定位技术,在处理方法上探寻 MAC(模态保证标准)法、COMAC(坐标模态保证标准)、柔度矩阵法、矩阵振动修正法、非线性迭代法等。

(5)发展包括可靠度理论,层次分析法、模糊理论、神经网络、遗传算法以及专家系统等多种桥梁结构状态评估方法,并且初步应用于桥梁结构健康系统中。

需要指出,上述这些研究进展在桥梁结构健康监测领域尚属于基础性的探索,距离系统的完善尚有较大差距。这主要是由于:桥梁结构的不确定性因素以及复杂的工作环境对结构响应的灵敏性造成了不利的影响,导致了目前桥梁整体状态监测的许多困难,对桥梁在使用年限内工作特性的变化缺乏全面深入地研究,难以建立客观统一的桥梁状态评估标准。所以整个结构健康监测技术的成功开发乃至系统目标的最终实现仍有赖于今后更好地结合桥梁的自身特性及其工作环境展开更为深入地研究。

第三节　边坡远程监测系统

边坡按其成因可分为自然边坡和人工边坡,按岩土体性质可分为岩质边坡和土质边坡。自然边坡是地表岩体在漫长的地质年代中经河流的冲蚀、切割以及风化、卸荷等作用形成的。人工边坡是由工程活动进行的挖方、填方所形成的边坡,相对于自然边坡,破面几何形状较规整,破面暴露时间短,岩土体较为新鲜,边坡的稳定性经过计算设计。综合而言,边坡岩土力学性质的变化、地下水的作用、气象条件的改变、所受载荷的改变以及地震作用等是影响边坡稳定的主要因素。边坡工程应用于交通、建筑、水利和矿山等各个建设领域中。边坡岩土体往往呈现出非均质性与各向异性的特点,在开挖、堆载、降雨、河流冲刷、库水位升降与地震等外部荷载作用下很容易进入局部或瞬态大变形乃至失稳滑动。我国每年由于岩土体失稳而引发的大、小滑坡数百万次,由此造成的经济损失高达数百亿元,已建的边坡工程中时有垮塌事故发生,造成国家和人民生命财产的严重损失,正确、合理、经济的处理边坡工程,确保建筑物工程的安全是每一个工程技术人员都应该关注的重点内容。滑坡如图 9-7 所示。

图 9-7　滑坡

通过边坡监测,能够及时了解边坡在施工期和运行期坡体的工作性态、及时地提出处理方案与措施,做到信息化施工,以减少不必要的损失,保证施工期和运行期工程的安全。此外,可验证设计和边坡治理效果。

一、边坡监测的目的

边坡工程的监测目的在于获取边坡变形与力学性质的真实信息,以判断边坡变形的趋势和进行边坡稳定性预测预报。稳定性预测预报的资料主要来源于边坡的变形监测以及地下水、化学场及其物理性质的动态特征信息。为检测和掌握目前、施工期及后期运行过程中滑坡稳定的变化趋势、检验治理工程的效果,及时发现异常现象并进行分析处理,均有必要布置适量的监测设施。

边坡稳定是一个复杂的、多参数岩土力学问题,尤其对于地质条件复杂、有较大潜在危害的路堑高边坡,单靠理论分析很难把握其稳定状态,必须建立动态监测体系。只有对边坡表面、地下变形以及支挡结构物受力状态监测获取的信息进行综合分析，才能把握路堑边坡的安全稳定。边坡监测的主要目的有以下几点：

（1）通过对边坡变形的监测，判断边坡的滑动面深度、滑动范围及其变形发展趋势，评估开挖施工对边坡自身稳定性和周围建筑物的影响情况，提供预警信息。

（2）通过动态监测，依据实际情况进行工序和工艺的调整，以便采取更为合理、有效的支护措施，及时指导施工，优化施工方案。避免边坡工程事故的发生，确保施工安全进行。

（3）通过动态监测，掌握控制边坡的稳定性个中参数和因素随时间和空间上的不断变化的过程，为动态化设计、变更设计方案提供依据。

（4）通过对张拉过程中以及施工期监测，为高边坡科研提供原始观测数据，从而分析预应力在张拉过程中以及后期的变化规律，了解预应力随时间的长期变化情况，得到其长期变化规律、影响因素。

（5）评价安全稳定性和积累量测数据，总结经验。为节省工程投资，提高施工水平提供科学依据和技术保证。

二、边坡监测的技术要求

1.监测的针对性

边坡的监测设计应根据工程的地质条件、设计、施工和加固的需要，有针对性地进行。通常应根据边（滑）坡变形的工程地质条件和形状，预测边（滑）坡的变形和破坏机理，根据边（滑）坡的变形和破坏机理，预测监测参数的大小，据此选择监测项目和仪器。

2.监测的阶段性

监测设计应区分阶段，不同阶段的监测项目不同。边坡工程以安全为主的监测从开挖开始就同时进行，甚至在施工之前还有前期监测；整治期间，还应进行安全和检验整治效果的监测；且施工期的监测和运行期的监测同样重要，这不仅因为施工期的安全问题更为突出、重要，而且监测的初始值应在施工期尽早建立。

3.监测的及时性

监测实施好坏的关键之一在于监测实施的各个环节是否及时。这些环节包括：监测反馈、监测信息收集。保证施工安全是监测的目的，其余的各个环节则是达到目的的手段。

4.监测设计的指导性

设计要根据边（滑）坡工程的固有特点和要求进行。如滑坡上的倾斜仪钻孔要求穿过预测滑动面以下的滑动基岩，但边坡的钻孔一般要求穿过下一个台阶，否则，钻孔会离边坡面很远，起不到应有的监测作用。水常常是诱发边（滑）坡失稳的因素，越是下雨，越要及时监测，但在降雨区或能见度低的大气下，经纬仪较难施测，所以边（滑）坡监测还要同时采用其他不受这些条件影响的监测手段。

三、边坡监测的内容及原则

边坡监测一般包括：地表变形、地表裂缝位错、地面倾斜、裂缝多点位移、边坡深部位移、地下水、孔隙水压力、边坡地应力、地震、降雨量等，如表9-4所示。

边坡监测项目表 表 9-4

监测项目	测试内容	测点布置	仪器
变形监测	地表变形、地表裂缝、边坡深部位移、支护结构变形	边坡表面、裂缝、滑带、支护结构顶部	经纬仪、全站仪、GPS、伸缩仪、位错仪、钻孔倾斜仪、多点位移计、应变仪等
应力监测	边坡地应力、锚杆(索)应力、支护结构应力	边坡内部、外锚头、锚杆主筋、结构应力最大处	压力传感器、锚索测力计、压力盒、钢筋计等
地下水监测	孔隙水压力、扬压力、动水压力、地下水水质、地下水、渗水与降雨关系以及降雨、洪水与时间关系	出水点、钻孔、滑体与滑面	孔隙水压力仪、抽水试验、水化学分析等

边坡监测的具体内容应根据边坡的地质情况及所用支护结构的特点进行综合考虑,一般应遵循以下基本原则:

(1)突出重点,统筹兼顾。在整个项目监测中,对边坡产生影响的因素繁多,在实际工程中,需要找出决定性影响因素,对其重点监测。在每个监测点的设置上,不仅要保证监测系统对整个边坡的覆盖,而且要确保敏感点与关键点的监测需要,在这些关键部位应首先布置监测点。

(2)及时有效、安全可靠。准确可靠的安装监测系统,并及时埋设、观测,整理分析监测资料和及时反馈监测信息,反映工程的进度与需求,及时地反馈边坡的各阶段情况,确保安全;仪器安装和测量过程应确保安全的测量方法和监测仪器可靠,整个过程中应具有较强的可靠性与稳定性。

(3)简便可行、经济合理。监测系统现场使用应当便于操作和分析,力求方便可行,仪器不易损坏,易于长期观测;应充分利用已用设备,仪器在满足工程实际需要的前提下,尽可能考虑造价在可接受的范围,建立监测系统应力求经济适用。

四、边坡监测的方法

目前,边坡监测技术已由过去的人工皮尺简易工具的监测手段过渡到仪器监测,又正在向自动化、高精度的远程系统发展。边坡监测的方法主要有宏观地质观察法、简易观测法、设站观测法、仪表观测法和远程监测法等。

1.宏观地质观察法

该方法是用常规地质调查方法,对崩塌、滑坡、泥石流灾害体的宏观变形迹象和与其有关的各种异常现象进行定期的观测、记录,以便随时掌握崩塌、滑坡的变形动态及发展趋势,达到科学预报的目的。该方法具有直观性、动态性、适应性、实用性强的特点,不仅适用于各种类型崩滑体不同变形阶段的监测,而且监测内容比较丰富,获取的前兆信息直观可靠,可信度高。其方法简易经济,便于掌握和普及推广应用。

2.简易观测法

该方法是通过人工观测边坡工程中地表裂缝、地面膨胀、沉降、坍塌、建筑物变形特征(发生和发展的位置、规模、形态、时间等)及地下水位变化、地温变化等现象,也可在边坡体关键裂缝处埋设骑缝式简易观测桩;在建筑物(如房屋、挡土墙、浆砌块石排水沟等)裂缝上设置简易玻璃条、水泥砂浆片、贴纸片;在岩石、陡壁面裂缝处用红油漆画线作观测标记;在陡坎(壁)

软弱夹层出露处设置简易观测桩等，定期用各种长度量具测量裂缝长度、宽度、深度变化及裂缝形态、开裂延伸的方向。该法对正在发生病害的边坡进行观测较为合适，也可结合仪器监测资料进行综合分析，用来初步判定滑坡体所处的变形阶段及中短期滑动趋势。

3.设站观测法

该方法是指在充分了解工程场区的工程地质背景的基础上，在边坡体上设立变形观测点（成线状、格网状等），在变形区影响范围之外的稳定地点设置固定观测站，用测量仪器（经纬仪、水准仪、测距仪、摄影仪及全站型电子速测仪、GPS 接收机等）定期监测变形区内网点的三维（X、Y、Z）位移变化的一种行之有效的监测方法。此法主要指大地测量、近景摄影测量及 GPS 测量与全站式电子速测仪设站观测边坡地表三维位移的方法。这种方法远离变形区，且无主观成分，比简易观测法客观、精密，观测、比较的范围大，选点方便。

4.仪表观测法

该方法主要指用精密仪表对变形斜坡进行地表及深部的位移、倾斜（沉降）动态，裂缝相对张、闭、沉、错变化及地声、应力应变等物理参数与环境影响因素进行监测。目前按监测仪器的类型，一般可分为位移监测、地下倾斜监测、地下应力测试和环境监测四大类。按所采用仪表可分为机械式仪表观测法和电子仪表观测法。使用该方法监测的内容丰富、精度高、测程可调，仪器便于携带，可避免恶劣环境对测试仪表的损害，观测结果直观，可靠度高，适用于斜坡变形的中、长期监测。

5.远程监测法

伴随电子技术及计算机技术的发展，各种先进的自动遥控监测系统相继问世，为边坡工程，特别是边坡崩塌和滑坡的自动化连续遥测创造了有利条件。电子仪表观测的内容，基本上能实现连续观测，自动采集、存储、打印和显示观测数据。远距离无线传输是该方法最基本的特点，由于其自动化程度高，可全天候连续观测，故省时、省力和安全，是当前和今后一个时期滑坡监测发展的方向。

监测方法应充分考虑边坡特征、地质条件及监测外部环境，选择合适的监测方法，做到仪器监测和宏观监测相结合，人工监测和自动监测相结合。应通过各种方案的比较，使监测工作既经济安全，又实用可靠，避免单方面追求高精度、自动化、多参数，而脱离工程实际的监测方案。边坡位移监测概念如图 9-8 所示。

五、边坡远程监测系统构成

边坡远程监测系统（图 9-9、图 9-10）主要由现场数据采集系统、数据传输系统与远程监控中心组成。数据采集系统由数据感知部分（各监测指标各类型传感器）及数据采集部分（采集单元）组成；数据传输部分由无线、有线两种方式；远程监控中心主要为监测系统软件。

边坡远程监测系统具有如下功能：

（1）实现对边坡重要运行数据的实时采集、传输、计算、分析。

（2）直观显示各项监测数据，监测数据的历史变化过程及当前状态。

（3）一旦出现紧急情况，系统能及时地发出预警信息。

（4）可实现安全监测信息的多级共享。

（5）可实现安全预警信息地发布。

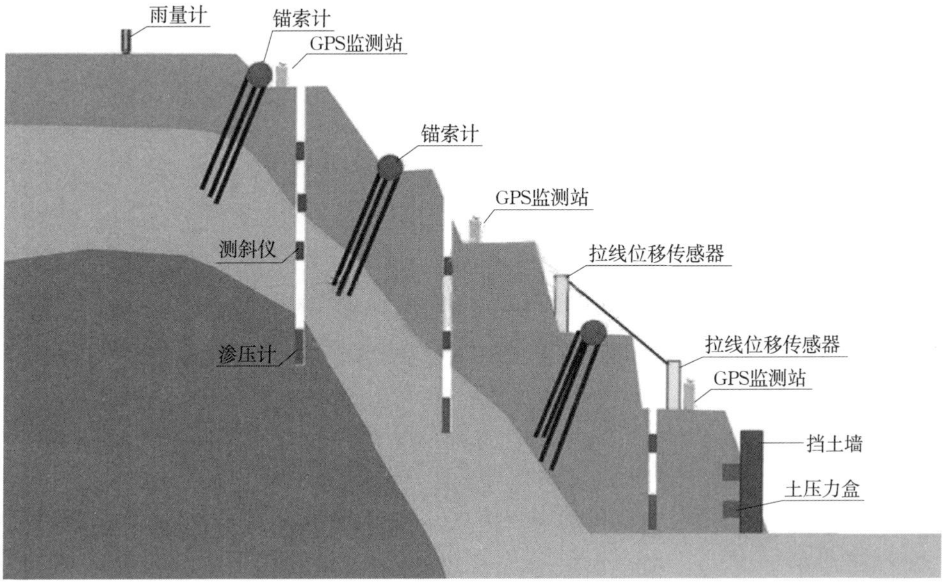

图 9-8　边坡位移监测概念

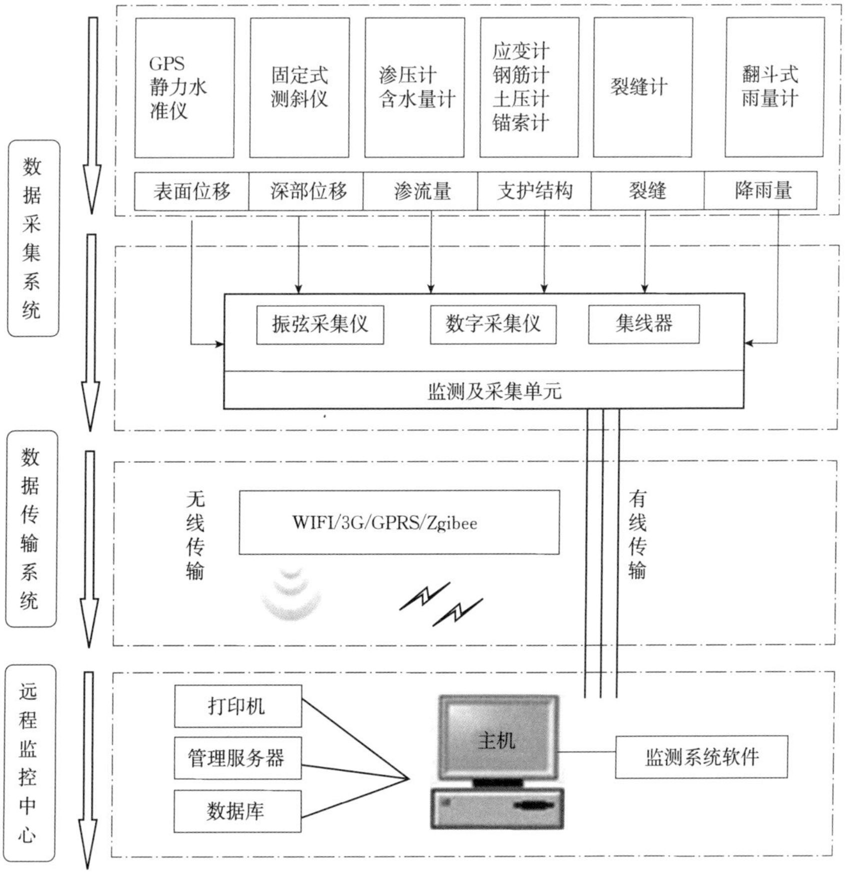

图 9-9　边坡远程监测系统概念图

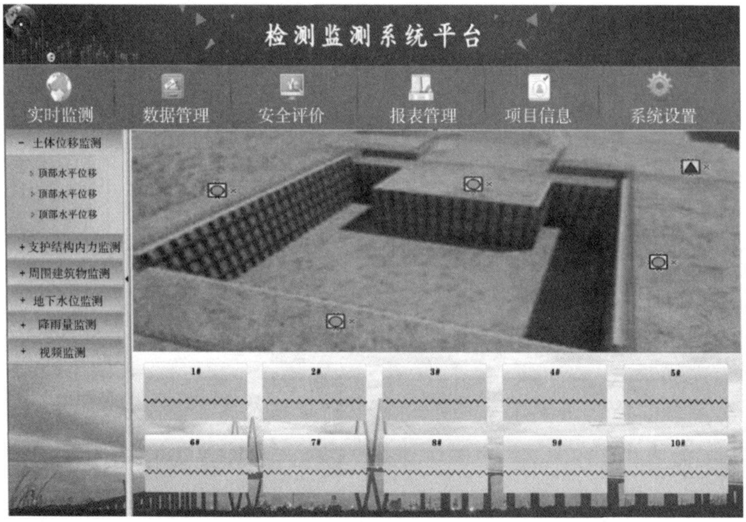

图 9-10　某公司边坡远程监测系统

习　　题

9-1　阐述远程监测系统的主要架构及其不同点。

9-2　阐述 BQIM 系统的模块和功能。

9-3　阐述边坡监测的内容及设计原则。

9-4　阐述边坡监测的主要方法。

附录　试验指导书

附录A　演 示 试 验

演示试验(一):基于虚拟仪器的测试

一、试验目的

(1)使学生对虚拟仪器的基本组成、工作原理和使用方法有所了解。
(2)提高学生对虚拟仪器以及无损检测技术的兴趣。

二、试验设备及模型

(1)岩锚多功能检测仪(SRB-MATS,PA 型)。
(2)试块模型。

三、试验方案

1.测试对象准备

试块模型。

2.测试设备准备

岩锚多功能检测仪(SRB-MATS,PA 型)。

3.准备工作

(1)根据需要选择有代表性的测点,并对测点清楚记录、明确编号。
(2)根据测试需要连接好仪器设备。
(3)调试仪器设备,确定运行正常。
(4)打开设备准备测试。

四、试验原理

1.A/D 转换原理

温度、压力以及振动等自然界的信号都是以模拟量的形式存在,而计算机只能处理数字信号。为此,需要将模拟信号转换为数字信号,即为 A/D 转换,如图 A-1 所示。

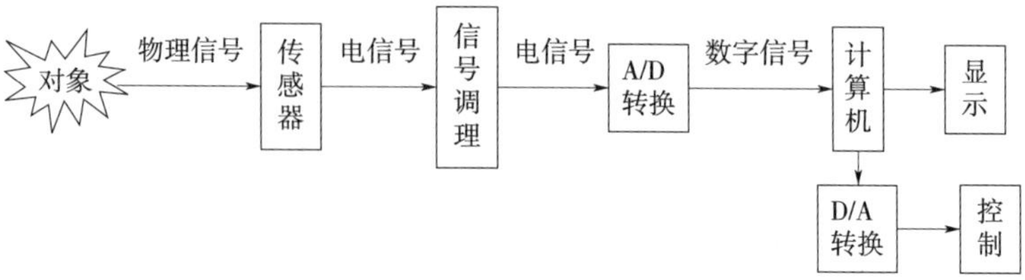

图 A-1　A/D 转换概念

将外部模拟信号输入到计算机时，受到计算机容量等的限制，需要将模拟量进行一定的四舍五入。在一定范围内用其代表值来表示，即所谓的“量子化”。

如图 A-2 所示，实线表示的是模拟量，而折线则是量子化后的信号。

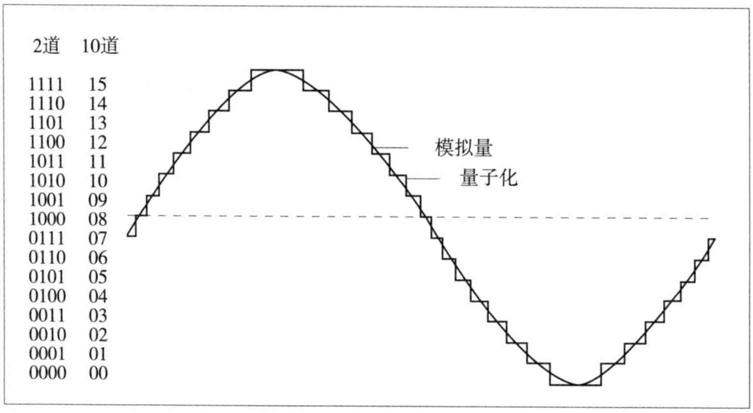

图 A-2　量子化的概念

2.冲击弹性波

利用冲击弹性波进行长度检测主要依据波阻抗原理，当测试物底部与其接触面存在波阻抗差异，弹性波在底部就会形成反射以及透射，通过寻找底部反射信号，计算出测试物的长度。

$$L=\frac{1}{2}\times\Delta t\times C \tag{A-1}$$

式中：L——长度；

Δt——底部反射波旅行时间；

C——平均波速。

五、试验步骤

(1)打开设备测试软件。

(2)数据采集步骤：

①设置保存文件名，保存文件名应包含足够多的信息，有利于区分，具体自行设定；

②全体设定，明确设定测试内容；

③校正设定，保持默认即可；

④数据采集设定，每次重启测试软件后均要进行设备自检，确定 A/D 卡运行正常，其他一切保持默认即可。

⑤零点标定，确定环境噪声正常，对测试系统进行率定，并根据零点标定信号，设置触发水平（触发水平应大于标定信号，但不大于0.2V）。

⑥数据采集并保存，执行数据采集命令，在10s内，用冲击锤碰撞测试对象结构，软件自动采集数据，确定采集信号正常保存测试结果。每个测点至少保存5个有效测试数据，且每次测试应变位，不在同位重复激振。

(3)数据解析步骤

①指定读入文件路径及文件名称；

②设置解析结果保存文件名，文件名要便于识别区分；

③全体设定，选择解析内容，其他保持默认；

④读入数据，并显示波形（）；

⑤解析设定，根据试验实际设定；

⑥执行解析；

⑦解析完所有测试数据后，一览解析结果并保存解析结果为RST格式。

(4)通过Excel读取RST格式文件，将测定结果录入到报告文件中。

演示试验（二）：声波透射法测试基桩完整性

一、试验目的

(1)使学生了解声波透射法测基桩完整性的原理。

(2)使学生熟识声波透射法测基桩完整性的过程。

二、试验设备及模型

(1)声波透射法检测仪器。

(2)基桩模型。

三、试验方案

1.检测对象准备

基桩模型。

2.检测设备准备

声波透射法检测仪器。

3.准备工作

(1)测量桩径和声测管之间的间距并做好记录。

(2)将换能器放入填满水的声测管。

(3)连接好仪器设备。

(4)调试仪器设备，确定运行正常。

(5)打开设备准备测试。

四、试验原理

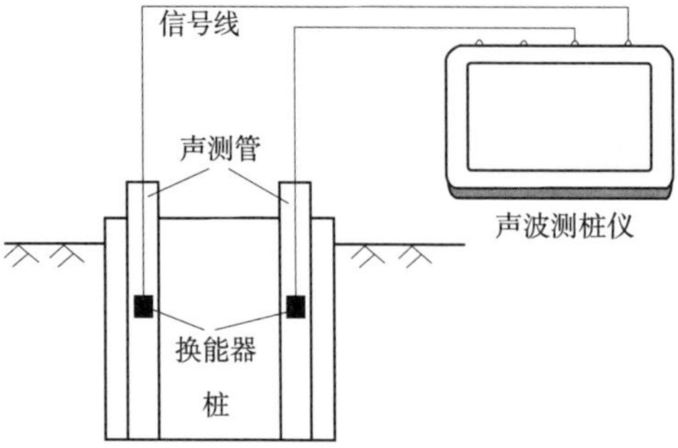

图 A-3　测试示意图

在被测桩内预埋两根或两根以上竖向相互平行的声测管作为检测通道，管中注满清水作为耦合剂，将超声脉冲发射换能器与接收换能器置于声测管中，由超声仪激励发射换能器产生超声脉冲，穿过桩体混凝土，并经接收换能器，由仪器接收并显示接收的超声波的波形，判读出超声波穿过混凝土后的首波声时、波幅以及接收波主频等声参数，通过桩身缺陷引起声参数或波形的变化，来检测桩身是否存在缺陷。测试示意图如图 A-3 所示。

五、试验步骤

1. 数据采集

(1)将发射与接收声波换能器通过深度标志分别置于两根声测管中的测点处。

(2)连接好仪器，打开主机。

(3)在启动界面点击[声波透射法测桩]按钮。

(4)在测桩主界面点击[参数]按钮进行参数设置。

(5)设置完参数后，点击[确定]按钮返回至主界面。将各换能器放置好，然后按[采样]按钮自动开始连续采样。

(6)在调整好所有剖面的第一个测点波形后按[保存]按钮，再进行[设置测试桩长]的对话框填写。

(7)开始采样，将发射与接收声波换能器以相同标高或保持固定高差同步升降，测点间距不宜大于 250mm。

(8)采集完所有测点后，按[停止]按钮停止采样，系统自动保存好数据。

2.数据解析

(1)打开软件，选择“测桩分析”，在文件菜单中选择打开菜单项，在弹出的对话框中选择需要分析处理的数据文件后按[打开]按钮打开该文件，并显示波形及数据、曲线等。

(2)设置工程信息、桩信息。

(3)调整声时修正值。

(4)查看曲线，如果存在可疑点，则将光标移至该位置，单道波形区即显示该测点的波形，查看首波判读是否正确，如果不正确，则手动设置首波声时、幅度。

(5)重新计算并调整深度曲线的显示比例。

(6)选择“生成位图”功能将曲线图保存为位图，或者选择“打印到位图”功能将曲线图等保存为位图。

(7)保存分析过的数据文件并打印存档。

演示试验(三):基于IoT(物联网技术)的桥梁远程监测系统演示

一、试验目的

(1)使学生掌握桥梁远程监测系统的评估原则。
(2)使学生了解桥梁远程监测系统的构成。
(3)使学生了解桥梁远程监测系统的操作,以及理解各个监测指标的意义。

二、试验设备及模型

(1)预应力桥梁模型。
(2)桥梁远程监测系统(BSS-RMS-M)。
(3)梁体弹性模量测试系统:混凝土多功能无损测试仪(SCE-MATS)。

三、试验方案

1.检测对象准备

预应力桥梁模型。

2.检测设备准备

桥梁远程监测系统(BSS-RMS-M)。
混凝土多功能无损测试仪(SCE-MATS)。

3.准备工作

(1)根据测试要求及相关资料,设计传感器安装位置。
(2)正确连接仪器设备。
(3)调试仪器设备,确定运行正常。
(4)打开计算机准备试验。

四、试验原理

(1)被动型监测系统:与现有的桥梁健康监测系统相同,通过连续测试桥梁在役过程中,由于交通等荷载产生的各种物理量,从而推断桥梁的健康状态。主要监测项目见表A-1。

被动型监测系统主要监测项目 表A-1

对象	传感器种类	测试参数	监测对象及作用
桥梁	加速度计	动挠度	梁的承载力(不含自重)、超载
		振动模态、频率	梁的刚性状况、损伤状况
	倾角计	静挠度	梁的承载力(含自重)
		横向稳定性	桥板的翻转
	温度传感器	混凝土内温度	对温度效应进行补偿、修正
桥墩	加速度计	振动模态、频率	桥墩的约束状况(基础冲刷等)
交通	数字摄像机	视频	桥梁的整体状态、交通状态

(2)主动型(也称“自激励型”)监测系统:通过安装在桥梁上的信号激励装置激发特定的信号并接收,根据该信号的参数的变化从而推断桥梁的健康状态。

主动型(自激励型)监测系统以梁、板的弹性模量为主要监测内容,包括:

①梁、板受弯区(正应力区)结构的弹性模量监测(图 A-4),具体又可分为受压区监测、受拉区监测、中性区监测三种。

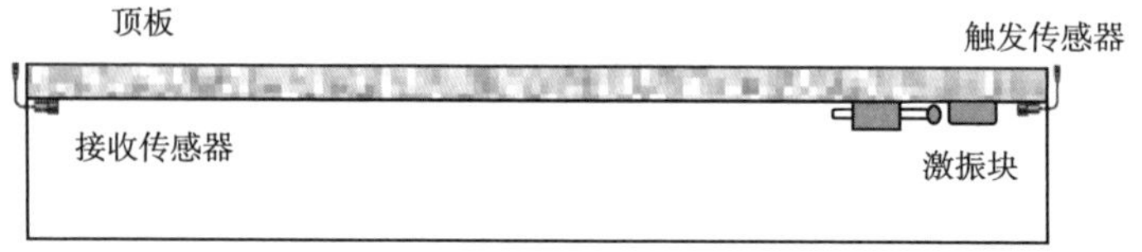

图 A-4 受弯区监测

②梁、板受剪区结构的弹性模量监测(图 A-5)。

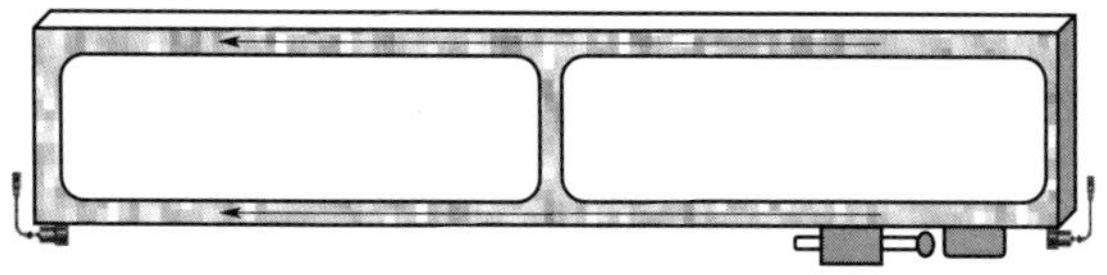

图 A-5 受剪区监测

五、试验步骤

1.被动型监测系统

(1)打开系统软件。

(2)建立桥梁资料,包含桥梁名称、结构、传感器的布置等。

(3)选定桥梁,进行预警系统的参数设定(参数来自于快速无损检测)。

(4)进入监测系统界面,用模型工程车模拟不同荷载驶过桥面时的情况,并记录振动特性。

(5)进入评估系统界面,将记录的数据进行下列评估,并得出评估结论:

①与设计资料的桥梁刚度对比(主要是梁的动、静扰度等);

②与设计资料的相应允许值对比(主要是梁的动挠度、自振频率等);

③与监测数据变化历史对比。

2.主动型(也称“自激励型”)监测系统

(1)打开设备测试软件。

(2)数据采集步骤:

①设置保存文件名,保存文件名应包含足够多的信息,有利于区分,具体自行设定;

②全体设定,明确设定测试内容;

③校正设定,保持默认即可;

④数据采集设定,每次重启测试软件后,均要进行设备自检,确定 A/D 卡运行正常,其他一切保持默认即可;

⑤零点标定,确定环境噪声正常,对测试系统进行率定,并根据零点标定信号,设置触发水平(触发水平应大于标定信号,但不大于 0.2V);

⑥数据采集并保存,执行数据采集命令,在 10s 内,用冲击锤碰撞测试对象结构,软件自动采集数据,确定采集信号正常保存测试结果。每个测点至少保存 5 个有效测试数据,且每

次测试应变位,不在同位重复激振。

(3)数据解析步骤:

①指定读入文件路径及文件名称;

②设置解析结果保存文件名,文件名要便于识别区分;

③全体设定,选择解析内容,其他保持默认;

④读入数据,并显示波形();

⑤解析设定,根据试验实际设定;

⑥执行解析;

⑦解析完所有测试数据后,一览解析结果并保存解析结果为 RST 格式。

(4)通过 Excel 读取 RST 格式文件,将测定结果录入到报告文件中。

演示试验(四):基于 IoT(物联网技术)的边坡远程监测系统演示

一、试验目的

(1)使学生掌握边坡远程监测系统的评估原则。

(2)使学生了解边坡远程监测系统的构成。

(3)使学生了解边坡远程监测系统的操作,以及理解各个监测指标的意义。

二、试验设备及模型

(1)边坡模型。

(2)边坡远程监测系统。

三、试验方案

1.检测对象准备

边坡模型。

2.检测设备准备

边坡远程监测系统。

3.准备工作

(1)根据测试要求及相关资料,设计传感器安装位置。

(2)正确连接仪器设备。

(3)调试仪器设备,确定运行正常。

(4)打开计算机准备试验。

四、试验原理

系统对岩土体内部沉降、倾斜、错动、土壤湿度、孔隙水压力变化等进行连续监测,捕捉边坡性状变化的特征信息,通过有线或无线方式将监测数据及时发送到监测中心,并结合地表监测的雨量、位移等信息,由计算机数据分析软件处理,对边(滑)坡的整体稳定性做出判断,快速做出山体边坡崩塌、滑坡等灾害发生的预警预报。

监测项目：

(1)监测边坡地表和深部变形量(包括水平和垂直的运动位移、速率、方向等)。

(2)监测边坡岩土体的受力情况。

(3)监测边坡渗流区土体物理量(渗流、渗压、水位等)。

(4)监测边坡区降水量和大气条件(温度、湿度、气压、风等)。

边坡监测系统主要由现场信号采集部分、远程监测单元、监测中心数据处理与分析三部分构成，如图 A-6 所示。

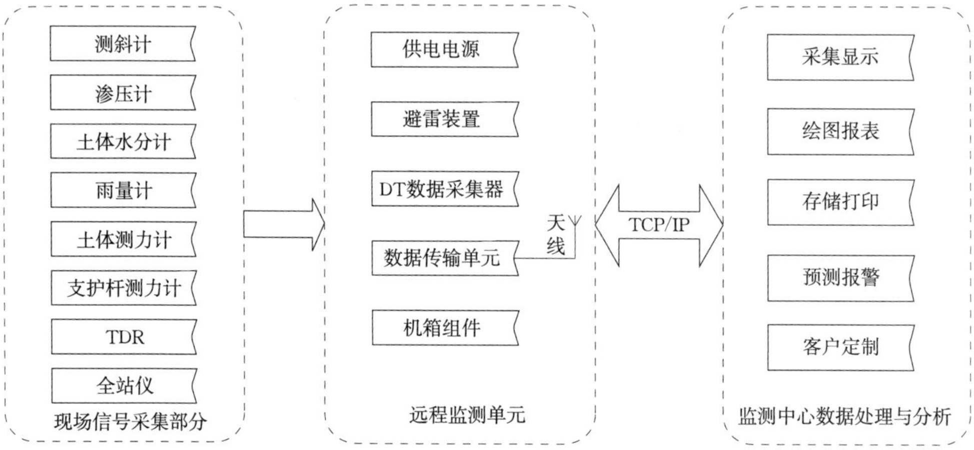

图 A-6　边坡监测系统

五、试验步骤

(1)打开系统软件。

(2)建立边坡资料，包含地层结构、传感器的布置等。

(3)进行预警系统的参数设定。

(4)进入监测系统界面，观察并记录接收到的实际数据。

(5)根据需要对原始数据进行滤波、计算等处理。

(6)进入评估系统界面，将记录的数据进行下列评估，并得出评估结论。

(7)与监测数据变化历史对比。

附录 B　学生试验

学生试验(一)：超声回弹法测混凝土构件抗压强度

一、试验目的

(1)采用混凝土超声波检测仪和混凝土回弹仪，在结构混凝土同一测区分别测量声速值(在混凝土中，超声脉冲单位时间内的传播距离)及回弹值，根据混凝土强度与表面硬度以及超声波在混凝土中的传播速度之间的相关关系推定混凝土强度等级。

(2)掌握回弹仪的基本使用方法。

(3)掌握非金属超声波检测仪的基本使用方法。

(4)掌握超声回弹综合法测定混凝土强度的方法。

二、试验设备及装置

(1)回弹仪。

(2)非金属超声波检测仪。

(3)碳化深度测定仪。

(4)1%酚酞酒精试剂。

(5)耦合剂(黄油或凡士林)、钢尺、卷尺等。

三、试验方案

1.检测对象准备

(1)结构或构件名称、施工图纸和混凝土强度等级。

(2)水泥品种、强度等级和用量,砂石的品种和粒径,外加剂或掺合料的品种,掺量和混凝土配合比等。

(3)相关设计图纸、施工记录。

(4)结构或构件的检测原因说明。

2.检测设备准备

(1)回弹仪具有制造厂的产品合格证及检定单位的检定合格证。

(2)回弹仪应符合下列标准状态的要求:

①弹击锤与弹击杆碰撞的瞬间,弹击拉簧应处于自由状态,此时弹击锤起跳点应相应于指针指示刻度尺上“0”处。

②在洛氏硬度 HRC 为 60 的钢砧上,回弹仪的率定值应为 80。

(3)混凝土超声波检测仪应通过技术鉴定,必须具有产品合格证和检定证,符合现行行业标准《混凝土超声波检测仪》(JG/T 5004)的要求,并在检定有效期内使用。

(4)混凝土强度检测主要利用超声波传播速度,获得可靠的声速值是靠准确测量声时和声传播路程。因此,为了准确测量声时,超声仪应具有波形清晰、显示稳定的示波装置。

四、试验原理

混凝土强度与混凝土表面硬度、声波在混凝土中的传播速度有着密切的关系,混凝土表面硬度反映了混凝土的塑性性质,声波在混凝土中的传播速度反映了混凝土的弹性性质。用回弹法和超声波检测法分别测量出混凝土的回弹值(即表面硬度)和声波在混凝土中的传播速度,通过这两项测量结果综合推定混凝土的抗压强度。

1.回弹值计算

用回弹仪测试时,宜使仪器处于水平状态,测试混凝土浇筑方向的侧面。如不能满足这一要求,也可非水平状态测试,或测试混凝土浇筑方向的顶面或底面,应按《回弹法评定混凝土抗压强度技术规程》的要求,对构件上每一测区的两个相对测试面各弹击 8 点,每一测点的回弹值测读精确至 1.0。测点在测区范围内宜均匀分布,但不得布置在气孔或外露石子上。相邻两测点的间距一般不小于 30mm,测点距构件边缘或外露钢筋、铁件的距离不小于 50mm,且同一测点只允许弹击一次。

计算测区平均回弹值时,应从该测区两个相对测试面的 16 个回弹值中,剔除 3 个最大值和最小值,然后将余下的 10 个回弹值按下列公式计算:

$$R=\frac{1}{10}\sum_{i=1}^{10}R_{\mathrm{i}} \tag{B-1}$$

式中:R——测区回弹平均值,精确至 0.1;

R_{i}——第 i 个测点的有效回弹值。

非水平状态下测得的回弹值,应按下列公式修正:

$$R_{\mathrm{a}}=R+R_{\mathrm{a}\alpha} \tag{B-2}$$

式中:R_{a}——修正后的测区回弹平均值;

$R_{\mathrm{a}\alpha}$——测试角度为 α 时的测区回弹修正值。

在混凝土浇筑的顶面或底面测得的回弹值,应按下列公式修正:

$$R_{\mathrm{a}}=R+(R_{\mathrm{a}}^{\mathrm{t}}+R_{\mathrm{a}}^{\mathrm{b}}) \tag{B-3}$$

在测试时,如仪器处于非水平状态,同时构件测区又非混凝土的浇筑侧面,则应对测得的回弹值先进行角度修正,然后进行顶面或底面修正。

2.超声声速值的测量与计算

超声测点应布置在回弹测试的同一测区内;测量超声声时时,应保证换能器与混凝土耦合良好,测试的声时值应精确至 0.1μs;声速值应精确至 0.01km/s。超声测距的测量误差不应超过±1%;在每个测区内的相对测试面上,应各布置 3 个测点,且发射和接收换能器的轴线应在同一轴线上。

(1)当在混凝土浇筑方向的侧面对测时,测区混凝土中声速代表值应根据该测区中 3 个测点的混凝土中声速值,按下列公式计算:

$$v=\frac{1}{3}\sum_{i=1}^{3}\frac{l_{\mathrm{i}}}{t_{\mathrm{i}}-t_0} \tag{B-4}$$

式中:v——测区混凝土中声速代表值,km/s;

l_{i}——第 i 个测点的超声测距,mm,角测时测距按 CECS 02:2005 附录 B 第 B.1 节计算;

t_{i}——第 i 个测点的声时读数,μs;

t_0——声时初读数,μs。

(2)当在混凝土浇筑的顶面或底面测试时,测区声速代表值应按下列公式修正:

$$v_{\mathrm{a}}=\beta\cdot v \tag{B-5}$$

式中:v_{a}——修正后的测区混凝土中声速代表值,km/s;

β——超声测试面的声速修正系数,在混凝土浇筑的顶面和底面间对测或斜测时,β=1.034;在混凝土浇筑的顶面或底面平测时,测区混凝土中声速代表值应按 CECS 02:2005 附录 B 第 B.2 节计算和修正。

3.混凝土强度的推定

构件第 i 个测区的混凝土强度换算值,应根据修正后的测区回弹值 R_{ai} 及修正后的测区声速

值 v_{ai}，优先采用专用或地区测强曲线推定。当无该类测强曲线时，经验证后也可按 CECS02:2005 附录 C 规定的全国统一测区混凝土抗压强度换算表换算确定，或按下列公式计算：

（1）粗集料为卵石时

$$f^{c}_{cu,i}=0.0056v_{ai}^{1.439}R_{ai}^{1.769} \tag{B-6}$$

（2）粗集料为碎石时

$$f^{c}_{cu,i}=0.0162v_{ai}^{1.656}R_{ai}^{1.410} \tag{B-7}$$

式中：$f^{c}_{cu,i}$——第 i 个测区混凝土抗压强度换算值，MPa，精确至 0.1MPa。

当结构所用材料与制定的测强曲线所用材料有较大差异时，须用同条件试块或从结构构件测区钻取的混凝土芯样进行修正，试件数量应不少于 4 个。此时，得到的测区混凝土强度换算值应乘以修正系数 η。修正系数可按下列公式计算：

（1）有同条件立方试块时

$$\eta=\frac{1}{n}\sum_{i=1}^{n}\frac{f^{o}_{cu,i}}{f^{c}_{cu,i}} \tag{B-8}$$

（2）有混凝土芯样试件时

$$\eta=\frac{1}{n}\sum_{i=1}^{n}\frac{f^{o}_{cor,i}}{f^{c}_{cu,i}} \tag{B-9}$$

式中：η——修正系数，精确至小数点后两位；

$f^{c}_{cu,i}$——对应于第 i 个立方体试件或芯样试件的混凝土抗压强度换算值，MPa，精确至 0.1MPa；

$f^{o}_{cu,i}$——第 i 个混凝土立方体（边长 150mm）试件的抗压强度实测值，MPa，精确至 0.1MPa；

$f^{o}_{cor,i}$——第 i 个混凝土芯样试件的抗压强度实测值，MPa，精确至 0.1MPa；

n——试件数。

结构或构件混凝土抗压强度推定值 $f_{cu,e}$，应按下列规定确定：

（1）当结构或构件的测区抗压强度换算值中出现小于 10.0MPa 的值时，该构件的混凝土抗压强度推定值 $f_{cu,e}$ 取小于 10MPa。

（2）当结构或构件中测区数少于 10 个时：

$$f_{cu,e}=f^{c}_{cu,min} \tag{B-10}$$

式中：$f^{c}_{cu,min}$——结构或构件最小的测区混凝土抗压强度换算值，MPa，精确至 0.1MPa。

（3）当结构或构件中测区数不少于 10 个或按批量检测时：

$$f_{cu,e}=m_{f^{c}_{cu}}-1.645s_{f^{c}_{cu}} \tag{B-11}$$

对按批量检测的构件，当一批构件的测区混凝土抗压强度标准差出现下列情况之一时，该批构件应全部按单个构件进行强度推定：

①一批构件的混凝土抗压强度平均值 $m_{f^{c}_{cu}}<25.0$MPa，标准差 $s_{f^{c}_{cu}}>4.50$MPa。

②一批构件的混凝土抗压强度平均值 $m_{f^{c}_{cu}}=25.0\sim50.0$MPa，标准差 $s_{f^{c}_{cu}}>5.50$MPa。

③一批构件的混凝土抗压强度平均值 $m_{f^{c}_{cu}}>50.0$MPa，标准差 $s_{f^{c}_{cu}}>6.50$MPa。

五、试验步骤

1.抽检测区选择

在混凝土构件的浇筑侧面上选择 10 对相对测区（构件尺寸较小的可少于 10 对，但最少不能少于5对)，每对测区中心点连线要与测试面垂直，每对测区间距不大于2m，避开蜂窝、麻面的部位，避开预埋件。每个测区的面积约20cm×20cm。

2.回弹值确定

将回弹仪垂直与混凝土表面，进行弹击，每对测区弹击16个点(每边8个回弹测点)，测点间间距约2cm。将数据记录在表B-1中。

回 弹 值 记 录 表　　表B-1

测区	回弹值 R_i															
	1	2	3	4	5	6	7	8	9	10	11	12	13	14	15	16
1																
2																
3																
4																
5																
6																
7																
8																
9																
10																

3.超声波传输时间的测定

(1)测点布置：

在每对测区中选择三对测点作为超声测点，要求每对测点的中心连线与测试面垂直，并测量超声测距l(若相对测点精确地在同一轴线上，则此测距即为梁的厚度)。

(2)超声波检测仪的基本使用方法：

①超声波检测仪的操作面板如图B-1所示。

②打开仪器电源，稍等片刻。

③换能器连接：用传输线将两个换能器分别连接在“收”“发”接口上。

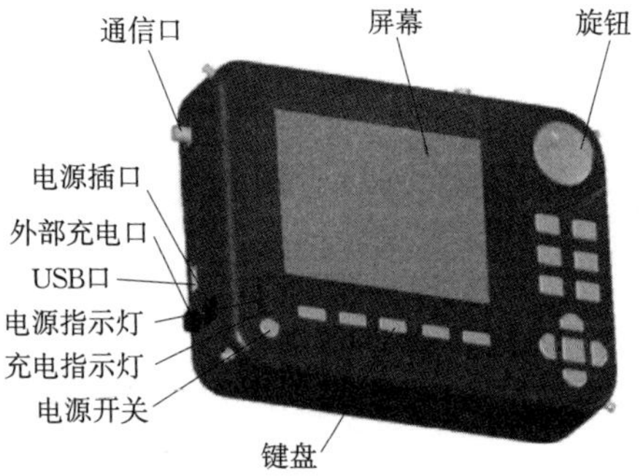

图B-1　超声波检测仪

④仪器初调。

(3)传输声时值的测定

将发射和接收探头放置在选取的测点上，打开“增益”，并调节“粗调”旋钮，使示波器上有波形显示，再调节“增益”旋钮，使首波波形高度占屏幕总高度的2/3，然后调节“细调”“微调”旋钮使光标移动到接收波的起始处，读取显示器的数值，此数值即为超声波在混凝土中的传播时间。试验数据记录在表B-2中。

超声回弹综合法声时检测记录表 表 B-2

测区	测距 l(mm)	测点传输时间 t_m(μs)		
		t_1	t_2	t_3
1				
2				
3				
4				
5				
6				
7				
8				
9				
10				

(4)混凝土强度的推定

①平均回弹值的计算:将 16 个回弹值剔除 3 个最大值,3 个最小值,余下的 10 个回弹值取平均值。

$$R_m = \sum_{i=1}^{10} \frac{R_i}{10} \tag{B-12}$$

②超声波波速的计算。

各测区声速按下列公式计算:

$$v = l/t_m \quad (km/s)$$
$$t_m = t_1 + t_2 + t_3 \tag{B-13}$$

③测区混凝土抗压强度换算值$f^c_{cu,i}$的计算。

可按下面的公式计算,也可按《超声回弹综合法检测混凝土强度技术规程》(CECS 02:2005)附录 C 规定的全国统一测区混凝土抗压强度换算表换算,查表的另一目的是可以校验回弹值和声速值的对应关系,以保证数据测试的准确性。

集料为卵石时:

$$f^c_{cu,i} = 0.0056 v_{ai}^{1.439} R_{ai}^{1.769} \tag{B-14}$$

集料为碎石时:

$$f^c_{cu,i} = 0.0162 v_{ai}^{1.656} R_{ai}^{1.410} \tag{B-15}$$

④混凝土抗压强度$f^c_{cu,e}$的推定。

对于单个构件来说,当测区数少于 10 个时,取最小的测区混凝土抗压强度换算值作为该构件的混凝土强度推定值。

$$f_{cu,e} = f^c_{cu,min} \tag{B-16}$$

对于单个构件来说,当测区数不少于 10 个时,该构件的混凝土强度推定值按下列公式计算。

$$m_{f^c_{cu}} = \frac{1}{n} \sum_{i=1}^{n} f^c_{cu,i} \tag{B-17}$$

$$s_{f^c_{cu}} = \sqrt{\frac{\sum_{i=1}^{n} (f^c_{cu,i})^2 - n\,(m_{f^c_{cu}})^2}{n-1}} \tag{B-18}$$

$$f_{cu,e} = m_{f^c_{cu}} - 1.645 s_{f^c_{cu}} \tag{B-19}$$

学生试验(二):电磁诱导法测试楼板厚度

一、试验目的

(1)掌握电磁诱导法测试结构物厚度的基本原理和方法。

(2)会根据解析内容准确设置相关参数,并掌握测试波形特征以及信号优劣的判断方法。

二、试验设备及装置

(1)探地雷达。

(2)楼板。

三、试验方案

1.检测对象准备

楼板。

2.检测设备准备

探地雷达及相关配件。

3.准备工作

(1)根据需要选择有代表性的测点,并对测点清楚记录、明确编号。

(2)根据测试要求确定测试数量。

(3)根据测试需要连接好仪器设备。

(4)调试仪器设备,确定运行正常。

(5)根据实际条件,确定激振系统。

(6)打开设备准备测试。

四、试验原理

通过发射天线发射高频电磁波,当电磁波遇到介电常数不同的界面,产生反射波,根据接受天线接收到反射波的时间和形式,确定反射界面距离顶面的距离以及判定反射体的可能性质。探地雷达探测原理示意图见图 B-2。

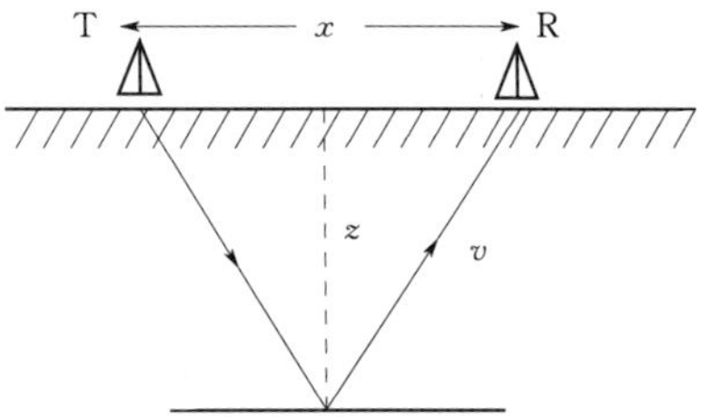

图 B-2　探地雷达探测原理示意图

根据地下介质的电磁波速 V 和反射波旅行时 T,由以下公式可计算目的层的深度 h:

$$h=\frac{1}{2}\sqrt{V^2T^2-x^2} \qquad (B-20)$$

式中:h——楼板厚度;

x——发射天线和接收天线的间距;

V——介质中的电磁波速度。

五、试验步骤

(1)打开测试软件,新建测试文件。
(2)选择测试方法。
(3)选择测试所用天线。
(4)将天线放于测试面,进行测试校准。
(5)点击开始检测按钮,将天线在测试面匀速向前移动。
(6)点击保存按钮,对测试数据进行保存。
(7)将采集数据在室内进行数据处理分析。

学生试验(三):冲击回波法检测混凝土内部缺陷

一、试验目的

(1)掌握冲击回波法检测混凝土内部缺陷原理。
(2)掌握冲击回波法检测混凝土内部缺陷方法。

二、试验设备及装置

(1)混凝土多功能无损测试仪(SCE-MATS,PA 型)。
(2)带有缺陷的模型。

三、试验方案

1.检测对象准备

带缺陷的混凝土模型。

2.检测设备准备

混凝土多功能无损测试仪(SCE-MATS,PA 型)。

3.准备工作

(1)根据需要选择有代表性的测区,并对测点清楚记录、明确编号。
(2)根据测试要求确定测试频率、测试数量。
(3)根据测试需要连接好仪器设备。
(4)调试仪器设备,确定运行正常。
(5)打开设备准备测试。

四、试验原理

沿测试对象表面连续激发弹性波信号,信号在遇到空洞等疏松介质时会产生反射。通过抽取该反射信号并进行相应的图像处理,即可识别结构的内部缺陷。弹性波雷达法测试示意图如图 B-3 所示。

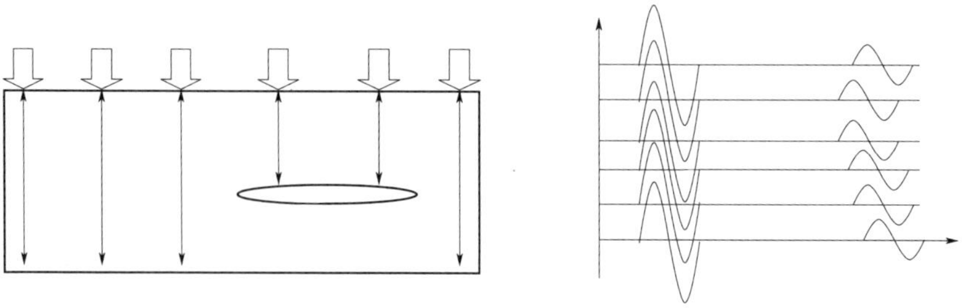

图 B-3　弹性波雷达法测试示意图

五、试验步骤

(1)打开设备测试软件。

(2)数据采集步骤:

①设置保存文件名,保存文件名应包含足够多的信息,有利于区分,具体自行设定;

②全体设定,明确设定测试内容;

③校正设定,保持默认即可;

④数据采集设定,每次重启测试软件后,均要进行设备自检,确定 A/D 卡运行正常,其他一切保持默认即可;

⑤零点标定,确定环境噪声正常,对测试系统进行率定,并根据零点标定信号,设置触发水平(触发水平应大于标定信号,但不大于 0.2V);

⑥数据采集并保存,执行数据采集命令,在 10s 内,用冲击锤碰撞测试对象结构,软件自动采集数据,确定采集信号正常保存测试结果。测线可按一定间距布点(如 1cm 或者 2cm),每个测点敲击一次,从第一个测点向最后一个点依次敲击保持。

(3)数据解析步骤:

①指定读入文件路径及文件名称;

②设置解析结果保存文件名,文件名要便于识别区分;

③全体设定,选择解析内容,其他保持默认;

④读入数据,并显示波形();

⑤解析设定,根据试验实际设定;

⑥点击数列变换;

⑦点击频谱分析设定,选择"MEM"和"对数增强",并执行任务;

⑧点击等值线表示设定,表示数据选择频谱数据,并执行任务;

⑨点击保存图片,将结果截图保存并分析缺陷位置。

(4)将测定结果图片粘贴到报告文件中。

学生试验(四):锚杆长度无损检测试验

一、试验目的

(1)掌握锚杆长度检测的基本原理。

(2)掌握锚杆无损检测仪的基本使用方法。

二、试验设备及装置

主要仪器为锚杆无损检测仪,该仪器应满足以下要求:

(1)检测仪器的采集器应具有现场显示、输入、保存实测波形信号、检测参数的功能,宜有对现场检测信号进行分析处理、与计算机进行数据通信的功能,一屏应能显示不少于三条波形。

(2)采集器模拟放大的频率带宽不窄于 10Hz~50kHz,具有滤波频率可调,A/D 卡不低于 16 位,最小采样间隔不大于 1μs。

(3)采集器应能与超磁致伸缩声波震源或其他瞬态冲击震源匹配工作。

(4)检测资料的分析软件宜具有数字滤波、幅频谱分析、瞬时相位谱分析、能量计算等信号处理功能,及锚杆杆长计算、缺陷位置计算和密实度分析功能,可将检测波形、计算参数、分析结果导入 Excel、Word 等文档。

(5)激振器激振频率范围应在 10Hz~50kHz,宜使用超磁致伸缩声波震源。

(6)接收传感器感应面直径应小于锚杆直径,可通过强力磁座或其他方式与杆头耦合。

(7)接收传感器频率响应范围宜在 10Hz~50kHz,当响应频率为 160Hz 时,加速度传感器的电荷灵敏度宜为 $10\sim20\text{pc/m/s}^2$;当响应频率为 50Hz 时,加速度传感器的电压灵敏度宜为 50~300mV/cm/s。

(8)宜适用加速度型接收传感器。

三、试验方案

1.检测对象准备

检验锚杆模型是否松动,外露端若有锈蚀等现象,应进行除锈。锚杆杆体直径宜均匀。锚杆外露端面应平整。锚杆端头应外露,外露杆体应与内锚杆体呈直线,外露段不宜过长。

2.检测设备准备

检查锚杆无损检测仪电量是否充足,激振设备是否完好。

3.准备工作

准备现场记录表,并准备对现场进行拍照。

四、试验原理

锚杆质量无损检测的内容为锚杆长度和注浆密实度。在由锚杆、黏结剂和围岩组成的锚固体系中,当在锚杆锚固体系中传播的应力波波长 $\lambda>10d$(d 为锚固体系直径)且 $\lambda<L$(L 为锚固体系长度),可将锚固体系简化为嵌入围岩的一维匀质变截面杆件(图 B-4)。注浆密实度的变化表现为杆件截面面积的变化,锚杆长度表现为材质的变化。无论锚杆长度和注浆密实度的改变,均表现为广义波阻抗的变化。

当在锚杆端头作用一激振力时,就会在杆端产生应力波,应力波沿杆体向杆件底端传播,遇到波阻抗界面时会产生反射和透射应力波。当杆的几何尺寸(注浆密实度)或材料性质(锚杆低端)发生变化时,其波阻抗将发生变化,其变化分界面称为波阻抗界面。一维变截面杆状体如图 B-5 所示。杆的缺陷部位及杆底端均可视为波阻抗界面。应力波传播遇到这些界面时,会发生反射和透射。由此可以判定锚杆的长度和缺陷的位置。

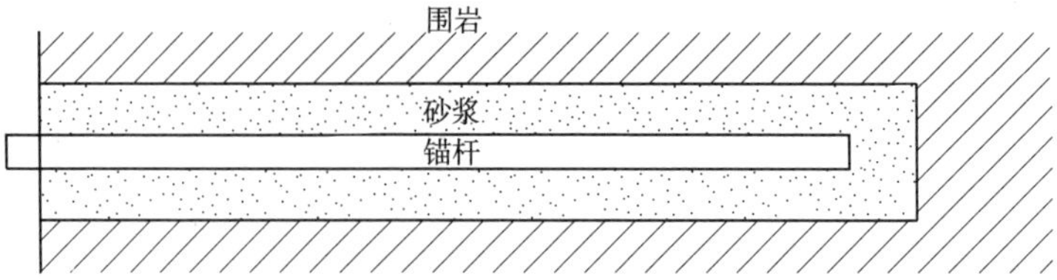

图 B-4　锚杆锚固体系和围岩

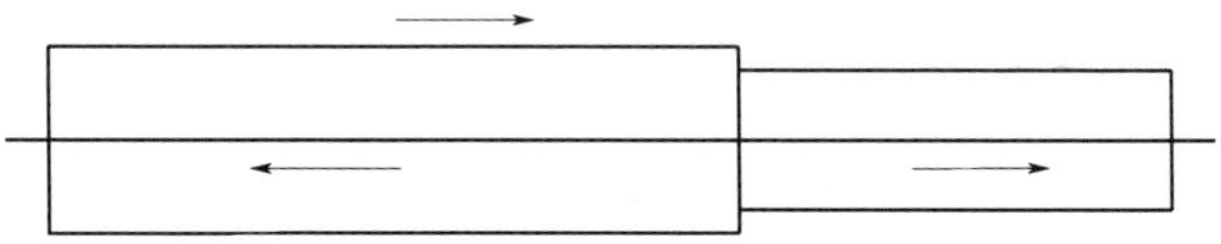

图 B-5　一维变截面杆状体

五、试验步骤

(1)将锚杆无损检测仪的传感器连接到锚杆的外露端端头。接收传感器使用强磁或其他方式固定,传感器轴心与锚杆杆轴线平行。

(2)设置仪器参数后,选择设备配套的合适的激振设备,一般为铁质小锤或者超磁致伸缩声波震源。

(3)运用激振设备在外露端端头施加能量,采集波形,一般单根锚杆采集 3~5 道波形,波形应具有较好的一致性。

激振器激振宜符合下列要求:

①应采用瞬态激振方式,激振器激振点与锚杆杆头应充分、紧密接触;应通过现场试验选择合适的激振方式和适度的冲击力;

②激振器激振时应避免触及接收传感器;

③实心锚杆的激振点宜选择在杆头靠近中心位置,保持激振器的轴线与锚杆杆轴线基本重合;

④中空式锚杆的激振点宜紧贴在靠近接收传感器一侧的环状管壁上,保持激振器的轴线与杆轴线平行;

⑤激振点不宜在托板上。

(4)保存采集的数据。

学生试验(五):基于频率法的锚索张力检测

一、试验目的

(1)了解频率法测锚索张力的意义。

(2)掌握频率法测锚索张力的基本原理以及测试方法。

二、试验设备及装置

(1)预应力混凝土梁多功能检测仪(SPC-MATS)。

(2)锚索、拉杆模型。

三、试验方案

1.检测对象准备

锚索、拉杆模型。

2.检测设备准备

预应力混凝土梁多功能检测仪(SPC-MATS)。

3.准备工作

(1)根据测试要求记录测点位置、明确编号。
(2)根据测试要求确定测试数量。
(3)根据测试需要连接好仪器设备。
(4)调试仪器设备,确定运行正常。
(5)根据实际条件,确定激振系统。
(6)打开设备准备测试。

四、试验原理

对于空悬和张紧的锚索、拉杆(其垂度影响忽略不计时),其横向振动可以用轴力作用下两端铰接梁的振动模型来模拟,如图 B-6 所示。

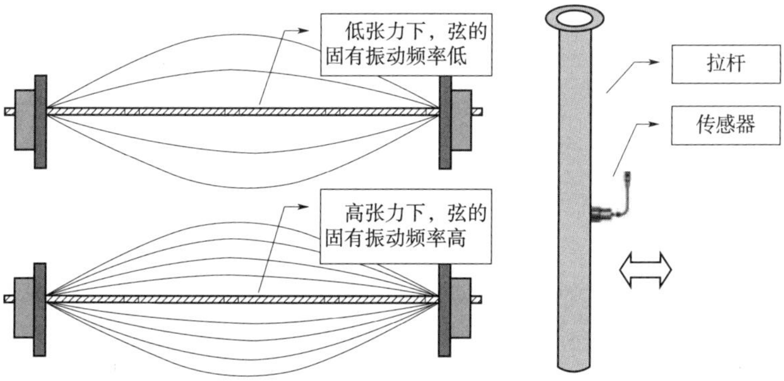

图 B-6　自由锚索张力与自振频率间的关系原理示意图

锚索的张力 T 与其第 N 阶横向自振频率 f_N 的关系可表示为:

$$T=\frac{4\rho\cdot L^2\cdot f_N^2}{N^2}-\frac{EI\cdot N^2\cdot \pi^2}{L^2} \tag{B-21}$$

式中:ρ——锚索的线密度,即单位长度的质量,kg/m;

L——锚索自由部分的长度(计算长度),m;

EI——锚索的抗弯刚度,N · m^2,E 为弹性模量,锚索可取 200GPa,I 为截面惯性矩。

五、试验步骤

(1)打开设备测试软件。

(2)数据采集步骤：

①设置保存文件名，保存文件名应包含足够多的信息，有利于区分，具体自行设定；

②全体设定，明确设定测试内容；

③校正设定，保持默认即可；

④数据采集设定，每次重启测试软件后，均要进行设备自检，确定 A/D 卡运行正常，其他一切保持默认即可；

⑤零点标定，确定环境噪声正常，对测试系统进行率定，并根据零点标定信号，设置触发水平(触发水平应大于标定信号，但不大于 0.2V)；

⑥数据采集并保存，执行数据采集命令，在 10s 内，利用人力或激励使空悬锚索(杆)产生自由振动，并通过固定在拉杆上的传感器拾取其振动响应，确定采集信号正常保存测试结果。每个测点保存 5~10 个有效测试数据。

(3)数据解析步骤：

①指定读入文件路径及文件名称；

②设置解析结果保存文件名，文件名要便于识别区分；

③全体设定，选择解析内容，其他保持默认；

④读入数据，并显示波形()；

⑤解析设定，根据试验实际设定；

⑥执行解析；

⑦解析完所有测试数据后，一览解析结果并保存解析结果为 RST 格式。

(4)通过 Excel 读取 RST 格式文件，将测定结果录入到报告文件中。

习 题 答 案

2-1　无损检测的方法有哪些？其原理是什么？

答：(1)电磁波(微波)：是利用材料在电磁场的作用下出现的电学或磁学特性变化，来判断材料内部情况及有关性能的检测方法。电磁波检测主要包括微波检测、磁粉检测、涡流检测和漏磁检测等多种检测技术。

微波(雷达波)是电磁辐射的一种形式，其电磁频谱中所占频带为300MHz~300GHz，波长为1~1000mm，属超高频及其以上的无线电波。微波无损检测技术是以微波电子学、物理学、微波测量技术和计算机技术为基础的一门微波技术应用学科，以微波为信息载体对各种适合其检测的材料和构件进行无损检测和材质评定的技术。

(2)X射线：是利用射线穿透物质和在物质中的衰减特性来对物质的质量、尺寸及特性等做出判断的一种无损检测方法。该方法可以检测金属和非金属材料及其制品的内部缺陷，如焊缝中的夹渣、气孔及未焊透等体积性缺陷。其主要特点为检验结果直观、准确、可靠，且得到的射线底片可长期保存。

(3)红外线：是利用红外辐射原理对设备或材料及其他物体的表面进行检测和测量的专门技术，也是采集物体表面温度信息的一种手段。红外检测的基本原理：当一个物体本身的稳定和周围环境温度存在温差时，不论物体的温度高于还是低于环境温度，也不论物体的温度来自外部注入还是其内部自己产生，都会在物体内形成热量的流动。热流在物体内扩散和传递的路径中，将会由于材料或设备的热物理性质不同，或受阻堆积，或通畅无阻传递，最终会在物体表面形成相应的"热区"和"冷区"，这种由里及表出现的温差现象即为红外检测的基本原理。

(4)超声波：超声波为频率超过20KHz的声波，超声波是通过使用具有压电或磁致伸缩效应的材料产生的，根据超声波进入被检工件的方式分为三种：接触法、液浸法(水浸法)、空气耦合法。超声波可检测复合板材的内部缺陷，焊缝、管材内倾斜取向的缺陷，工件的表面缺陷，以及利用超声波在混凝土中传播的时间(或速度)、接收波的振幅和频率等声学参数的相对变化来判定混凝土的缺陷等。

(5)弹性波：弹性波为频率在20Hz~20kHz的声波，其产生一般有两种方法，即外力击打产生和由物体内部破损产生，利用冲击锤打击或钢球落下是最常见的激振方式。弹性波检测主要测试对象为岩土体或混凝土结构物等大型结构体以及金属杆件等。利用弹性波的传播特性，可检测结构物的材质、内部缺陷、梁体预应力孔道灌浆密实度、锚索(杆)的长度及灌浆密实度等，常用的方法有单面反射法、单面传播法、双面透射法、表面波法、等效波速法、全长波速法、全长衰减法、传递函数法。

(6)磁粉检测：当材料或工件被磁化后，若在工件表面或近表面存在裂纹、冷隔等缺陷，便会在该处形成漏磁场。此漏磁场将吸引、聚集检测过程中施加的磁粉，而形成缺陷显示。磁粉检测因检测手段的特殊性，所以其适宜铁磁材料检测，不能用于非铁磁材料检验。随着缺陷的埋深增加，检测灵敏度极速下降，因此可以检出表面和近表面缺陷，而不能用于检查内部缺陷。

(7)渗透检测：利用黄绿色的荧光渗透液或红色的着色渗透液对窄狭缝隙良好的渗透性，经过渗透清洗、显示处理以后显示放大了的探伤显示痕迹，用目视法来观察，对缺陷的性质和尺寸做出适当的评价。渗透检测不受材料磁性的限制，比磁粉检测应用更广。

2-2　什么是振动？什么是波动？它们之间有什么关系？

答：(1)振动：振动(振荡)是一个状态改变的过程，即物体沿直线或曲线在平衡位置做往复运动，振动轨迹为直线时最简单，振动轨迹为空间曲线时最复杂。

简谐运动(Simple Harmonic Motion)是最基本也是最简单的机械振动。当某物体进行简谐运动时，物体所受的力跟位移成正比，并且总是指向平衡位置。它是一种由自身系统性质决定的周期性运动(如单摆运动和弹簧振子运动)。

(2)波动及二者关系：波动与振动有着密切的关系，振动是单个粒子的往复运动，而波动则是全体粒子的合成运动。当振源激振产生扰动后，主要以波动的形式传播，而在波动范围内的各粒子都会产生振动。换句话说，振动是粒子运动的微观现象，波动则为粒子运动的宏观现象。

2-3　什么是传感器？传感器的常见分类有哪些？怎么判定传感器的性能？

答：(1)传感器：是一种能接收到被测信息，并能将其按一定规律变换成为电信号或其他所需形式的信息输出，以满足信息的传输、处理、存储、显示、记录和控制等要求的检测装置。

(2)传感器分类：可按被测物理量分类，也可按传感器的工作原理分类。

按工作原理分类是以传感器对信号转换的作用原理命名，如振动传感器、湿敏传感器、磁敏传感器、电容式传感器、压电式传感器、电荷传感器、电学式传感器、谐振式传感器、热电式传感器等。

按传感器的被测量对象的物理量分类，传感器可以分为温度、压力、流量、物位、加速度、速度、位移、转速、力矩、湿度、黏度、浓度等传感器。

(3)传感器性能：一般使用数学模型研究传感器的输出—输入特性，是将检测静态量和动态量时的特性分开考虑。传感器的静态特性主要参数有：线性度、迟滞误差、重复性误差、灵敏度、分辨率、稳定性、漂移等。

传感器的动态特性是指输入量随时间变化时，输出量与输入量之间的关系。测试动态被测量时，要求传感器不仅能精确测量出信号的幅值，还包括其随时间变化过程的波形，如果传感器能迅速、准确且无失真地测出被测量随时间变化的波形，使输出与输入随时间变化一致，那么这种动态特性就是非常良好的。

实际传感器除有较为理想的比例特性环节外，还有阻尼、惯性等环节，输出信号与输入信号没有完全相同的时间函数，这种输出与输入的差异就是动态误差，动态误差越大，传感器动态性能也就越差。

2-4　噪声信号的来源是什么？降噪的方法有哪些？

答：(1)噪声信号来源：噪声信号来源分为内部和外部两种，内部噪声主要是由于电路设计、制造工艺等因素，由设备自身产生的，而外部噪声则是设备所在的电子环境和物理化学环境(自然环境)造成的干扰，这种环境干扰可能是电磁干扰，也可能是机械振动干扰，也可能来自温度变化的干扰等。

(2)降噪方法：提高信噪比的方法有很多，如对信号进行前端增幅、改良配线方式和输入方式、添加滤波装置以及进行软件处理等方法。比较常用的有：

①滤波装置，通过滤掉不需要频率的波，保留需要频率的波来达到提高信噪比的目的。滤波装置根据可通过频率的范围可分为：低通滤波器，只允许低于截止频率的信号通过，高于截止频率的信号不能通过的滤波装置。高通滤波器，只允许高于截止频率的信号通过，低于截止

频率的信号不能通过的滤波装置。带通滤波器，只允许设定范围内频率的信号通过，设定范围外频率的信号不能通过的滤波装置。带阻滤波器，只允许设定范围外频率的信号通过，设定范围内频率的信号不能通过的滤波装置。

②移动平滑法，该方法是常用的一种软件降噪技术。移动平滑滤波的原理是对相邻数据取加权平均，该方法是对测试信号高频噪声的一种削减技术。移动平滑法的去噪效果取决于以下因素：

如果噪声是完全的白色噪声，相互之间没有相关关系，此时的去噪效果最好。如果噪声是完全相关信号，此时，移动平滑法完全失效。

移动平滑法具有信号耦合的作用，即相邻信号会互相影响，影响信号的锐度。

2-5　弹性波数字成像的基本原理是什么？

答：沿测试对象表面依次激发信号，信号在无缺陷的位置直达底板并反射回来，而信号在遇到空洞等疏松介质时则提前反射回来，通过将测试的信号进行拾取，使用软件滤波、信号增幅等处理，再根据信号的强弱、相位，用彩色或者浓淡（灰度）进行表示，即可将原始的波形图通过图像的方式表达出来。

3-1　本章［工程案例 3-2］中，回弹强度的推定，如果回弹测区数仅有 9 个（去掉第 **10** 个测区回弹数据）**，请对混凝土回弹强度进行推定。**

答：根据《回弹法检测混凝土抗压强度技术规程》（JGJ/T 23—2011），当回弹测区数仅有 9 个时，即测区数少于 10 个，应按下式取 $R(f_{cu,e})$：

$$f_{cu,e}=f^{c}_{cu,min}$$

式中：$f^{c}_{cu,min}$——构件中最小的测区混凝土强度换算值，亦即：

$$R(f_{cu,e})=52.2\text{MPa}$$

3-2　简述混凝土结构厚度的检测方法及其基本原理。

答：（1）冲击弹性波法

在结构表面激发冲击弹性波，通过测试其在结构底部反射的时间 T 和材料的冲击弹性波波速 V_c，可测试结构的厚度 H，即 $H=V_c\cdot T/2$。

根据尺寸的大小、激振波长和能量的强弱，又可以分为单一反射法和重复反射法（冲击回波法）。

（2）雷达法

雷达由主机、天线和数据采集系统等几部分组成。根据电磁波在有耗介质中的传播特性，发射天线向混凝土结构发射高频脉冲电磁波（1MHz～2GHz）。电磁波在其中传播时，其传播路径、电磁场强度和波形将随所通过介质的电磁属性和几何形态的变化而变化，雷达主机将对此部分的反射波进行适时接收，根据测定的电磁波在各结构层中的双程传播时间 t 和计算得到的速度 ν，由 $\nu=c/\sqrt{\varepsilon_r}$，$H=\frac{1}{2}\nu t$，求出混凝土各结构层厚度 H。

（3）电磁诱导法

利用楼板厚度仪对楼板厚度进行测试，采用的是电磁波幅值衰减的原理进行测量。检测时，发射探头发射出稳定的交变电磁场，根据电磁理论，传播距离越远，则电磁场的强度衰减越大，通过与主机相连的接收探头接收电磁场，并根据接收探头接收到的电磁场强度来测量楼板的厚度。

一般情况，测量时发射探头放置于被测楼板的底面，并使其表面与楼板贴紧；接收探头置于被测楼板顶面。接收探头在发射探头对应的位置附近移动，寻找当前电磁场强度值最小的位置，楼板厚度值即是探头移动过程中电磁场强度最小时的位置厚度。

3-3　简述冲击弹性波法测试混凝土结构厚度的技术特点。

答：基于冲击弹性波(冲击回波)的测试技术具有如下特点：

(1)可单面测试。与楼板厚度测试仪需要在楼板的上下两面对测相比，该方法可在一个作业面上进行测试。不仅提高了测试效率，而且可适用于隧道、基础、底板等各类结构。

(2)测试范围广。采用不同的激振波长和方法(单一反射法或IE法)，可测试从数厘米到数米的厚度。

(3)测试稳定性较好。影响测试稳定性和精度的重要因素之一为波速。相比电磁波在混凝土中的波速，冲击弹性波的波速变化要小得多，从而有利于提高测试的精度和稳定性。

(4)易于获取波速参数。既可以利用已知厚度的地点对波速标定，也可以结合设备中对波速的测试方法现场测试波速，而无须钻孔取芯。

3-4　简述混凝土脱空检测方法及其基本原理。

答：(1)振动法

对混凝土结构物表面进行敲击时，能够引起结构表面振动。即可导致结构表面压缩/拉伸空气形成声波。因此，可以将传感器固定于结构表面，采集结构表面经过诱导的振动信号(称为“振动法”)，也可以利用工业拾音器(麦克风)拾取该声波信号(即“打声法”或“声振法”)。

通常，敲击脱空部位时，结构的振动特性会发生以下变化：

①结构表面的弯曲刚度显著降低，卓越周期增长。

②结构表面的弹性波能量逸散速度变缓，振动的持续时间变长。

这两个特性与激振力度无关。另一方面，剥离会导致结构表面阻抗特性变化，也就是说，剥离产生后，结构表面参与振动的质点减少，在同样的激振力下，会使产生的加速度会增加。

因此，对激振力度进行归一后，加速度参数也可作为分析结构脱空的重要参数。

(2)冲击回波法(IE)与弹性波雷达(EWR)

与振动法的测试过程基本相同，沿测试结构对象表面测线方向依次激发弹性波信号，当遇到内部缺陷(如空洞、脱空面等)时会产生反射。通过分析处理抽取到的反射信号，即得到脱空的有无及深度位置。

当被测结构出现完全脱空时，激发的弹性波遇到该界面时，其反射率为：

$$R=\frac{|z_1-z_2|}{z_1+z_2}$$

式中，z_1 为被测结构中的机械阻抗，z_2 为脱空位置的机械阻抗，当脱空位置上下面脱离时，且面积较大时，$z_2/z_1\approx 0$。因此，有 $R\approx 1$，即激发的信号被完全反射。

(3)弹性波计算机断层扫描(CT)

当测线方向与钢管的径向相近时，激振产生的弹性波信号经过钢管的波速快于混凝土中的波速(约20%)，但沿直线路径的距离较沿钢管传播的距离约少1/3，因此最先到的弹性波信号是通过径向传播的信号。另一方面，当弹性波信号经过脱空位置时，其传播时间显然增加。

一般情况下，测线采用平行布线时，测试效率高；由于交叉测线的数目大于平行布线，因此交叉布线定位的精度更高。

(4)雷达法

雷达法虽然对混凝土内部的脱空检测能力一般，但是对于隧道衬砌顶部容易积水且面积较大时，测试效果较好。

3-5　简述具有两个测试面时，采用超声波法和弹性波法测试混凝土内部缺陷的基本原理。同时，比较两种方法的技术特点。

答：(1)技术原理

以超声波和冲击弹性波为基础的检测方法在检测混凝土结构内部缺陷时，测试的基本原理为：

①目前对缺陷最主要和最基础的识别方法为根据传播时间的变化，该变化主要由信号波途经混凝土缺陷时产生绕射引起。

②可通过判断接收换能器接收到信号波在缺陷界面产生的散射和反射引起能量（波幅）衰减程度，来判断缺陷的性质和大小。

③根据接收信号在缺陷界面出现不同程度的衰减引起主频或频率谱的变化来判断缺陷情况。

④根据经过不同路径和不同相位信号叠加后引起接收信号的畸变，来判断缺陷的情况。

当混凝土结构的内部质量、组成材料、工艺条件、测试距离基本固定时，各测点接收信号的声学参数（传播速度、首波幅度、接收信号主频等）一般没有明显差异。如果混凝土的某些部分存在缺陷（空洞、不密实或裂缝等），使混凝土结构的整体性遭到破坏，测试信号通过该处时，与健全混凝土相比较，其传播时间明显偏长，波幅和频率明显降低。根据这一现象，对相同条件下的混凝土进行波速、波幅和主频测量值的相对比较，从而判断混凝土的缺陷情况。

(2)技术特点对比（见表1）

双面透过法测试混凝土内部缺陷检测方法比较　　表1

项目	参数		超声波	冲击弹性波
激振信号	激励方式		电气振动	打击等
	能量		相对较小	相对较大
	频率		短（频率高）	长（频率低）
分辨能力	微小缺陷		识别能力强	识别能力弱
	受钢筋、骨料影响		较大	小
检测项目	检测距离		0.1~1m	0.5~100m
	耦合	外露面	黄油、凡士林	人工压着
		孔内	水	气囊等机械式压着

通过对比，冲击弹性波适合测试距离较长或测试面向上的结构，而超声波法则适合距离较短、微小缺陷的检测。

3-6　P 波、S 波、R 波在缝深检测中各有哪些特性？

答：R 波是由于 P 波和 S 波在媒体边界面上相互作用而形成，其传播速度比 S 波稍慢，并主要集中于媒体表面和浅层部分，利用此特点探测裂缝深度，测试效果较理想。此外，该方法的测试特点还有：

①R 波在媒体表面受冲击所产生的弹性波中，能量最大，信号采集容易。

②R 波大部分能量主要集中在从表面开始的 1 倍波长的范围内。

③依存于材料的剪切力学特性，从而对裂缝更为敏感。

裂缝深度测试方法比较见表 2。

裂缝深度测试方法比较 表2

方法	传播时间差法	相位反转法	表面波法
使用弹性波的种类	P/S 波	P 波	R(瑞利)波
使用弹性波的成分	初始成分		卓越成分
基本测试原理	传播时间的迟延	初始相位的反转	R 波的衰减
测试原理的严密性	比较严密		半理论半经验
弹性波波速	必要	不必	需要
裂缝填充物的影响	大		小
钢筋的影响	大		小(可修正)
裂缝面压力的影响	大		有
测试对象厚度的影响	小		有
测试对象背面状况的影响	小		有
适用裂缝	浅、开口裂缝		深裂缝
测试面的形状	灵活		平坦、规则

4-1　简述超声波透射法测试基桩完整性的技术原理及其常用的桩身缺陷判断方法。

答:超声波透射法是根据混凝土声学参数测量值的相对变化,分析、判别其缺陷的位置和范围,评定桩基混凝土质量类别。

目前,常用的桩身缺陷判断方法有两大类,第一类是数值判据法,即根据测试值经适当的数字处理后找出一个存在缺陷的临界值作为依据,这种方法能对大量测试数据做出明确的分析和判断,通常用于全面扫测时缺陷的初步判断;第二类是声场阴影区重叠法,这类方法通常用于数值判据法确定缺陷位置后的细测判断,以便详细划定缺陷的位置、大小和性质等。在桩身缺陷的超声检测中,这两类方法必须联合使用,过分偏重任何一种方法都是不合理的。

4-2　简述低应变法测试基桩完整性的技术原理。

答:低应变法是通过在桩顶施加激振信号产生应力波脉冲,该应力波沿桩身传播过程中,遇到不连续界面(如蜂窝、夹泥、断裂、孔洞等缺陷)和桩底面时,将产生反射波,检测分析反射波的传播时间、幅值和波形特征,就能判断桩的完整性。

4-3　简述锚杆长度的计算方法以及波速的选取。

答:(1)锚杆长度的计算:一般采用时域反射波法、频差法等。

①时域反射波法,$L=\dfrac{C_m}{2}\cdot\Delta t_e$。

②频差法,$L=\dfrac{C_m}{2\Delta f}$。

(2)计算波速确定

在锚杆长度测试中,采用的是C_m,即计算用波速或杆系速度。因此,计算波速的合理选取直接影响到测试结果。在实际检测过程中,计算波速(也为杆系波速)往往随着灌浆密实度的变化而变化。在灌浆密实度、岩体不同的情况下,计算波速C_m的取值范围很大,一般在3800~5300m/s之间。因此,根据锚杆质量相关检测规程规定,在实际检测前,应当对计算波速进行室内试验和现场试验加以确定。

而根据不同的灌浆、岩体极边界条件，可按下列原则取值：

①当锚杆的锚固密实度小于30%时，可取锚杆的杆体波速C_b，一般可取5180m/s。

②当锚杆的锚固密实度大于或等于30%时，宜通过同等条件下的模型模拟试验或现场对不少于3根已知长度的锚杆进行现场检测，从而对波速推算。

5-1　在岩体测试中，测得纵波波速为4500m/s，横波波速为2500m/s，密度为2700kg/m³，试求该岩体的动弹性模量及其泊松比。

答：

$$E_d=\frac{\rho V_s^2(3V_p^2-4V_s^2)}{V_p^2-V_s^2}=\frac{2700\times2500^2\times(3\times4500^2-4\times2500^2)}{4500^2-2500^2}\approx43.09\text{GPa}$$

$$\mu_d=\frac{V_p^2-2V_s^2}{2(V_p^2-V_s^2)}=\frac{4500^2-2\times2500^2}{2\times(4500^2-2500^2)}\approx0.28$$

5-2　在岩体、岩土检测中，弹性波可以在哪些方面发挥其优势？

答：在岩体检测中，岩体弹性波速度广泛地应用于岩体性能的综合评价。如：(1)岩体完整性评价；(2)岩体不均匀程度评估；(3)岩体基本质量评价；(4)岩体裂隙程度检测；(5)岩石变形特性检测等。

在岩土工程检测中，弹性波可以应用于：(1)地层剪切波速度的测定；(2)工程勘察及地基土类型的划分；(3)复合地基加固效果检测；(4)路基结构层厚度检测等。

6-1　什么是预应力结构？预应力结构有哪些优点？

答：(1)预应力结构，是在结构构件受外力荷载作用前，先人为地对它施加压力，由此产生的预应力状态用以减小或抵消外荷载所引起的拉应力，即借助于混凝土或者岩体较高的抗压强度来弥补其抗拉强度的不足，达到推迟受拉区开裂的目的。以预应力混凝土制成的结构，因以张拉钢筋的方法来达到预压应力，所以也称预应力钢筋混凝土结构。

(2)由于采用了高强度钢材和高强度混凝土，预应力混凝土构件具有抗裂能力强、抗渗性能好、刚度大、强度高、抗剪能力和抗疲劳性能好的特点，对节约钢材(可节约钢材40%~50%、混凝土20%~40%)、减小结构截面尺寸、降低结构自重、防止开裂和减少挠度都十分有效，可以使结构设计得更为经济、轻巧与美观。

6-2　空悬式锚索预应力的检测方法有哪些？

答：目前国内外常用的索力测试方法有以下几种：

(1)油压表法

该方法利用液压千斤顶在油压面积一定时，筋体张力与油泵液压成正比的原理来检测。在现场可以由张拉系统上经过标定的油压表直接读出张力。

(2)传感器法

该方法是直接在拉索或吊杆锚头与垫板之间放置压力传感器测定其张力。在传感器受力时，内部的应变片会产生相应的伸长或者压缩，利用测量仪器可测试出应变片相应的电阻，通过变换关系可以换算成相应的应变。根据弹性力学应力应变关系就可以算出相应的力值。

(3)频率法

利用附着在拉索上的精密传感器，采集拉索在环境激励或人工激励下的振动信号，经过频谱分析确定拉索的自振频率，然后根据自振频率与索力的关系确定索力。该法测试索力具有操作简单、费用低和设备可重复利用的优点，特别适用于对索力的复测和测试活载对索力的影响。但是，该方法需要激发锚索的基频，对于很长的锚索，可能存在难以激发的问题。

(4)磁通量法

弹性磁学法是利用小型电磁传感器,测试磁通量变化,再根据索力、温度与磁通量变化的关系,推算索力。电磁传感器由两层线圈组成,除磁化拉索外,它不会影响拉索的其他任何力学特性和物理特性。铁磁材料的磁通量特性取决于其内部的应力状态,只要通过试验得出某种铁磁材料的磁通量随应力、温度变化规律,就可使用弹性磁学法测试该种材料制造的拉索索力。

6-3 埋入式锚索预应力检测方法有哪些?

答:(1)有自由段索力检测(灌浆前)

对于有自由段的锚索,通常采用单根张拉的方法对结构的预应力进行检测。其测试过程为在外露单根钢绞线上直接安装集成式前卡千斤顶(含智能限位装置及压力传感器),千斤顶启动后钢绞线被张拉,在反拉过程中识别反拉力及锚索产生的位移,通过对反拉力及位移的变化的监视来智能终止反拉,根据记录的反拉力值绘制曲线进行分析,以计算出锚索的有效预应力,同时又不破坏锚索的现有状况。

(2)不存在自由段索力检测(灌浆后)

当埋入式锚索整体灌浆,不存在自由段时,则无法采用二次张拉法,可采用等效质量法(TTEM)进行测试,即利用激振锤(力锤)敲击锚头,并通过粘贴在锚头上的传感器拾取锚头的振动响应,从而能够快速、简单地测试锚索(杆)的现有张力。但该方法也受到一些边界条件的限制,如外露钢绞线过长时会影响测试精度,而且计算参数的标定较为复杂。

6-4 测试孔道灌浆密实度有哪些方法?

答:按照检测所使用的媒介,检测技术大致可以分为:

(1)钻芯、钻孔检测法。钻芯、钻孔检测是最传统的灌浆缺陷检测技术,是一种局部破损的检测方法,加之钻芯、钻孔的工作量大、效率低、费用高、容易对结构内部钢筋造成损伤等原因,无法进行大面积的检测。

(2)基于放射线的检测方法。这里的放射线主要是指 γ 射线、X 光、中子线等。这种检测方法的优点在于成像直观,分辨能力强。但测试设备庞大,测试所需的费用高,检测效率低且有一定的危险性。所以,这种检测方法在国内没有推广使用。

(3)电磁波雷达法。电磁波遇到障碍物会被反射回来,因而雷达根据电磁波的这个特性随之产生。探地雷达能够对预应力混凝土的孔道缺陷进行检测,但电磁波对于铁皮波纹管以及钢筋排布密集的部位则无法穿透,所以无法用探地雷达对上述两种情况进行检测。

(4)超声波透射法和超声相阵法。超声波透射法要求测试结构必须有两个相对的面是外露的。超声波透射法要求发射信号和接收信号的探头的连线必须垂直于检测面,且不适合箱梁等结构;超声透射法检测费时、对测试面的要求高,在工程中应用较少。

超声相阵法采用的是反射的方法,不需要两个相对的测试面,通过分析从缺陷位置反射回来的信号,然后通过多点相阵成像,发现缺陷位置。但是,超声相阵法与超声透过法一样,对检测面的要求比较高、检测的效率低,对铁皮波纹管的检测也存在一定问题。

(5)冲击弹性波法。冲击弹性波(冲击回波法)的检测原理与超声波检测原理相似,但是弹性波的能量更大、并且可以用于频谱分析,所以在检测领域的应用比较广泛。针对预应力孔道灌浆密实度检测,冲击弹性波法不仅可以在一个侧面进行检测,找出缺陷位置,而且可以在结构的两端进行透射,从而对整个孔道定性分析出整个孔道的灌浆情况。这是上述的其他方法所无法代替的。

6-5　灌浆定性检测的评判依据是什么？定性检测方法各有什么优缺点？

答：定性检测可以反映孔道整体的灌浆情况，是一种基于冲击弹性波的检测方法。在检测过程中对钢绞线的两端进行敲击，通过传感器接收的信号得到综合灌浆密实度指数（I_f）来对灌浆质量进行综合评判。由于灌浆料是一种半流体，灌浆缺陷通常出现在管道上部，所以在对孔道灌浆密实度检测的时候，只需要对最上面的一根钢绞线进行敲击即可。

（1）全长衰减法（FLEA）。由于弹性波在钢绞线中传播的过程中能量会逸散到混凝土中，而且灌浆越密实，能量逸散越快，衰减就大，接收到的信号的振幅比就小；反之，若孔道灌浆不密实，弹性波就直接沿着钢绞线传播，能量衰减小，接收到的信号的振幅比就大。

（2）全长波速法（FLPV）。在不同介质中，弹性波的波速是不一样的。全长波速法是通过计算激振端和接收端的声时差来计算弹性波的波速，来判断孔道全长的灌浆情况。在孔道几乎没有灌浆时，弹性波相当于在钢绞线上传播，波速约为 5.01km/s，随着灌浆密实度的增加，弹性波波速逐渐降低，当灌浆完全密实时，波速接近混凝土的波速。

（3）传递函数法（PFTF）。该方法主要检测孔道端头附近的灌浆指数。在预应力梁的一端进行激振，当接收端存在不密实的情况时，会接收到高频的激振信号。因此，可以通过接收频率的变化来判断孔道灌浆情况。

根据上述 3 种不同评定方法可得到对应每种方法的灌浆指数 I_{EA}、I_{PV}和 I_{TF}。同时，综合灌浆指数可以定义为：$I_f=(I_{EA}\cdot I_{PV}\cdot I_{TF})^{1/3}$。这样，只要某一项的灌浆指数较低，综合灌浆指数就会有较明显的反应。通常，压浆指数大于 0.95 一般意味着灌浆质量较好，而灌浆指数低于 0.80 则灌浆质量较差。

7-1　路面平整度测试方法按测试设备大致可分为几类，分别举例说明。

答：按常用的平整度测试设备大致可分为两类，即断面类和反应类。

（1）断面类是通过测量路面纵向断面高程值，直接计算出国际平整度指标 IRI 表征路面的平整度，如 3m 直尺，连续式平整度仪，激光断面测试仪等。

（2）反应类是通过测量车辆在路面上通行时车轴与车身之间的垂直位移或车身的加速度作为路面不平整度的反应值，其测试结果与车辆的动态性能有关，因而具有时间不稳定、不易转换、难以进行比较等固有特征，需要通过与国际平整度指数 IRI 之间的相关关系，间接换算成国际平整度指数 IRI 表征路面的平整度，如车载式颠簸累积仪、BPR 平整度测试仪等。根据相关规程内容，有 3m 直尺法、连续式平整度仪、车载式激光平整度仪、车载式颠簸累积仪试验方法。

7-2　判定道路抗滑性能的构造深度测试方法有哪些？

答：路面表面的构造深度（TD）以前称纹理深度，是路面粗糙度的重要指标，它与路表抗滑性能、排水、噪声等都有一定关系。构造深度测试试验方法包括手工铺砂法、电动铺砂法、激光法等。其中激光法试验与平整度激光法测试基本一致。但需要注意的是由于计算模式的差别，激光法与铺砂法测试结果存在一定的差异，因此做之前需要与铺砂法进行相关性对比试验。

手工铺砂法与电动铺砂法都是将细砂铺在路面上，计算嵌入凹凸不平的表面空隙中的砂的体积与覆盖面积之比，从而求得构造深度。这是目前工程上最为基本也是最为常用的方法。铺砂试验方法适用于测定沥青路面及水泥混凝土路面表面构造深度，用以评定路面表面的宏观构造深度，从而对路面抗滑性能进行评价。

7-3　桥梁的哪些性能可以通过静力荷载试验加以检验？

答：桥梁静荷载试验是评估桥梁质量、结构承载能力及其他工作性能的基本方法。主要检测参数为桥梁的静载位移,应变沉降等。

7-4　桥梁动荷载试验内容主要有哪些？简要说明。

答:桥梁动载试验是利用某种激励方式激起桥梁结构的振动,测定桥梁结构的固有频率、阻尼比、振型、动力冲击系数、动力响应(加速度、动扰度)等参量的试验项目,从而宏观判断桥梁结构的整体刚度和运营性能。桥梁动载试验最常用的激励形式如跑车试验、跳车试验、刹车试验等。

7-5　隧道工程现场检测内容有哪些？

答:隧道工程现场检测主要包括:(1)洞深开挖质量检测;(2)喷锚衬砌施工质量检测;(3)混凝土衬砌施工质量检测;(4)防排水检测;(5)辅助工程施工质量检查;(6);施工监控量测;(7)超前地质预报;(8)运营隧道结构检查等。

7-6　喷射混凝土需要检测的参数包括哪些？分别可使用什么方法加以测试？

答:喷射混凝土现场质量检测,包括喷混强度、厚度、外观及平整度、背后空洞等。主要用到的仪器设备如回弹仪、地质雷达及基于冲击弹性波的混凝土质量测试仪等。

7-7　超前地质预报一般预报内容包括哪些？

答:地质具体调查方法和工作步骤,视调查对象而定。主要的地质调查(复查)对象可划分为五个方面:

(1)地层地质方面:包括岩层层序,特殊岩层。

(2)构造地质方面:包括断层及其破碎带,背斜、向斜褶皱,岩浆岩及其接触界面等。

(3)岩溶地质方面:溶洞与暗河,岩溶陷落柱与淤泥带等。

(4)瓦斯地质方面:主要是煤系地层调查。

(5)水文地质方面:包括汇水区、泄水区,泉水分布、地貌特征等。

上述五个方面的地面调查(复查)工作不是孤立进行的,而是相互关联、互为补充,常常可用一种调查方法解决几方面问题。

8-1　数据库技术的发展经历了哪三个阶段？

答:数据库技术是现代信息科学与技术的重要组成部分,是计算机数据处理与信息管理系统的核心。数据模型是数据库技术的核心和基础,因此,对数据库系统发展阶段的划分应该以数据模型的发展演变作为主要依据和标志。按照数据模型的发展演变过程,数据库技术主要经历了三个发展阶段:第一代是网状和层次数据库系统,第二代是关系数据库系统,第三代是以面向对象数据模型为主要特征的数据库系统。数据库技术与网络通信技术、人工智能技术、面向对象程序设计技术、并行计算技术等相互渗透、有机结合,成为当代数据库技术发展的重要特征。

8-2　物联网技术的体系架构包括哪些方面？

答:物联网典型体系架构分为三层,自下而上分别是感知层、网络层和应用层。

(1)感知层实现物联网全面感知的核心能力,是物联网中关键技术、标准化、产业化方面亟须突破的部分,关键在于具备更精确、更全面的感知能力,并解决低功耗、小型化和低成本问题。

(2)网络层主要以广泛覆盖的移动通信网络作为基础设施,是物联网中标准化程度最高、产业化能力最强、最成熟的部分,关键在于为物联网应用特征进行优化改造,形成系统感知的网络。

(3)应用层提供丰富的应用,将物联网技术与行业信息化需求相结合,实现广泛智能化的应用解决方案,关键在于行业融合、信息资源的开发利用、低成本高质量的解决方案、信息安全的保障及有效商业模式的开发。

物联网体系主要由运营支撑系统、传感网络系统、业务应用系统、无线通信网系统等组成。

8-3 BIM 的概念是什么？BIM 系统有哪些特点？

答：建筑信息模型（Building Information Modeling）是以建筑工程项目的各项相关信息数据作为模型的基础，进行建筑模型的建立，通过数字信息仿真模拟建筑物所具有的真实信息。

BIM 具有如下特点：（1）可视化；（2）协调性；（3）模拟性；（4）优化性；（5）可出图性；（6）一体化性；（7）参数化性；（8）信息完备性。

9-1 阐述远程监测系统的主要架构及其不同点。

答：当前具有网络通信支持的应用程序架构主要为：C/S（客户端 Client/服务器 Server）架构和 B/S（浏览器 Browse/服务器 Server）架构。

（1）C/S 架构

C/S 架构是一种典型的两层架构，其全称是 Client/Server，即客户端服务器端架构，其客户端包含一个或多个在用户的电脑上运行的程序，而服务器端有两种，一种是数据库服务器端，客户端通过数据库连接访问服务器端的数据；另一种是 Socket 服务器端，服务器端的程序通过 Socket 与客户端的程序通信。

C/S 架构也称胖客户端程序，即客户端 Client/服务器 Server 架构，分为客户端和服务器。第一层是在客户端系统上结合了表示与业务逻辑，第二层是通过网络结合了数据库服务器。

（2）B/S 架构

也称瘦客户端程序，即浏览器 Browse/服务器 Server 架构，是随着 Internet 技术的兴起，对 C/S 架构的一种变化或者改进的架构。在这种架构下，用户工作界面是通过 WWW 浏览器来实现的，Web 服务器接收客户端发来的 HTTP 请求。对请求进行分析，如果请求的是静态页面，那么就将所请求的页面发送给客户端。如果请求的是动态页面，那么就首先执行该动态页面，然后将执行结果发送给客户端。

C/S 与 B/S 的区别见表 3。

C/S 与 B/S 的区别 表 3

角度	C/S 架构	B/S 架构
硬件环境	专用网络	广域网
安全要求	面向相对固定的用户群 信息安全的控制能力强	面向不可知的用户群 对安全的控制能力相对弱
程序架构	更加注重流程 系统运行速度较少考虑	对安全以及访问速度需要多重考虑， 建立在需要更加优化的基础上
软件重用	差	好
系统维护	升级难	开销小、方便升级
处理问题	集中	分散
用户接口	与操作系统关系密切	跨平台，与浏览器相关
信息流	交互性低	交互密集

9-2 阐述 BQIM 系统的模块和功能。

答：BQIM 系统架构以实体检测为中心，真实反映实体结构的实际情况；具备 GPS、实时数据传输机能，可定时定位；系统与 CAD 结合，可与设计资料进行对比、校核；可视化程度高；扩展性好,可支持各种设备。数据架构统一信息模型,实现无缝共享。BQIM 系统包括如下模块和功能。

(1)实体检测模块:对路桥结构实体(包括地基、基础、上部结构、支护结构等)进行无损检测。

(2)结构远程监测模块:针对桥梁、路基、边坡、基坑等,采用 IoT 和 B/S 构架的远程监测体系。

(3)数据库模块:不仅可以记录不同时期、不同地点的检测信息(包括位置信息、工程信息、原始测试数据、报告等),而且储存、检索方便,有助于职能部门对检测工作的监督和管理。

(4)BIM 模块(内含 GIS 机能):可查阅、提取、添加检测监测数据、报告,也可提取和添加法律法规、标准规范等非结构性文档信息,信息查找和存储方便,并通过可视化直观展现。同时,支持客户在不同地点、可使用移动 IPad 登录 BQIM 服务器,在信息模型中进行虚拟漫游,以及查阅、提取检测数据和报告文档。

(5)辅助决策模块:利用数值仿真以及专业评估,对质量判断、加固决策等进行辅助。施工过程中检测得到的数据为结构服役期间的检测、评估提供参照,方便结构养护且有利于降低结构全寿命期费用,即 LCC(Life Cycle Cost)最小化。

9-3　阐述边坡监测的内容及设计原则。

答:边坡监测一般包括:地表变形、地表裂缝位错、地面倾斜、裂缝多点位移、边坡深部位移、地下水、孔隙水压力、边坡地应力、地震、降雨量等。

边坡监测的具体内容应根据边坡的地质情况及所用支护结构的特点进行综合考虑,一般应遵循以下基本原则:

(1)突出重点,统筹兼顾。在整个项目监测中,对边坡产生影响的因素繁多,在实际工程中,需要找出决定性影响因素,对其重点监测。在每个监测点的设置上,不仅要保证监测系统对整个边坡的覆盖,而且要确保敏感点与关键点的监测需要,在这些关键部位应首先布置监测点。

(2)及时有效、安全可靠。准确可靠的安装监测系统,并及时埋设、观测,整理分析监测资料和及时反馈监测信息,反映工程的进度与需求,及时地反馈边坡的各阶段情况,确保安全;仪器安装和测量过程应确保安全的测量方法和监测仪器可靠,整个过程中应具有较强的可靠性与稳定性。

(3)简便可行、经济合理。监测系统现场使用应当便于操作和分析,力求方便可行,仪器不易损坏,易于长期观测;应充分利用已用设备,仪器在满足工程实际需要的前提下,尽可能考虑造价在可接受的范围,建立监测系统应力求经济适用。

9-4　阐述边坡监测的主要方法。

答:边坡监测的方法主要有宏观地质观察法、简易观测法、设站观测法、仪表观测法和远程监测法等。

(1)宏观地质观察法

该方法是用常规地质调查方法,对崩塌、滑坡、泥石流灾害体的宏观变形迹象和与其有关的各种异常现象进行定期的观测、记录,以便随时掌握崩塌、滑坡的变形动态及发展趋势,达到科学预报的目的。该方法具有直观性、动态性、适应性、实用性强的特点,不仅适用于各种类型崩滑体不同变形阶段的监测,而且监测内容比较丰富,获取的前兆信息直观可靠,可信度高。其方法简易经济,便于掌握和普及推广应用。

(2)简易观测法

该方法是通过人工观测边坡工程中地表裂缝、地面膨胀、沉降、坍塌、建筑物变形特征(发生和发展的位置、规模、形态、时间等)及地下水位变化、地温变化等现象,也可在边坡体关键裂缝处埋设骑缝式简易观测桩;在建筑物(如房屋、挡土墙、浆砌块石排水沟等)裂缝上设置简易玻璃条、水泥砂浆片、贴纸片;在岩石、陡壁面裂缝处用红油漆画线作观测标记;在陡坎(壁)软弱夹层出露处设置简易观测桩等,定期用各种长度量具测量裂缝长度、宽度、深度变化及裂缝形态、开裂延伸的方向。该法对正在发生病害的边坡进行观测较为合适,也可结合仪器监测资料进行综合分析,用已初步判定滑坡体所处的变形阶段及中短期滑动趋势。

(3)设站观测法

该方法是指在充分了解工程场区的工程地质背景的基础上,在边坡体上设立变形观测点(成线状、格网状等),在变形区影响范围之外的稳定地点设置固定观测站,用测量仪器(经纬仪、水准仪、测距仪、摄影仪及全站型电子速测仪、GPS 接收机等)定期监测变形区内网点的三维(X、Y、Z)位移变化的一种行之有效的监测方法。此法主要指大地测量、近景摄影测量及 GPS 测量与全站式电子速测仪设站观测边坡地表三维位移的方法。这种方法远离变形区,且无主观成分,比简易观测法客观、精密,观测、比较的范围大,选点方便。

(4)仪表观测法

该方法主要指用精密仪表对变形斜坡进行地表及深部的位移、倾斜(沉降)动态,裂缝相对张、闭、沉、错变化及地声、应力应变等物理参数与环境影响因素进行监测。目前按监测仪器的类型,一般可分为位移监测、地下倾斜监测、地下应力测试和环境监测四大类。按所采用仪表可分为机械式仪表观测法和电子仪表观测法。使用该方法监测的内容丰富、精度高、测程可调,仪器便于携带,可避免恶劣环境对测试仪表的损害,观测结果直观,可靠度高,适用于斜坡变形的中、长期监测。

(5)远程监测法

伴随电子技术及计算机技术的发展,各种先进的自动遥控监测系统相继问世,为边坡工程,特别是边坡崩塌和滑坡的自动化连续遥测创造了有利条件。电子仪表观测的内容,基本上能实现连续观测,自动采集、存储、打印和显示观测数据。远距离无线传输是该方法最基本的特点,由于其自动化程度高,可全天候连续观测,故省时、省力和安全,是当前和今后一个时期滑坡监测发展的方向。

监测方法应充分考虑边坡特征、地质条件及监测外部环境,选择合适的监测方法,做到仪器监测和宏观监测相结合,人工监测和自动监测相结合。应通过各种方案的比较,使监测工作既经济安全,又实用可靠,避免单方面追求高精度、自动化、多参数,而脱离工程实际的监测方案。

参考文献

[1] 陆伟东,刘金龙,路宏伟,等.混凝土结构厚度的雷达检测[J].无损检测,2009(5):364-366.

[2] 郭鑫.混凝土结构中钢筋保护层厚度的检验方法[J].建材与装饰,2016(1):58-59.

[3] 吴佳晔.土木工程检测与测试[M].北京:高等教育出版社,2015.

[4] 中国工程建设标准化协会.CECS 21:2000 超声法检测混凝土缺陷技术规程[S].北京:中国工程建设标准化协会,2000.

[5] 中华人民共和国行业标准.JGJ/T 23—2011 回弹法检测混凝土抗压强度技术规程[S].北京:中国建筑工业出版社,2011.

[6] 中国工程建设标准化协会.CECS 02:2005 超声回弹综合法检测混凝土强度技术规程[S].北京:中国工程建设标准化协会,2005.

[7] 中华人民共和国行业标准.JGJ/T 152—2008 混凝土中钢筋检测技术规程[S].北京:中国建筑工业出版社,2008.

[8] 中华人民共和国国家标准.GB/T 50107—2010 混凝土强度检验评定标准[S].北京:中国建筑工业出版社,2010.

[9] 中华人民共和国行业标准.JTG/T J21—2011 公路桥梁承载能力检测评定规程[S].北京:人民交通出版社,2011.

[10] 张志清,刘晓姗,等.IES冲击回波仪在钢筋混凝土桥面局部精确检测的应用分析[J].交通信息与安全,2012,(05):135-138.

[11] 刘恩才.基于冲击回波法无损检测技术的试验及工程应用研究[D].湖南:中南林业科技大学,2012.

[12] 四川升拓检测技术股份有限公司.混凝土结构脱空检测技术体系[R],2012.

[13] 四川升拓检测技术股份有限公司.混凝土材料及结构综合检测技术体系[R],2012.

[14] 吴佳晔,吴曾炜,海野忠行.采用双方向发振减小弹性波动信号测试误差的方法[P].ZL200510021851.5.

[15] 中华人民共和国水利部.SL713—2015 水工混凝土结构缺陷检测技术规程[S].北京:中国水利水电出版社,2015.

[16] 王铁梦.工程结构裂缝控制[M].北京:中国建筑工业出版社,1997.

[17] 游宝坤.建筑结构裂渗控制新技术[M].北京:中国建材工业出版社,1998.

[18] 刘培文,赵卫平,王宗纲.工程结构检测技术[M].北京:人民交通出版社,2011.

[19] 中华人民共和国行业标准.JGJ 106—2014 建筑基桩检测技术规范[S].北京:中国建筑工业出版社,2014.

[20] 中华人民共和国行业标准.TB 10218—2008 铁路工程基桩检测技术规程[S].北京:中国铁道出版社,2008.

[21] 中华人民共和国行业标准.JTG/T F81-01—2004 公路工程基桩动测技术规程[S].北京:人民交通出版社,2004.

[22] 中华人民共和国行业标准.JGJ/T 182—2009 锚杆锚固质量无损检测技术规程[S].北京:中国建筑工业出版社,2010.

[23] 中华人民共和国行业标准.DL/T 5424—2009 水电水利工程锚杆无损检测规程[S].北京:中国电力出版社,2009.
[24] 杨建国,饶权.载荷下岩体波速的变化研究[J].西部探矿工程,2009,21(5):10-12.
[25] 马中高,解吉高.岩石的纵、横波速度与密度的规律研究[J].地球物理学进展,2005,20(4):905-910.
[26] 王清玉.利用纵波波速评估岩体不均匀度的方法[J].勘察科学技术,1992(2):60.
[27] 中华人民共和国国家标准.GB/T 50218—2014 工程岩体分级标准[S].北京:中国计划出版社,2014.
[28] 展建设,吴庆增.跨孔声波穿法在探测三峡链子梁隐伏裂缝中的应用[J].水文地质技术方法,1991(23):29-33.
[29] 赵明阶.岩石力学[M].北京:人民交通出版社,2011.
[30] 柴华友,吴慧明,张电吉,等.弹性介质中的表面波理论及其在岩土工程中应用[M].北京:科学出版社,2008.
[31] 周怀民,杨建龙.瑞利波测试技术新进展及其工程应用综述[J].中国科技博览,2012(29):456-456.
[32] Goldsmith,W.Impact,the Theory and Physical Behavior of Colliding Solid[M].Richard Clay and Company,Ltd.,1960.
[33] 中华人民共和国行业标准.JTJ 034—2000 公路路面基层施工技术规范[S].北京:人民交通出版社,2000.
[34] 山西省交通科学研究院.桥梁预应力孔道施工质量隐患无损检测方法的应用研究[R],山西省交通运输厅科技项目报告,2014.
[35] 唐树名,罗斌,刘涌江.岩土锚固安全性无损检测技术[J].公路交通技术,2005(5):29-32.
[36] 谭立铭.锚索预应力无损检测方法研究[D].重庆:重庆交通大学,2013.
[37] 吴佳晔,胡祖光,徐建达,等.一种测试预应力锚固体系张力的无损检测方法[P].中国,ZL200910177856.5.
[38] 四川升拓检测技术股份有限公司.孔道灌浆密实度检测技术体系[R],2012.
[39] Jiaye Wu,Jiaer(Jerry)Wu,Chao Yang,Wen-Hong Ji,Yun-Long Mao,and Ronglu Wang.System-Equivalent-Mass Based Post-Tensioned Anchor Tension Testing Technique[C].ASCE Geotechnical Special Publication 225,proceedings of 2012 ASCE GeoCongress,pp.2688-2692,March 25-29,Oakland,CA USA,2012.
[40] 吴佳晔,荆玉才,魏永高,等.一种桥梁预应力孔道灌浆密实度无损检测方法[P].中国,ZL201110342911.9.
[41] 吴佳晔,杨超,季文洪,等.一种桥梁预应力孔道灌浆密实度测试方法及系统[P].中国,ZL201110155408.2.
[42] 叶见曙,张峰.预应力混凝土连续箱梁调查研究报告[R].南京:东南大学交通学院桥梁与隧道研究所,2004.
[43] 中华人民共和国行业标准.JTG E60—2008 公路路基路面现场测试规程[S].北京:人民交通出版社,2008.
[44] 中华人民共和国行业标准.JTG F80/1—2004 公路工程质量检验评定标准(第一册 土

建工程)[S].北京:人民交通出版社,2004.
[45] 中华人民共和国行业标准.JTG/T H21—2011 公路桥梁技术状况评定标准[S].北京:人民交通出版社,2011.
[46] 中华人民共和国行业标准.JTG B01—2014 公路工程技术标准[S].北京:人民交通出版社股份有限公司,2014.
[47] 中华人民共和国行业标准.JTG H12—2003 公路隧道养护技术规范[S].北京:人民交通出版社,2003.
[48] 中华人民共和国行业标准.TB 10223—2004 铁路隧道衬砌质量无损检测规程[S].北京:中国铁道出版社,2004.
[49] 王胜辉,等.喷射混凝土试验方法述评[J].昆明理工大学学报(理工版),2005,30(4):55-58.
[50] 李利平,等.浅埋大跨隧道现场试验研究[J].岩土力学与工程学报,2007,26(1):3565-3571.
[51] 田北平,等.引水隧洞衬砌质量检测的冲击弹性波无损检测技术[J].四川建筑科学研究,2010.8:102-104.
[52] 李术才,等.隧道工程大变形研究现状、问题与对策及新型支护体系应用介绍[J].岩石力学与工程学报,2016.8:1366-1374.
[53] 雄飞,等.用全站仪进行隧道拱顶及地表沉降观测[J].土工基础,2009,23(1):75-78.
[54] 王晟,马里杰.SQL Server 数据库开发[M].北京:清华大学出版社,2006.
[55] 黄长清.智慧武汉[M].武汉:长江出版社,2012.
[56] 纪博雅,戚振强,金占勇.BIM 技术在建筑运营管理中的应用研究——以北京奥运会奥运村项目为例[J].北京建筑工程学院学报,2014,30(1):68-72.
[57] 单德山,李乔,等.智能桥梁健康监测与损伤评估[M].北京:人民交通出版社,2010.
[58] 冯兆祥,缪长青,等.大跨桥梁安全监测与评估[M].北京:人民交通出版社,2010.
[59] 李红中.边坡变形监测技术现状与发展趋势[J].中国水运,2008,6(1):54-55.
[60] 朱健.公路边坡变形监测与分析[J].测绘与空间地理信息,2009,32(1):46-48.
[61] 张志英,何昆.边坡监测方法研究[J].土工基础,2006,20(3):82-84.